Mathematik und Zaubern: Ein Einstieg für Mathematiker

Ehrhard Behrends

Mathematik und Zaubern: Ein Einstieg für Mathematiker

Ehrhard Behrends
Fachbereich Mathematik und Informatik
Freie Universität Berlin
Berlin, Deutschland

ISBN 978-3-658-17504-7 ISBN 978-3-658-17505-4 (eBook)
DOI 10.1007/978-3-658-17505-4

Die Deutsche Nationalbibliothek verzeichnet diese Publikation in der Deutschen Nationalbibliografie; detaillierte bibliografische Daten sind im Internet über http://dnb.d-nb.de abrufbar.

Springer Spektrum

Planung: Ulrike Schmickler-Hirzebruch

Gedruckt auf säurefreiem und chlorfrei gebleichtem Papier.

Springer Spektrum ist Teil von Springer Nature
Die eingetragene Gesellschaft ist Springer Fachmedien Wiesbaden GmbH
Die Anschrift der Gesellschaft ist: Abraham-Lincoln-Str. 46, 65189 Wiesbaden, Germany

Vorwort

Dass es Zusammenhänge zwischen Zaubern und Mathematik gibt, dürfte sich weitgehend herumgesprochen haben. Die meisten werden dabei aber nur an Zaubertricks denken, bei denen einfache algebraische Operationen eine Rolle spielen.(„Denke Dir eine Zahl. Nimm sie mit Fünf mal. ... ") Das ist allerdings der bei weitem langweiligste Aspekt. Tatsächlich ist es so, dass man Ergebnisse aus vielen mathematischen Gebieten für die Zauberei nutzen kann: Kombinatorik, Invariantentheorie, Gruppentheorie, Eigenschaften von Primzahlen, Codierungstheorie, Stochastik, ...

Eine Auswahl findet man in meinem Buch „Der mathematische Zauberstab", das Ende 2015 bei Rowohlt erschienen ist. Es richtet sich an interessierte Leser ohne einen mathematischen Hintergrund.

Die ganze Wahrheit ist noch viel spektakulärer. Es gibt nämlich eine Fülle von Beispielen, bei denen ein Zaubertrick beim besten Willen nicht ohne die Diskussion eines recht anspruchsvollen mathematischen Hintergrunds vollständig erklärt werden kann. Ich habe dazu eine Reihe von Arbeiten geschrieben, die in Fachzeitschriften erschienen sind.

Das Ziel des vorliegenden Buches ist es, diese Zusammenhänge darzustellen. Es richtet sich an alle interessierten Leserinnen und Leser[1)] mit einer mathematischen Vorbildung (neben Mathematikern denke ich an Informatiker, Physiker, Ingenieure, ...), die den vergleichsweise anspruchsvollen Hintergrund der Beziehungen zwischen Zauberei und Mathematik kennen lernen wollen. Eine weitere Zielgruppe sind Studierende der Mathematik, die sich den Inhalt in einem Seminar oder Proseminar erarbeiten können.

Und auch wer sich nicht für alle Einzelheiten interessiert, findet bestimmt eine Fülle von Anregungen, um bei der nächsten Familienfeier oder dem nächsten Fest mit Freunden als Zauberer aufzutreten.

Ehrhard Behrends
Berlin, 2017

[1)] Im Interesse der besseren Lesbarkeit wird der Genderaspekt im vorliegenden Buch auf diese Fußnote reduziert: „Leserinnen" bedeutet ab hier „Leserinnen und Leser", „der Zauberer" steht für „der Zauberer oder die Zauberin", usw.

Inhaltsverzeichnis

Einleitung

Der 13. Januar 2015 war für mich ein besonderer Tag. Ich war nach Jahrzehnten wieder einmal ein Prüfungskandidat. Als Mathematikprofessor hatte ich eine gewaltige Anzahl von Prüfungen abgenommen, es war nun eine aufregende Erfahrung, dass die Rollen Prüfer-Prüfling vertauscht waren. Es war meine Zauberprüfung, mit der ich in den Magischen Zirkel von Deutschland (MZvD) aufgenommen werden wollte. Die Prüfungskommission bestand aus drei Ortszirkelleitern, und alles wurde von etwa 10 Mitgliedern der „Zauberfreunde Berlin" aufmerksam verfolgt. Das Ganze dauerte etwa 90 Minuten.

Es begann mit einem Pflichtteil, der in Theorie („Nennen Sie fünf berühmte Zauberer des 19. Jahrunderts!"; „Wie hieß das erste gedruckte Zauberbuch?" ...) und Praxis („Führen Sie eine Münz-Palmage vor!"; „Zeigen Sie drei verschiedene Forciermöglichkeiten für Karten!", ...) unterteilt war. Dann folgte die Kür, bei der ich drei Tricks eigener Wahl präsentieren sollte. Ich hatte mir die Tricks ausgesucht, die in diesem Buch in den Kapiteln 2, 4 und 5 beschrieben werden. Die Prüfungskommission war am Ende mit meinen Leistungen zufrieden, und so wurde ich zum „geprüften" Zauberer.

Die Zauberei hat mich schon lange fasziniert, insbesondere ihre mathematischen Aspekte. Schon vor Jahren hielt ich – inspiriert durch die Bücher von Martin Gardner – einen Vortrag über „Zauberhafte Mathematik " an der Berliner Urania. Ein neuer, sehr intensiver Impuls ergab sich dann im Jahr 2012 durch die Zusammenarbeit mit dem britischen Kollegen Steve Humble. Steve hatte anlässlich einer Mathematik-und-Kunst-Aktion ein Phänomen entdeckt, das offensichtlich einen mathematischen Hintergrund hatte, der allerdings nicht offensichtlich war[2)]. Wir entschlüsselten das Rätsel, es war der Beginn einer sehr intensiven Auseinandersetzung mit den Beziehungen zwischen Mathematik und Zauberei.

Die erfolgte auf zwei Ebenen. Erstens wollte ich einem interessierten, fachlich nicht vorgebildeten Publikum die Faszination des Themas klarmachen. Das führte zu meinem bei Rowohlt im Jahr 2015 erschienenen Buch „Der mathematische Zauberstab". Und zweitens stellte sich mehrfach heraus, dass zum vollständigen Verständnis der Funktionsweise gewisser Zaubertricks eine weit anspruchsvollere Mathematik erforderlich ist, als man sie einem Laienpublikum zumuten kann. Ich schrieb einige Arbeiten, die in Fachzeitschriften erschienen sind, und diese Artikel sind der Ausgangspunkt des vorliegenden Buches.

Es enthält 15 Kapitel, die den folgenden beiden Bedingungen genügen:

- Grundlage ist ein interessanter Zaubertrick (den man übrigens auch dann vorführen kann, wenn man den mathematischen Hintergrund nicht bis in alle Einzelheiten verstanden hat).
- Die zugrunde liegende Mathematik benötigt zum Verständnis eine fachliche Vorbildung: Für mathematische Laien wird es (leider) zu schwierig.

[2)] Es handelt sich um den in Kapitel 5 beschriebenen Trick.

Hier ist eine Übersicht:

Kapitel 1: Invarianten. Invarianten sind Eigenschaften, die bei gewissen Transformationen erhalten bleiben. Für die Zauberei sind Eigenschaften eines Kartenspiels interessant, die es auch nach chaotisch aussehenden Mischoperationen garantiert noch hat. Das studieren wir am Beispiel der Hummer-Zaubertricks.

Schwierigkeitsgrad: mittel[3)].

Kapitel 2: Magische Quadrate und magische Würfel. Hier geht es um gut versteckte Folgerungen aus Kommutativ- und Assoziativgesetz. Ein Zuschauer wählt völlig frei mit Zahlen beschriftete Felder eines quadratischen Rasters. Die Summe dieser Zahlen steht schon vorher fest, und das ist auch für Mathematiker kaum zu durchschauen.

Schwierigkeitsgrad: leicht bis mittel; etwas anspruchsvoller ist nur die Übertragung der Ideen von Quadraten auf Würfel und Hyperwürfel.

Kapitel 3: Quadrate mit vorgegebener erster Zeile. Hier spielen Methoden der linearen Algebra die Hauptrolle. Insbesondere wird die Tatsache „allgemeine Lösung gleich partikuläre Lösung plus allgemeine Lösung des homogenen Systems" mehrfach ausgenutzt.

Schwierigkeitsgrad: leicht bis mittel.

Kapitel 4: Zauberhafte Normalteiler. Wahrscheinlich erstmals in der Zauberei spielen Eigenschaften von Normalteilern in Gruppen eine Rolle. Ein Kartenspiel wird durch Mischen in eine scheinbar chaotische Reihenfolge gebracht, doch plötzlich ist die ursprüngliche Ordnung wiederhergestellt.

Schwierigkeitsgrad: mittel.

Kapitel 5: Magische Dreiecke und Primfaktoren von Binomialkoeffizienten. Ein Zuschauer legt 10 bunte Karten in eine Reihe. Die wird nach einer einfachen Regel zu einem Dreieck ergänzt: Das dauert eine Weile. Die Farbe der Karte, die als letztes gelegt wird, ist dem Zauberer schon bekannt, wenn er die erste Reihe gesehen hat. Schlüssel zur Erklärung sind Eigenschaften von Primfaktoren in Binomialkoeffizienten.

Schwierigkeitsgrad: mittel.

Kapitel 6: Magische Pyramiden: Zaubern in drei Dimensionen.

Schwierigkeitsgrad: Die Ideen aus Kapitel 5 werden verallgemeinert: Statt Dreiecken werden nun Pyramiden konstruiert. Wieder spielen – gut versteckt – Primzahlen und Binomialkoeffizienten eine Rolle.

Schwierigkeitsgrad: mittel.

Kapitel 7: Hyperpyramiden. In diesem Kapitel verlassen wir die uns anschaulich zugängliche dreidimensionale Welt. Das, was in Kapitel 5 und 6 vorgestellt wurde, erweist sich

[3)]Diese und die folgenden Einschätzungen sind natürlich subjektiv. Sie haben sich auch durch Erfahrungen in mehreren Seminaren und Proseminaren an der FU Berlin zum Thema ergeben.

als Spezialfall von Ergebnissen für beliebig hochdimensionale Räume. (Der praktische Nutzen dieser Ergebnisse für Zauberer in unserer Welt sollte allerdings nicht zu hoch eingeschätzt werden.)

Schwierigkeitsgrad: mittel (der schreibtechnische Aufwand ist aber ziemlich erheblich).

Kapitel 8: Vom Melkmischen zur Zahlentheorie. Melkmischen (Englisch „milk shuffle") ist eine spezielle Mischform, die hin und wieder für Zaubertricks eingesetzt wird. Wie oft muss man diese Mischform auf einen Kartenstapel aus n Karten anwenden, um die Ausgangsreihenfolge wiederherzustellen? (Es geht also um die Periode einer gewissen Permutation.) Überraschender Weise ist der Übergang von n zur Länge dieser Periode sehr verwickelt, und man muss zahlentheoretische Methoden anwenden, um den genauen Zusammenhang zu entschlüsseln.

Schwierigkeitsgrad: mittel bis hoch.

Kapitel 9: Fibonacci zaubert mit quadratischen Resten. Man kann in der Restklassengruppe $\mathbb{Z}_m$ zwei Zahlen x_0, x_1 vorgeben und dann rekursiv eine Folge (x_n) durch $x_{n+1} := x_n + x_{n-1} \bmod n$ (für $n \geq 1$) definieren. Es ist nicht überraschend, dass diese Folge periodisch ist. Bemerkenswerter Weise gibt es aber Situationen, bei denen die Summe der x_n über eine Periode unabhängig von x_0, x_1 ist. (Dabei ist die Wahl $x_0 = x_1 = 0$ nicht zugelassen.) Die Analyse kann in dem Fall erfolgreich durchgeführt werden, dass $m = p$ eine Primzahl ist. Und dann wird es wichtig zu wissen, ob -1 und 5 quadratische Reste modulo p sind oder nicht.

Schwierigkeitsgrad: mittel bis hoch.

Kapitel 10: Australisches Ausgeben. Beim „australischen Ausgeben" wird auf ganz spezielle Weise eine einzelne Karte aus einem Kartenspiel ausgewählt. Man braucht eine wenig offensichtliche Formel um zu berechnen, welche Karte übrig bleiben wird. Dieses Wissen lässt sich in viele interessante Zaubertricks umsetzen.

Durch eine Variante des Ausgebens ergeben sich weitere Möglichkeiten. Der mathematische Hintergrund ist allerdings weit verwickelter, und viele naheliegende Fragen sind noch offen.

Schwierigkeitsgrad: mittel bis hoch.

Kapitel 11: Ein Esel lese nie: Palindrome. Ein Palindrom ist ein Wort oder Satz, bei dem man das gleiche Ergebnis erhält, wenn man rückwärts liest. Wir konzentrieren uns auf palindromische Kartenstapel: Die äußersten Karten sind identisch (oder Partnerkarten), die zweite und vorletzte ebenfalls und so weiter. Wir zeigen, wie man solche Kartenstapel unauffälig erzeugen kann, entwickeln eine Theorie der erlaubten Mischoperationen (bleibt die Palindromeigenschaft erhalten?) und machen Vorschläge, wie man die Ergebnisse in wirkungsvolle Zaubertricks umsetzen kann.

Schwierigkeitsgrad: mittel.

Kapitel 12: Die mysteriöse Zahl 1089 *und die Fibonaccizahlen.* Der 1089-Trick ist ein bekannter Klassiker: Der Zuschauer wählt eine beliebige dreistellige Zahl und führt damit einige einfache Rechenschritte durch. Das Endergebnis ist garantiert 1089. Hier wird das Ergebnis auf Zahlen mit beliebig vielen Stellen verallgemeinert. Dabei gibt es zwei Überraschungen. Erstens war mir bis zu diesen Untersuchungen nicht klar, wie verwickelt Arithmetik (das Zahlenrechnen, das man schon in der Grundschule lernt) sein kann. Und zweitens ist bemerkenswert, dass hier, wo es wirklich niemand erwartet hätte, die Fibonaccizahlen auftauchen.

Schwierigkeitsgrad: hoch.

Kapitel 13: Unmöglich! Das ist ein Codierungstrick. Zauberer und Helfer vereinbaren einen schwer zu durchschauenden Code, um die Nachricht zu übertragen, welche Karte von einem Zuschauer ausgewählt worden ist.

Schwierigkeitsgrad: leicht bis mittel.

Kapitel 14: Codierung mit deBruijn-Folgen. Eine k-deBruijn-Folge ist eine 0-1-Folge der Länge 2^k, in der jede 0-1-Folge der Länge k genau einmal vorkommt. Für die Zauberei sind solche Folgen deswegen interessant, weil man sehr weitreichende Informationen erhält, wenn Zuschauer aus einem geschickt gelegten Kartenspiel Karten ziehen und dann scheinbar harmlose Fragen beantworten.

Schwierigkeitsgrad: mittel.

Kapitel 15: Ich gewinne (fast) immer. Das ist ein wahrscheinlichkeitstheoretischer Trick. Die Mathematik im Hintergrund ist interessant, man kann jedoch nicht mit Sicherheit sagen, ob er auch klappen wird. (Die Wahrscheinlichkeit, dass alles gut geht, ist allerdings beruhigend hoch.) Der Zuschauer wählt eine Farbreihenfolge, etwa rot-rot-schwarz, der Zauberer sucht sich auch eine aus, und derjenige gewinnt, dessen Farbfolge beim Aufdecken eines gut gemischten Kartenspiels zuerst erscheint. Die Chancen für den Zauberer sind bei geschickter Wahl immer besser als die des Zuschauers!

Schwierigkeitsgrad: mittel.

Am Ende des Buches findet man noch ein kurzes Literaturverzeichnis: Bücher zum Thema „Mathematik und Zaubern", Einführungen in die Zauberkunst sowie ergänzende Literatur zu den einzelnen Kapiteln.

Wie schon im Vorwort erwähnt, kann das Buch unter verschiedenen Aspekten gelesen werden. Als Mathematiker oder sonstiger Wissenschaftler mit einem mathematischen Hintergrund (Informatik, Physik, Ingenieur, ...) kann man sich überraschen lassen, welche unterschiedlichen Aspekte der Mathematik für die Zauberei genutzt werden können.

Und für Organisatoren eines Proseminars/Seminars bieten sich die einzelnen Kapitel als Vorschläge für Vorträge an. An der FU Berlin stand das Thema „Mathematik und Zaubern" mehrfach im Vorlesungsverzeichnis[4)]. Da die Schwierigkeitsgrade der

[4)]Am Ende gab es immer einen Praxistest: einen Workshop für ein allgemeines Publikum zur „Langen Nacht der Wissenschaften", der von den Teilnehmern der Lehrversanstaltung mit viel Engagement durchgeführt wurde.

verschiedenen Kapitel etwas schwanken, kann man die unterschiedliche Belastbarkeit der Studierenden berücksichtigen.

Abschließend sei noch ein allgemeiner Hinweis zum Thema „Zaubern" gestattet. In diesem Buch wird eigentlich nur der mathematische Hintergrund beschrieben. Für Zaubertricks gilt aber das gleiche wie beim Verschenken eines guten Parfums: Die Verpackung ist (mindestens) genau so wichtig wie der Inhalt.

Wer etwas mehr zur konkreten Umsetzung der Theorie in Zaubertricks erfahren möchte, findet dazu einige Tipps in meinem Buch „Der mathematische Zauberstab". Insbesondere gibt es drei Ratschläge: üben, üben, üben! Man sollte erst dann mit einem Trick vor ein Publikum treten, wenn er „im stillen Kämmerlein" mindestens zehn Mal geklappt hat. Zu einem richtigen kleinen Kunstwerk kann er allerdings erst dann werden, wenn er von einer engagierten und kreativen Präsentation begleitet wird. Glücklicherweise kann man dazu viele Tipps in Zauberbüchern finden (siehe das Literaturverzeichnis).

Und sollten Sie Lust darauf bekommen haben, die Beschäftigung mit der Zauberei zu intensivieren, so bietet es sich an, einen Ortszirkel des magischen Zirkels von Deutschland MZvD in Ihrer Nähe aufzusuchen. Die entsprechenden Informationen findet man im Internet unter `www.mzvd.de/der-verein/ortszirkel`.

Kapitel 1

Invarianten
... wie ein Fels in der Brandung

Mathematiker verstehen unter einer Invariante eine Eigenschaft, die unter vorgegebenen Transformationen erhalten bleibt:

- Wenn man Dreiecke in der Ebene betrachtet, so sind Winkelsumme und Flächeninhalt Invarianten unter allen Drehungen, Spiegelungen und Translationen.
- In der Topologie ist „Zusammenhang" eine Invariante unter Homöomorphismen.
- „Endlich" ist eine Eigenschaft von Mengen, die unter bijektiven Abbildungen invariant ist.
- ...

Wenn man sich in einer Theorie erst einmal darauf verständigt hat, was die „richtigen" Transformationen sind, wird man versuchen, die Invarianten zu identifizieren, um das Wesentliche herauszuarbeiten.

Hier soll es um Invarianten gehen, die für die Zauberei interessant sind. Wir werden Eigenschaften von Kartenspielen betrachten, die unter gewissen Mischoperationen invariant sind. Hat man so etwas gefunden, so kann man die Transformation nicht nur einmal, sondern beliebig oft anwenden: Das Spiel wird danach immer noch die entsprechende Eigenschaft haben.

Es sind allerdings zwei Aspekte zu beachten. Erstens darf die Invariante nicht so offensichtlich sein, dass sie von allen leicht durchschaut werden kann. So ist zum Beispiel die Kartenanzahl (oder die Anzahl der roten Karten im Stapel) eine Invariante unter beliebigen Mischoperationen, aber auf dieser Tatsache lässt sich bestimmt kein Zaubertrick aufbauen. Und zweitens muss es die Möglichkeit geben, mit Hilfe dieser Invariante interessante Zaubertricks zu entwickeln.

Als erstes betrachten wir die Invariante „zyklischer Abstand". Wir stellen uns vor, dass K und K' Karten eines Kartenstapels sind und dass man k Karten weiterzählen muss, um von K nach K' zu kommen. Dabei wird vereinbart, dass vorn weitergezählt wird, wenn von K aus gesehen die Karte K' bis zum Ende des Stapels nicht vorkommt. Als Beispiel betrachten wir die folgenden Karten:

Hier liegt die ♥4 zwei weiter als die ♠10, die ♥2 vier weiter als die ♦7, die ♠ Dame zwei weiter als die ♠6 (im letzten Beispiel muss vorn weitergezählt werden).

Bemerkenswert ist nun, dass diese Zahl (wie weit muss von K nach K' weitergezählt werden?) eine Invariante bezüglich des Abhebens ist. Dabei bedeutet „abheben“: einen Teil des Stapels von oben wegnehmen und ihn dann unter den Reststapel legen. Der Beweis ist leicht, man muss nur drei Fälle unterscheiden: Wurde vor K, nach K' oder zwischen K und K' abgehoben? Den meisten Laien ist diese Tatsache unbekannt, und das ist der Grund, dass viele Zaubertricks erfolgreich darauf aufbauen.

Beispiel 1: Sortiere die Damen und Könige eines Spiels so, dass die jeweilige Partnerkarte vier Karten weiter liegt:

Der Herz König liegt vier Karten hinter der Herz Dame usw. Man kann nun das Spiel zusammenschieben und umdrehen und dann beliebig oft abheben lassen. Dann liegt vier Karten nach der obersten Karte der Partner (oder die Partnerin). Man kann die Karten unter einem Tuch verbergen, sich scheinbar gewaltig anstrengen und dann das Pärchen präsentieren. (Es geht sogar weiter: Im Reststapel bilden oberste und vierte Karte ein Pärchen usw.)

Beispiel 2: Unter Zauberern sehr beliebt ist das Prinzip der *Leitkarte*. Der Zauberer merkt sich unauffällig die unterste Karte eines gut gemischten Stapels (die Leitkarte) und lässt eine Karte ziehen. Die schaut sich der Zuschauer an, merkt sie sich und legt sie oben auf den Stapel. Nun wird einmal oder mehrfach abgehoben, die Zuschauerkarte wird direkt nach (im zyklischen Sinn) der Leitkarte liegen.

In dem vorliegenden Kapitel werden wir eine weit kompliziertere Invariante besprechen. Sie wurde von dem amerikanischen Zauberer *Bob Hummer* gefunden, der von 1906 bis 1981 lebte. Auf ihm baut eine ganze Trickfamilie auf.

Der Effekt

Zuschauer bringen ein Kartenspiel ziemlich durcheinander. Dann passiert etwas Unerklärliches:

- die Karten sind wieder „sortiert" (rote und schwarze Karten zeigen in verschiedenen Richtungen), oder
- der Zauberer kannte schon vorher die Summe der Kartenwerte der sichtbaren Karten, oder
- der Zauberer findet zwei Karten, die sich zwei Zuschauer aus einem Kartenspiel genommen und wieder zurückgesteckt haben.

Die Mathematik im Hintergrund

Sei $n \in \mathbb{N}$ beliebig. Wir benötigen n rote und n schwarze Karten. Diese $2n$ Karten kann man beliebig zusammenlegen, diesmal wollen wir auch erlauben, dass einige Karten umgedreht sein können, man also ihre Rückseite sieht. Das wollen wir so formalisieren:

- „r" steht für eine rote und „s" für eine schwarze Karte. Sieht man von so einer Karte die Rückseite, so werden wir „$-r$" bzw. „$-s$" schreiben.
- Ein für unsere Zwecke typischer Zustand des Kartenstapels ist also eine Folge $(x_1, \ldots, x_{2n})$, wobei $x_i \in \{r, -r, s, -s\}$. Die Menge dieser Folgen wollen wir mit Δ_{2n} bezeichnen. Sie hat offensichtlich 4^{2n} Elemente.

Im nachstehenden Bild sehen wir ein Beispiel: Der aufgefächerte Stapel ist von vorn und von hinten abgebildet. Es handelt sich um die Folge $(-s, s, r, -r, -s, s, r, -r, -s, -r)$, wenn man ihn von der einen Seite betrachtet, und daraus wird $(r, s, r, -r, -s, s, r, -r, -s, s)$, wenn man ihn umdreht.

Uns interessieren eine Eigenschaft $\mathcal{E}$ und Operationen, die diese Eigenschaft invariant lassen. (Wie man das für Zaubertricks ausnutzen kann, wird später beschrieben.) Zunächst die Eigenschaft $\mathcal{E}$.

Definition 1.1 *Wir sagen, dass ein $(x_1, \ldots, x_{2n}) \in \Delta_{2n}$ die Eigenschaft $\mathcal{E}$ hat, wenn gilt: Dreht man jede zweite Karte um, so zeigen rote und schwarze Karten in verschiedene Richtungen. Die Gesamtheit der Folgen mit $\mathcal{E}$ soll mit $\Delta_{2n,\mathcal{E}}$ bezeichnet werden.*

Etwas formaler bedeutet $\mathcal{E}$: Alle $x_2, x_4, x_6, \ldots$ gehören zu $\{r, -s\}$ und alle $x_1, x_3, \ldots$ zu $\{-r, s\}$; oder umgekehrt. Beispiele sind schnell gefunden. Die einfachsten Elemente aus $\Delta_{2n,\mathcal{E}}$ sind sicher die Folgen $(r, s, r, s, \ldots, r, s)$ und $(s, r, s, r, \ldots, s, r)$, aber man kann sich leicht davon überzeugen, dass auch der im vorstehenden Bild abgebildete Stapel diese Eigenschaft hat. Es ist auch nicht schwer, Gegenbeispiele zu finden, etwa dadurch, dass man eine einzige Karte in einem $(x_1, \ldots, x_{2n}) \in \Delta_{2n,\mathcal{E}}$ umdreht.

Nun wollen wir Abbildungen Φ auf Δ_{2n} betrachten. Dabei sollen nur solche Abbildungen zugelassen sein, für die man eine einfache „Handlungsanweisung" angeben kann. Genauer soll das heißen, dass ein $(x_1, \ldots, x_{2n}) \in \Delta_{2n}$ unter Φ so abgebildet wird, dass Folgendes gilt:

- Die Reihenfolge darf verändert werden;
- einige Karten darf man umdrehen;
- die Vorschrift soll für alle $(x_1, \ldots, x_{2n})$ die gleiche sein.

Erlaubt ist also etwa: Vertausche die Reihenfolge der Karten an den Stellen 3 und 4 und drehe sie um. Nicht aber: Wenn x_1 eine rote Karte ist, hebe nach der ersten Karte ab, sonst nach der dritten. Formal besteht so ein Φ damit *erstens* aus einer Vorschrift, welche Karten umgedreht werden sollen und *zweitens* aus einer Permutation der Menge $\{1, \ldots, 2n\}$. Den ersten Schritt kann man durch eine Abbildung ω von $\{1, \ldots, 2n\}$ nach $\{-1, 1\}$ festlegen. Es gibt 2^{2n} derartige Abbildungen und $(2n)!$ Permutationen, und deswegen kann man Φ auf $2^{2n}(2n)!$ verschiedene Weisen definieren.

Im Folgenden werden wir solche Φ dadurch beschreiben, dass wir angeben, was mit einem allgemeinen $(x_1, \ldots, x_{2n})$ passiert. Hier einige Beispiele:

1. $\Phi(x_1, \ldots, x_{2n}) := (-x_1, -x_2, x_3, \ldots, x_{2n})$ dreht einfach die ersten beiden Karten um, die Reihenfolge bleibt erhalten. Dann ist etwa $\Phi(r, -s, r, r, s, -s, s, -r) = (-r, s, r, r, s, -s, s, -r)$. (Wollte man es ganz formal machen machen, müsste man noch definieren, dass $-(-r) := r$ und $-(-s) := s$ gelten soll.)

2. $\Phi(x_1, \ldots, x_{2n}) := (x_{2n}, \ldots, x_1)$ vertauscht die Reihenfolge, $(r, -s, r, r, s, -s, s, -r)$ zum Beispiel wird auf $(-r, s, -s, s, r, r, -s, r)$ abgebildet.

Es ist nicht schwer zu sehen, dass die $2^{2n}(2n)!$-elementige Menge der vorstehend eingeführten Φ (sie wird ab jetzt $\mathcal{G}$ genannt werden) eine Gruppe bezüglich der Abbildungsverknüpfung ist. Uns wird die folgende Frage interessieren:

Welche $\Phi \in \mathcal{G}$ lassen $\Delta_{2n,\mathcal{E}}$ invariant?

Ausführlich: Für welche Φ gilt, dass mit $(x_1, \ldots, x_{2n})$ stets auch $\Phi(x_1, \ldots, x_{2n})$ zu $\Delta_{2n,\mathcal{E}}$ gehört? Mit $\mathcal{G}_{\mathcal{E}}$ werden wir die Menge derjenigen $\Phi \in \mathcal{G}$ bezeichnen, die diese Eigenschaft haben. Ohne Mühe kann man nachweisen, dass $\mathcal{G}_{\mathcal{E}}$ eine Untergruppe von $\mathcal{G}$ ist. Doch welche Elemente gehören dazu?

Lemma 1.2 *(i) Sei* $1 \leq k \leq 2n$*. Mit* A_k *bezeichnen wir die durch*

$$A_k(x_1, \ldots, x_{2n}) := (x_{k+1}, \ldots, x_{2n}, x_1, \ldots, x_k)$$

definierte Abbildung[1]*.* A_k *gehört zu* $\mathcal{G}_\mathcal{E}$*.*

(ii) Es sei $2l$ *eine gerade Zahl zwischen* 1 *und* $2n$*. Unter* U_{2l} *verstehen wir die Abbildung*[2]

$$U_{2l}(x_1, \ldots, x_{2n}) := (-x_{2l}, -x_{2l-1}, \ldots, -x_1, x_{2l+1}, \ldots, x_{2n}).$$

U_{2l} *liegt in* $\mathcal{G}_\mathcal{E}$*.*

Beweis: (i) Wenn man k Karten abhebt und unter den Stapel legt, weiß man doch Folgendes:

- Ist k gerade, so liegen Karten, die vorher an einer geraden (bzw. ungeraden) Position lagen, wieder an einer geraden (bzw. ungeraden) Position.
- Ist k ungerade, so werden Karten, die vorher an einer geraden (bzw. ungeraden) Position lagen, nun an einer ungeraden (bzw. geraden) Position liegen.

Sei nun $(x_1, \ldots, x_{2n}) \in \Delta_{2n,\mathcal{E}}$ und $(y_1, \ldots, y_{2n}) := A_k(x_1, \ldots, x_{2n})$.
Fall 1a: k gerade, die $x_2, x_4, x_6, \ldots$ gehören zu $\{r, -s\}$ und die $x_1, x_3, \ldots$ zu $\{-r, s\}$. Nach Vorbemerkung gehören dann die $y_2, y_4, y_6, \ldots$ zu $\{r, -s\}$ und die $y_1, y_3, \ldots$ zu $\{-r, s\}$. Es gilt also $(y_1, \ldots, y_{2n}) \in \Delta_{2n,\mathcal{E}}$.
Fall 1b: k gerade, die $x_2, x_4, x_6, \ldots$ gehören zu $\{-r, s\}$ und die $x_1, x_3, \ldots$ zu $\{r, -s\}$. Nach Vorbemerkung gilt die entsprechende Eigenschaft auch für die $(y_1, \ldots, y_{2n})$, d.h., $(y_1, \ldots, y_{2n}) \in \Delta_{2n,\mathcal{E}}$
Die entsprechenden Fälle 2a und 2b (k ungerade) werden entsprechend behandelt. Zusammen: Mit $(x_1, \ldots, x_{2n})$ liegt auch $A_k(x_1, \ldots, x_{2n})$ stets in $\Delta_{2n,\mathcal{E}}$.

(ii) Sei $(x_1, \ldots, x_{2n}) \in \Delta_{2n,\mathcal{E}}$. Es ist $U_{2l}(x_1, \ldots, x_{2n}) \in \Delta_{2n,\mathcal{E}}$ zu beweisen.
Fall 1: Die $x_2, x_4, x_6, \ldots$ *gehören zu* $\{r, -s\}$ *und die* $x_1, x_3, \ldots$ *zu* $\{-r, s\}$. Wir betrachten in $U_{2l}(x_1, \ldots, x_{2n})$ irgendein Element an einer geraden Position $2s$. Ist $2s > 2l$, so hat U_{2l} nichts an ihm verändert, es ist also in $\{r, -s\}$. Im Fall $2s \leq 2l$ allerdings war es vorher an einer ungeraden Position, denn durch das Umdrehen wurden gerade und ungerade Positionen vertauscht. Es lag also in $\{-r, s\}$. Da es unter U_{2l} umgedreht wurde, liegt es nun in $\{r, -s\}$. Ganz ähnlich behandelt man die Elemente an ungeraden Positionen.
Fall 2: Die $x_2, x_4, x_6, \ldots$ *gehören zu* $\{-r, s\}$ *und die* $x_1, x_3, \ldots$ *zu* $\{r, -s\}$. Das geht genauso wie in Fall 1 durch Fallunterscheidung nach der Position. □

Da $\mathcal{G}_\mathcal{E}$ eine Untergruppe ist, liefert das Lemma eine Fülle von Beispielen für Abbildungen aus $\mathcal{G}_\mathcal{E}$: Wenn ein Kartenstapel zu $\Delta_{2n,\mathcal{E}}$ gehört (wenn sich zum Beispiel rote und schwarze Karten abwechseln), darf man beliebig oft abheben und eine gerade Anzahl von Karten als Ganzes umdrehen; das Ergebnis wird wieder in $\Delta_{2n,\mathcal{E}}$ liegen.

---

[1] Es werden also k Karten abgehoben und unter den Stapel gelegt. Das „A“ soll an „abheben“ erinnern.

[2] Unter U_{2l} werden also die obersten $2l$ Karten als Ganzes umgedreht und wieder auf den Stapel gelegt. Die Abbildung heißt „U“, weil etwas „umgedreht“ wird.

Weitere Beispiele liefert

Lemma 1.3: *(i) r und $2l$ seien Zahlen, so dass $1 \leq r < r + 2l \leq 2n$. Unter $U_{r,2l}$ verstehen wir die Abbildung*[3)]

$$U_{r,2l}(x_1, \ldots, x_{2n}) := (x_1, \ldots, x_r, -x_{r+2l}, -x_{r+2l-1}, \ldots, -x_{r+1}, , x_{2l+1}, \ldots, x_{2n}).$$

$U_{r,2l}$ gehört zu $\mathcal{G}_\mathcal{E}$.

(ii) Sei I (wie „invertieren") durch

$$I(x_1, \ldots, x_{2n}) := (x_{2l}, \ldots, x_1)$$

erklärt. I ist ein Element von $\mathcal{G}_\mathcal{E}$.

Beweis: (i) Man beachte nur, dass $U_{r,2l} = A_{2l-r} \circ U_{2l} \circ A_r$ gilt und dass wir schon wissen, dass A_{2l-r}, U_{2l}, A_r in $\mathcal{G}_\mathcal{E}$ liegen. (Wenn man das in Worten aufschreibt, bedeutet es einfach: „In der Mitte $2l$ Karten ab Position $r + 1$ umdrehen" kann auch alternativ wie folgt erreicht werden: r Karten abheben; dann $2l$ Karten umdrehen; abschließend $2n - 2l$ Karten abheben.)

(ii) Das kann man leicht direkt einsehen, da durch Invertieren die Karten an geraden und ungeraden Positionen vertauscht werden. Es ist in Hinblick auf den folgenden Satz aber wichtig darauf hinzuweisen, dass man I auch durch Verknüpfung schon bekannter Abbildungen aus $\mathcal{G}_\mathcal{E}$ erhält. So ist etwa I im Fall $2n = 4$ als $U_2 \circ U_{1,2} \circ U_2 \circ A_1$ darstellbar, und für beliebige $2n$ lässt sich die gleiche Idee anwenden. □

Für die späteren Zauberanwendungen wären diese Ergebnisse ausreichend, aber als Mathematiker möchte man es ganz genau wissen: Sind denn durch Verknüpfung von Abbildungen der Typen A_k und U_{2l} schon alle $\Phi \in \mathcal{G}_\mathcal{E}$ erfasst, oder gibt es noch andere bisher unentdeckte Kandidaten? Die Antwort steht im folgenden

Satz 1.4: *Die Untergruppe $\mathcal{G}_\mathcal{E}$ von $\mathcal{G}$ wird von den A_k und den U_{2l} erzeugt. Dazu zeigen wir: Für jedes $\Phi \in \mathcal{G}_\mathcal{E}$ kann man geeignete*

$$\Psi_1, \ldots, \Psi_s \in \mathcal{G}_0 := \{A_k \mid k = 1, \ldots, 2n\} \cup \{U_{2l} \mid 1 \leq l \leq n\}$$

so finden, dass $\Phi = \Psi_s \circ \cdots \circ \Psi_1$ gilt.

Beweis: Wir führen eine Bezeichnung ein: Sind $\Phi', \Phi'' \in \mathcal{G}$, so schreiben wir $\Phi' \to \Phi''$, wenn man geeignete $\Psi_1, \ldots, \Psi_s$ in $\mathcal{G}_0$ so finden kann, dass Φ'' gleich $\Psi_s \circ \cdots \circ \Psi_1 \circ \Phi'$ ist. Es ist dann leicht zu sehen, dass gilt:

- Aus $\Phi' \to \Phi''$ folgt $\Phi'' \to \Phi'$. (Denn die Voraussetzung impliziert $\Phi' = \Psi_1^{-1} \circ \cdots \circ \Psi_s^{-1} \circ \Phi''$, und die Ψ_i^{-1} gehören – da $A_k^{-1} = A_{2n-k}$ und $U_{2l}^{-1} = U_{2l}$ gilt – zu $\mathcal{G}_0$.)
- $\Phi' \to \Phi''$ und $\Phi'' \to \Phi'''$ implizieren $\Phi' \to \Phi'''$ (klar).
- Gilt $\Phi' \to \Phi''$ und gehört Φ' zu $\mathcal{G}_\mathcal{E}$, so liegt auch Φ'' in $\mathcal{G}_\mathcal{E}$. (Denn $\mathcal{G}_\mathcal{E}$ ist eine Untergruppe, die $\mathcal{G}_0$ enthält.)

[3)] Diesmal werden $2l$ Karten – möglicherweise in der Mitte des Spiels, ab Position $r+1$ – umgedreht.

Sei $\Phi \in \mathcal{G}_\mathcal{E}$ vorgegeben. Unsere Beweisstrategie wird darin bestehen, dass wir durch Induktion beweisen, dass $\Phi \to \mathsf{Id}$ gilt; dabei bezeichnet Id die identische Transformation $\mathsf{Id}(x_1, \ldots, x_{2n}) := (x_1, \ldots, x_{2n})$. Daraus würde dann sofort die Behauptung folgen.

Im Beweis wird es um Transformationen Ψ gehen, die die ersten s Komponenten eines $(x_1, \ldots, x_{2n})$ fixieren. Genauer: Ψ soll ein $(x_1, \ldots, x_{2n})$ in die Folge $(x_1, \ldots, x_s, y_{s+1}, \ldots, y_{2n})$ transformieren. (Die y_i sind irgendwelche x_j oder $-x_j$, wobei $j > s$.) Ein Beispiel für $s = 2$ (und $s = 1$) wäre die Abbildung

$$\Psi(x_1, \ldots, x_6) := (x_1, x_2, -x_4, x_3, -x_5, x_6).$$

Sei $\mathcal{H}_s$ die Menge dieser Ψ. Es ist klar, dass

$$\{\mathsf{Id}\} = \mathcal{H}_{2n} \subset \mathcal{H}_{2n-1} \subset \cdots \subset \mathcal{H}_2 \subset \mathcal{H}_1$$

gilt. Wir werden zeigen:
Behauptung 1: Es gibt ein $\Phi_1 \in \mathcal{H}_1$ mit $\Phi \to \Phi_1$. Wir wissen dann schon, dass $\Phi_1 \in \mathcal{G}_\mathcal{E}$ gilt.
Behauptung 2: Liegt ein Φ_s in $\mathcal{G}_\mathcal{E}$ und in $\mathcal{H}_s$, so kann man $\Phi_{s+1} \in \mathcal{H}_{s+1}$ mit $\Phi_s \to \Phi_{s+1}$ konstruieren. Φ_{s+1} liegt auch in $\mathcal{G}_\mathcal{E}$.

Wenn das gezeigt ist, ist – aufgrund von Behauptung 1 und $(2n-1)$-maliger Anwendung von Behauptung 2 – wirklich $\Phi \to \mathsf{Id}$ bewiesen[4)] und wir sind fertig.

Beweis zu Behauptung 1: Was passiert unter Φ mit x_1? Es wird umgedreht oder auch nicht und wandert möglicherweise an eine andere Stelle, etwa an die Stelle k. Wenn x_1 *nicht* umgedreht wird, kann man es durch einfaches Abheben an die erste Position bringen, $A_{k-1} \circ \Phi$ liegt dann schon in $\mathcal{H}_1$.

Wurde x_1 aber umgedreht, so kann man es durch Anwendung von U_2 (falls $k = 1$) oder $U_{k-1,2}$ (falls $k > 1$) wieder zurückdrehen und danach durch Abheben nach vorn befördern. Da auch $U_{k-1,2}$ Produkt von Elementen aus $\mathcal{G}_0$ ist, heißt das: In jedem Fall gibt es $\Phi_1 \in \mathcal{H}_1$ mit $\Phi \to \Phi_1$.

Beweis zu Behauptung 2: Vorgelegt ist ein $\Phi_s \in \mathcal{G}_\mathcal{E}$, das die Form $\Phi_s(x_1, \ldots, x_{2n}) = (x_1, \ldots, x_s, y_{s+1}, \ldots, y_{2n})$ hat, wobei die y_j gewisse x_k oder $-x_k$ mit $k > s$ sind.

Zunächst wollen wir uns um den Fall $s = 2n - 1$ kümmern. Es ist dann $y_{2n} = x_{2n}$ (dann sind wir schon fertig) oder $y_{2n} = -x_{2n}$. Wir behaupten, dass der zweite Fall nicht eintreten kann. Er würde nämlich einen Widerspruch implizieren: Da $(r, s, r, s, \ldots, r, s) \in \Delta_{2n,\mathcal{E}}$ gilt, sollte auch $\Phi_{2n-1}(r, s, r, s, \ldots, r, s) = (r, s, \ldots, r, -s) \in \Delta_{2n,\mathcal{E}}$ richtig sein, doch das stimmt offensichtlich nicht.

Ganz ähnlich gehen wir im Fall $s < 2n - 1$ vor. Wo ist x_{s+1} geblieben? Es ist umgedreht worden oder auch nicht und an eine Stelle k mit $s + 1 \leq k \leq 2n$ gewandert. Je nachdem, ob s bzw. k gerade oder ungerade sind und ob x_{s+1} umgedreht wurde oder nicht, müssen wir unterschiedlich argumentieren. Es sind also acht Fälle zu diskutieren.

Dabei stellt sich heraus, dass wir in vier dieser Fälle die Behauptung beweisen können und dass die anderen vier nicht zu erwarten sind. Exemplarisch kümmern wir uns um den Fall, dass s und k gerade sind und illustrieren den Beweis am Fall $s = 2, k =$

[4)]Denn Id ist das einzige Element in $\mathcal{H}_{2n}$.

$4, n = 4$. Wir wissen, dass Φ_2 die Form $\Phi_2(x_1, \ldots, x_{2n}) = (x_1, x_2, y_3, y_4, y_5, y_6, y_7, y_8)$ hat, wobei $y_4 = x_3$ oder $y_4 = -x_3$ gilt.
Fall 1: $y_4 = x_3$. Dann würde $U_{2,2} \circ \Phi_2$ ein $(x_1, \ldots, x_{2n})$ in die Folge $(x_1, x_2, -x_3, -y_3, y_5, y_6, y_7, y_8)$ transformieren. Das kann aber nicht sein, denn $U_{2,2} \circ \Phi_2$ gehört zu $\mathcal{G}_\mathcal{E}$, bildet aber $(r, s, r, s, \ldots, r, s)$ auf das Element $(r, s, -r, \ldots)$ ab[5)], das nicht zu $\Delta_{2n,\mathcal{E}}$ gehört.
Fall 2: $y_4 = -x_3$. Diesmal ist $U_{2,2} \circ \Phi_2 \in \mathcal{H}_3$, und die Behauptung ist für diesen Fall bewiesen.

Ganz ähnlich geht man für beliebige gerade s, k und in den verbleibenden drei Fällen (s ungerade, k gerade; s gerade, k ungerade; s und k ungerade) vor. □

Man könnte fragen, ob vielleicht sogar die U_{2l} ausreichen, um alle Elemente aus $\mathcal{G}_\mathcal{E}$ zu erzeugen. Die Antwort ist „nein“, man kann es wie folgt einsehen. Zunächst definieren wir:

- $\Delta_{2n,\mathcal{E},1}$ soll die Menge derjenigen $(x_1, \ldots, x_{2n}) \in \Delta_{2n}$ sein, bei denen die $x_2, x_4, x_6, \ldots$ zu $\{r, -s\}$ und die $x_1, x_3, \ldots$ zu $\{-r, s\}$ gehören.
- Mit $\Delta_{2n,\mathcal{E},2}$ bezeichnen wir die Menge der $(x_1, \ldots, x_{2n}) \in \Delta_{2n}$, bei denen die $x_2, x_4, x_6, \ldots$ zu $\{-r, s\}$ und die $x_1, x_3, \ldots$ zu $\{r, -s\}$ gehören.

Es ist dann $\Delta_{2n,\mathcal{E}} = \Delta_{2n,\mathcal{E},1} \cup \Delta_{2n,\mathcal{E},2}$. Der Beweis von Lemma 1.2 zeigt nun, dass jedes U_{2l} (und damit auch jede beliebig häufige Verknüpfung derartiger Operatoren) die Menge $\Delta_{2n,\mathcal{E},1}$ in sich und die Menge $\Delta_{2n,\mathcal{E},2}$ ebenfalls in sich abbildet. Deswegen werden in der von den U_{2l} erzeugten Untergruppe keine Operatoren aus $\mathcal{G}_\mathcal{E}$ liegen, die $\Delta_{2n,\mathcal{E},1}$ in $\Delta_{2n,\mathcal{E},2}$ abbilden (wie zum Beispiel A_1).

Viel leichter kann man begründen, dass die A_k nicht ausreichen, um alle $\Phi \in \mathcal{G}_\mathcal{E}$ zu erzeugen: Es fehlt die Möglichkeit, Karten zu drehen, man wird zum Beispiel nie U_2 allein durch Abheben erhalten.

Der Zaubertrick

Es ist wirklich eine ganze Trickfamilie. Hier folgen in Kurzfassung einige der interessantesten Möglichkeiten, die Grundidee in Zaubertricks umzusetzen.

1. Man bereitet ein Spiel vor, im dem sich rote und schwarze Karten abwechseln; dabei zeigen alle in die gleiche Richtung. Das kann offen gezeigt werden.

[5)]Es ist nicht bekannt, was nach der dritten Stelle kommt.

Zuschauer wenden nun beliebig oft die Operationen U_{2l}, A_k und I an. Dann wird der – ziemlich chaotisch aussehende – Stapel

auf den Tisch geblättert: links, rechts usw., so dass zwei Teilstapel entstehen. Einer wird als Ganzes gedreht und auf den anderen gelegt, auf diese Weise ist jede zweite Karte umgedreht worden. Und nun zeigen rote und schwarze Karten in verschiedene Richtungen:

(Stichwort: große Koalition, die sich zerstritten hat.)

2. Wenn man „s“ in den vorstehenden Überlegungen als „umgedrehte schwarze Karte“ interpretiert, bleibt alles richtig. Wir bereiten das Spiel so vor, dass sich rote und schwarze Karten abwechseln; diesmal zeigen sie aber in verschiedene Richtungen:

Nach der schon bekannten Zuschauer-erzeugen-Chaos-Aktion und dem Umdrehen jeden zweiten Karte entsteht ein Stapel, in dem alle Karten mit der Bildseite zu sehen sind:

(Stichwort: Wiedervereinigung.)

3. Nun kommen wir zu einem Trick, bei dem das Chaos eine vorher frei wählbare „Zielzahl“ erzeugt. Eine Vorführung zu einem dreißigsten Geburtstag könnte etwa so aussehen. Wir bereiten ein Blatt vor, bei dem sowohl die Summe über die Kartenwerte an den geraden Stellen als auch die Summe über die Kartenwerte an den ungeraden Stellen gleich dreißig ist[6]:

[6] Wir vereinbaren, dass Bilder den Wert 10 haben.

Dann ist garantiert, dass nach beliebig vielen Hummeroperationen und Umdrehen jeder zweiten Karten ein Kartenstapel entsteht, bei dem die Summe der sichtbaren Karten jeweils gleich 30 ist.

Natürlich kann man auch *zwei* Zahlen erzeugen lassen, indem man die Summen der Kartenwerte and den geraden bzw. ungeraden Positionen entsprechend vorbereitet.

4. Und nun findet der Zauberer Zuschauerkarten. Der Stapel ist so vorbereitet, dass sich Karten aus zwei gut unterscheidbaren Kategorien abwechseln. (Bei uns: kleiner als 7, größer als 7).

Der Stapel wird bildunten gehalten, es darf beliebig oft abgehoben werden: Das verändert die vorbereitete Eigenschaft nicht. Nun nehmen zwei Zuschauer die erste und zweite Karte von oben, schauen sie sich an, merken sie sich und legen sie wieder zurück. Wichtig: Die ehemals oberste (bzw. zweitoberste) Karte muss nun an zweiter (bzw. erster) Stelle liegen. Die oberste ist damit die einzige Karte an ungerader Stelle, die „falsch“ liegt, genau so liegt die zweite Karte „falsch“.

Nach Hummeraktionen und üblichem Sortieren entsteht ein Blatt, bei dem – von vorn und von hinten gesehen – jeweils eine Karte falsch liegt:

In unserem Beispiel müssen das die Kreuz Acht (die einzige, deren Wert größer als 7 ist) und die Kreuz Fünf sein (nur bei ihr ist der Wert kleiner als 7). Damit sind die Zuschauerkarten identifiziert.

Wenn man sich vor der Zuschauerwahl heimlich die unterste Karte ansieht, kann man noch präziser zaubern: War die unterste Karte kleiner als 7, hat der erste Zuschauer eine Karte größer als 7 gezogen, in unserem Beispiel also die Kreuz Acht.

5. Angenommen, wir haben vier beliebige Spielkarten, die wir bildoben zu einem Stapel zusammenlegen. Und nun drehen wir die erste um. Wenn dann die üblichen Hummer-operationen und das abschließende Sortieren vorgenommen werden, wird die dritte Karte in die eine und die drei anderen Karten in die andere Richtung schauen: Das folgt sofort aus den vorstehenden Überlegungen. Und so kann man es sich zunutze machen[7)]:

– Man ruft eine Bekannte an: Sie soll sich vier Karten aus einem Kartenspiel aussuchen und sie bildunten zu einem Stapel zusammenlegen. Es folgen Misch-Instruktionen: Mische den Stapel und merke Dir die unterste Karte! Lege die oberste Karte bildunten unter den Stapel! Drehe die jetzt oberste Karte um! (Dadurch ist die gemerkte Karte die dritte von oben und das Spiel ist richtig vorbereitet.) Führe mehrere Male die folgenden Operationen durch: zwei Karten als Paket umdrehen; abheben! Blättere die Karten auf den Tisch: links, rechts, links, rechts; lege dann eines der Päckchen umgedreht auf das andere.

– Wie durch Zauberei wird dann die gewählte Karte eine besondere Rolle spielen: Sie zeigt in die eine, die anderen Karten in die andere Richtung.

Varianten

Wir haben die Zaubertricks der Einfachheit halber an Spielkarten illustriert. Man kann aber genau so mit Bildern des gleichen Formats, Visitenkarten usw. arbeiten. Wichtig ist nur, dass man die verwendeten „Karten“ zwei Kategorien zuordnen kann.

Quellen

Die Grundidee und die Variationen stammen von Hummer. Die „theoretischen“ Ergebnisse im mathematischen Teil sind von mir. Sie werden hier zum ersten Mal publiziert.

[7)] Wir folgen der Darstellung in Diaconis-Graham (siehe Literaturverzeichnis). Dort wird dieser Trick *Baby-Hummer* genannt.

Kapitel 2

Magische Quadrate und magische Würfel

Unter einem magischen Quadrat versteht man, streng genommen, die Anordnung der Zahlen $1, 2, \ldots, n^2$ in einem quadratischen $n \times n$-Schema, so dass die Summe über alle Zeilen, alle Spalten und die beiden Diagonalen den gleichen Wert hat. Die ersten magische Quadrate wurden schon vor einigen tausend Jahren gefunden, bekannt ist das *Lo-Shu-Quadrat* aus dem dritten Jahrtausend vor unserer Zeitrechnung. In unserer heutigen Notation sieht es so aus:

4	9	2
3	5	7
8	1	6

Noch weit berühmter ist das magische Quadrat von *Albrecht Dürer* aus dem Kupferstich *Melencolia I (1514)*[1]:

[1]Foto: Albertina, Wien.

16	3	2	13
5	10	11	8
9	6	7	12
4	15	14	1

Dürers magisches Quadrat weist einige Besonderheiten auf. Nicht nur, dass Zeilen-, Spalten- und Diagonalensummen alle gleich (nämlich gleich 34) sind, auch die Zahlen in den 2×2-Quadraten in den Ecken und in der Mitte sowie die vier Eckzahlen summieren sich zu diesem Wert auf. (Insgesamt gibt es also 16 verschiedene Summationen, die zum gleichen Wert führen.) Auch ist in der letzten Zeile in der Mitte die Zahl 1514 zu finden, die Jahreszahl der Entstehung des Bildes.

In diesem und im nächsten Kapitel werden wir den Begriff „magisches Quadrat" allgemeiner verwenden. Es wird um quadratische Zahlen-Schemata mit besonderen Eigenschaften gehen.

Wir beginnen im vorliegenden Kapitel mit einen Trick, der auch für Mathematiker nicht leicht durchschaubar ist, obwohl der mathematische Hintergrund nicht sehr tiefliegend ist. Interessanter ist schon die Tatsache, dass das beschriebene Verfahren beweisbar bestmöglich ist, um das angestrebte Ziel zu erreichen.

Der Effekt

Ein Zuschauer wählt aus einem quadratischen Zahlenschema völlig frei einige Zahlen. Die werden addiert, und es zeigt sich nach Öffnen eines verschlossenen Umschlags, dass der Zauberer die Summe richtig vorhersagen konnte.

Genauer: Der Zuschauer unterstreicht irgendeine Zahl des Schemas, dann werden alle anderen Zahlen in der gewählten Zeile und Spalte durchgestrichen. Unter den verbleibenden Zahlen (also die, die nicht unterstrichen oder durchgestrichen sind) wird wieder eine unterstrichen, die anderen in der betreffenden Zeile und Spalte werden durchgestrichen. Und so weiter, so lange, bis – bei einem $n \times n$-Raster nach n Schritten – alle Zahlen unter- oder durchgestrichen sind. Dann werden die unterstrichenen Zahlen addiert.

~~12~~	17	~~4~~	~~6~~
~~19~~	~~24~~	11	~~13~~
~~13~~	~~18~~	~~5~~	7
15	~~20~~	~~7~~	~~9~~

17+11+7+15=50; das wusste der Zauberer schon vorher.

Die Mathematik im Hintergrund

Wir betrachten zunächst die Summenbildung bei reellen Zahlen. Da für die Addition Assoziativgesetz und Kommutativgesetz gelten, ist es egal, wie man bei der Berechnung einer Summe mit endlich vielen Summanden die Reihenfolge wählt und ob man zwischendurch Teilsummen bildet. (Das ist jedem vom Einkaufen her geläufig: Es ist für den Gesamtpreis völlig egal, in welcher Reihenfolge man die Einkäufe auf das Förderband an der Kasse legt.) Hier die etwas abstraktere Formulierung dieser Erfahrung:

Satz 2.1 *Es sei I eine endliche Menge, und für jedes $i \in I$ sei x_i eine reelle Zahl.*

(i) Schreibt man I auf irgendeine Weise als $I = \{i_1, \ldots, i_n\}$, so ist erstens die Zahl n für jede Aufzählung die gleiche, und zweitens ergibt sich in allen Fällen für $x_{i_1} + \cdots + x_{i_n}$ die gleiche Zahl x. („Erstens" liegt daran, dass Kardinalzahlen wohldefiniert sind, und „zweitens" folgt aus der Kommutativität und Assoziativität.) Deswegen ist es gerechtfertigt, diesen gemeinsamen Wert x als $\sum_{i \in I} x_i$ zu bezeichnen[2).]

(ii) Nun sei I als disjunkte Vereinigung von nicht leeren Teilmengen $I_1, \ldots, I_m$ geschrieben[3)]. Mit $y_k := \sum_{i \in I_k} x_i$ $(k = 1, \ldots, m)$ gilt dann $\sum_{i \in I} x_i = \sum_{k=1}^{m} y_k$.

Beweis: Beweise zu derartigen Aussagen sollte man im ersten Semester eines Mathematikstudiums kennen gelernt haben. Man verwendet vollständige Induktion, die Beweise sind ein bisschen schwerfällig. Wenn man sie allerdings verstanden hat, darf man $+$ durch eine beliebige assoziative und kommutative innere Komposition „$\circ$" auf irgendeiner Menge M ersetzen. (Um auch die „$\circ$-Summe über die leere Menge" definieren zu können, sollte $\circ$ ein neutrales Element haben.) □

Magische Quadrate

Für unsere Zaubertricks werden nur einfache Spezialfälle wichtig werden. Es sei $n \in \mathbb{N}$ vorgegeben, und es seien Zahlen $a_1, \ldots, a_n, b_1, \ldots, b_n$ beliebig gewählt. Wir füllen ein quadratisches $n \times n$-Raster so, dass in der i-ten Zeile an der j-ten Stelle die Zahl $A_{i,j} := a_i + b_j$ steht:

$a_1 + b_1$	$a_1 + b_2$	...	$a_1 + b_n$
$a_2 + b_1$	$a_2 + b_2$	...	$a_2 + b_n$
...	...	...	...
$a_n + b_1$	$a_n + b_2$	...	$a_n + b_n$

Nun werden n Felder in diesem Raster so gewählt, dass in jeder Zeile und in jeder Spalte genau eines dieser Felder steht. Wenn man dann die zu diesen Feldern gehörigen $A_{i,j}$ addiert, so kommt garantiert $a_1 + \cdots + a_n + b_1 + \cdots + b_n$ heraus. Das folgt sofort aus dem vorigen Satz: Zunächst wurden gewisse $a_i + b_j$ ausgerechnet, wobei jedes a_i und jedes b_j genau einmal vorkam, und die Ergebnisse wurden dann addiert.

Wenn in der i-ten Zeile das j-te Feld ausgewählt wurde, schreiben wir $\pi(i) := j$. Dann ist bei einer zulässigen Wahl $\pi : \{1, \ldots, n\} \to \{1, \ldots, n\}$ bijektiv, es handelt sich also um eine Permutation der Zahlen $1, \ldots, n$. Umgekehrt liefert jede Permutation eine zulässige Feld-Auswahl. Das können wir so zusammenfassen:

Satz 2.2 *Sei (mit den vorstehenden Bezeichnungen) $S := a_1 + \cdots + a_n + b_1 + \cdots + b_n$. Ist dann $\pi : \{1, \ldots, n\} \to \{1, \ldots, n\}$ eine Permutation, so ist*

$$A_{1,\pi(1)} + A_{2,\pi(2)} + \cdots + A_{n,\pi(n)} = S.$$

Dieses Ergebnis ist die Grundlage des in diesem Kapitel beschriebenen Zaubertricks. Deswegen wäre es natürlich interessant zu wissen, ob man den Effekt nicht auch durch

---

2) Manchmal definiert man noch die Summe über die leere Menge als Null.

3) Es gilt also $I_k \cap I_l = \emptyset$ für $k \neq l$, und $\bigcup_{k=1}^{m} I_k = I$.

eine andere Konstruktionsvorschrift als $A_{i,j} = a_i + b_j$ für die Matrixeinträge erhalten könnte. Der folgende Satz zeigt, dass das nicht der Fall ist.

Satz 2.3 *Es sei $n \in \mathbb{N}$ und $(A_{i,j})_{i,j=1,\ldots,n}$ eine Matrix mit reellen Einträgen. Für eine geeignete Zahl S soll*

$$A_{1,\pi(1)} + A_{2,\pi(2)} + \cdots + A_{n,\pi(n)} = S$$

für jede Permutation auf $\{1, \ldots, n\}$ gelten.

Dann kann man Zahlen $a_1, \ldots, a_n, b_1, \ldots, b_n$ so wählen, dass $A_{i,j} = a_i + b_j$ für alle i, j gilt. Es ist dann $S = a_1 + \cdots + a_n + b_1 + \cdots + b_n$.

Beweis: Sei $x \in \mathbb{R}$ beliebig. Wir setzen $a_1 := x$ und $b_j := A_{1,j} - x$ für $j = 1, \ldots, n$. Dann gilt $A_{1,j} = a_1 + b_j$ für alle j. Definieren wir noch $a_i := A_{i,1} - b_1$ für $i = 2, \ldots, n$, so ist auch stets $A_{i,1} = a_i + b_1$. Zusammen heißt das, dass wir $A_{i,j} = a_i + b_j$ garantieren können, falls $i = 1$ oder $j = 1$. Es fehlt noch der Nachweis, dass diese Gleichung auch im Fall $i, j > 1$ gilt.

Dazu fixieren wir $i, j > 1$ und behaupten, dass $A_{i,1} - A_{1,1} + A_{1,j} = A_{i,j}$ gilt.

Fall 1: $i = j$. Wir definieren die Permutation $\pi_1 := \{1, \ldots, n\} \to \{1, \ldots, n\}$ durch $\pi_1(1) := i$, $\pi_1(i) := 1$ und $\pi_1(k) := k$ für $k \neq 1, i$. Wendet man dann die Voraussetzung für π_1 an, so folgt $S = A_{1,i} + A_{i,1} + \sum_{k \neq i,1} A_{k,k}$. Wählt man π_2 als identische Permutation ($\pi(k) := k$ für alle k), so ergibt sich auch $S = A_{1,1} + A_{i,i} + \sum_{k \neq i,1} A_{k,k}$, und wir folgern, dass $A_{1,i} + A_{i,1} = A_{1,1} + A_{i,i}$ gilt. Das kann wegen $i = j$ als $A_{i,1} - A_{1,1} + A_{1,j} = A_{i,j}$ umgeschrieben werden.

Fall 2: $i \neq j$. Zunächst wählen wir eine bijektive Abbildung

$$\pi_0 : \{1, \ldots, n\} \setminus \{1, i\} \to: \{1, \ldots, n\} \setminus \{1, j\};$$

so etwas gibt es, da beide Mengen $n-2$ Elemente haben. Damit definieren wir eine Permutation π_1 durch $\pi_1(1) := 1$, $\pi_1(i) := j$ und $\pi_1(k) := \pi_0(k)$ für $k \neq 1, i$. Aufgrund der Konstruktion ist π_1 eine Permutation, und wir erhalten

$$S = A_{1,1} + A_{i,j} + \sum_{k \neq 1,i} A_{k,\pi_0(k)}.$$

Nun werde π_2 durch $\pi_2(1) := j$, $\pi_2(i) := 1$ und $\pi_2(k) := \pi_0(k)$ für $k \neq 1, i$ definiert. Es folgt

$$S = A_{1,j} + A_{i,1} + \sum_{k \neq 1,i} A_{k,\pi_0(k)},$$

und wir können daraus schließen, dass $A_{1,1} + A_{i,j} = A_{1,j} + A_{i,1}$. Wirklich ist also $A_{i,1} - A_{1,1} + A_{1,j} = A_{i,j}$.

Nun kann der Beweis leicht beendet werden. Wir wollen doch $A_{i,j} = a_i + b_j$ zeigen:

$$\begin{aligned} a_i + b_j &= (A_{i,1} - b_1) + (A_{1,j} - x) \\ &= (A_{i,1} - A_{1,1} + x) + (A_{1,j} - x) \\ &= A_{i,1} - A_{1,1} + A_{1,j} \\ &= A_{i,j}. \end{aligned}$$

Dass $S = a_1 + \cdots + a_n + b_1 + \cdots + b_n$ gilt, kann man zum Beispiel dadurch einsehen, dass man π als identische Permutation wählt. Dafür ist nämlich

$$A_{1,1} + A_{2,2} + \cdots + A_{n,n} = (a_1 + b_1) + \cdots + (a_n + b_n) = a_1 + \cdots + a_n + b_1 + \cdots + b_n.$$

Es wurde auch mitbewiesen, dass die Wahl von a_i, b_j zu den $A_{i,j}$ nicht eindeutig ist: Es gibt einen freien, beliebig wählbaren Parameter x. □

Wir bemerken noch, dass im Beweis nur die Gruppeneigenschaften von $(\mathbb{R}, +)$ ausgenutzt wurden. Das Ergebnis kann also auf beliebige kommutative Gruppen übertragen werden.

Magische Würfel und magische Hyperwürfel

Im vorstehenden Satz wurden die Koordinaten nicht auf gleiche Weise behandelt. Wenn man die Ergebnisse auf mehr als zwei Dimensionen übertragen will, empfiehlt sich eine symmetrische Formulierung:

- Die a_i, b_j, $A_{i,j} := a_i + b_j$ seien wie vorstehend, und $S := a_1 + \cdots + a_n + b_1 + \cdots + b_n$. Sind dann π_1, π_2 Permutationen von $\{1, \ldots, n\}$, so ist

$$\sum_{i=1}^{n} A_{\pi_1(i),\pi_2(i)} = S.$$

- Gegeben sei die Matrix $A_{i,j}$, und es gebe eine Zahl S, so dass $\sum_{i=1}^{n} A_{\pi_1(i),\pi_2(i)} = S$ für alle Permutationen π_1, π_2. Dann gibt es Zahlen a_i und b_j, so dass $A_{i,j} = a_i + b_j$ für alle i, j gilt.

Der obige Beweis kann leicht auf die neue Formulierung übertragen werden.

Eine Verallgemeinerung auf „magische Würfel" liest sich so.

- Es sei $n \in \mathbb{N}$, und $a_1, \ldots, a_n$, $b_1, \ldots, b_n$, $c_1, \ldots, c_n$ seien Zahlen. Definiert man dann Zahlen $A_{i,j,k}$ durch $A_{i,j,k} := a_i + b_j + c_k$ für $i, j, k = 1 \ldots, n$, so ist

$$\sum_{i=1}^{n} A_{\pi_1(i),\pi_2(i),\pi_3(i)} = \sum_{i=1}^{n} a_i + \sum_{j=1}^{n} b_j + \sum_{k=1}^{n} c_k$$

für beliebige Permutationen π_1, π_2, π_3 auf $\{1, \ldots, n\}$.

- Umgekehrt: Es seien Zahlen $(A_{i,j,k})_{i,j,k=1,\ldots,n}$ vorgegeben. Es gebe eine Zahl S, so dass

$$\sum_{i=1}^{n} A_{\pi_1(i),\pi_2(i),\pi_3(i)} = S$$

für beliebige Permutationen π_1, π_2, π_3. Dann kann man Zahlen a_i, b_j, c_k so finden, dass $A_{i,j,k} = a_i + b_j + c_k$ für alle $i, j, k = 1, \ldots, n$ gilt. Auch ist dann

$$S = \sum_{i=1}^{n} a_i + \sum_{j=1}^{n} b_j + \sum_{k=1}^{n} c_k.$$

Dabei ist die erste Aussage wieder ein Spezialfall von Satz 2.1, für die zweite muss man recht schwerfällig argumentieren: Es ist $a_{\pi_1(1)} := x$, $b_{\pi_2(1)} := y$ (mit beliebigen Zahlen x, y) und $c_{\pi_3(1)} := A_{\pi_1(1),\pi_2(1),\pi_3(1)} - x - y$. Und so weiter.

Und wer Tricks für Zauberer in beliebig hochdimensionalen Räumen zur Verfügung stellen möchte, sollte sogar die folgende Verallgemeinerung beweisen:

- Es seien $d, n \in \mathbb{N}$, und für $\delta = 1, \ldots, d$ und $i = 1, \ldots, n$ seien Zahlen a_i^δ gegeben. Setze
$$A_{i_1,\ldots,i_d} := a_{i_1}^1 + a_{i_2}^2 + \cdots + a_{i_d}^d$$
für $i_1, \ldots, i_d = 1, \ldots, n$.
Dann hat $\sum_{i=1}^n A_{\pi_1(i),\ldots,\pi_d(i)}$ den Wert $\sum_{i=1,\ldots,n,\delta=1,\ldots,d} a_i^\delta$ für beliebige Permutationen $\pi_1, \ldots, \pi_d$.
- Und umgekehrt: Haben vorgelegte $A_{i_1,\ldots,i_d}$ die Eigenschaft, dass alle Summen $\sum_{i=1}^n A_{\pi_1(i),\ldots,\pi_d(i)}$ übereinstimmen, so kann man die $A_{i_1,\ldots,i_d}$ als $a_{i_1}^1 + a_{i_2}^2 + \cdots + a_{i_d}^d$ schreiben. Der Beweis ist „im Prinzip" so wie der von Satz 2.3. Da er aber schreibtechnisch viel aufwändiger ist, soll er hier nicht geführt werden.

Der Zaubertrick

Wir beginnen mit einer Vorbereitung. Dazu wählen wir eine beliebige – vorzugsweise nicht zu große – natürliche Zahl n und zeichnen ein leeres $n \times n$-Raster. Hier ist ein Beispiel mit $n = 4$:

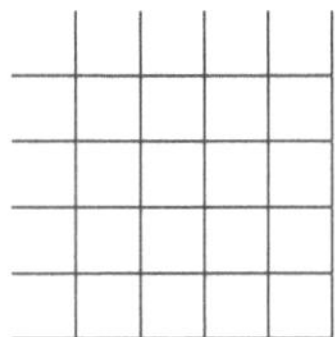

Anschließend bestimmen wir eine „Zielzahl" Z, wobei es naheliegend ist, dass Z irgendeine Beziehung zur geplanten Vorführung hat (Geburtstag, Hausnummer, Jubiläum). Z wird auf irgendeine Weise als Summe von $2n$ Zahlen $a_1, \ldots, a_n, b_1, \ldots, b_n$ geschrieben. Zur Illustration arbeiten wir mit $Z = 50$ und der Darstellung $50 = 2 + 9 + 3 + 5 + 10 + 15 + 2 + 4$.

Die gewählten $2n$ Zahlen werden nun an den Rand des Schemas geschrieben: Die a_i nach links und b_j nach oben. Etwa so:

	10	15	2	4
2				
9				
3				
5				

Und dann werden die 16 noch freien Felder gefüllt: In jedes Feld wird die Summe aus den zwei Randzahlen (links und oben) geschrieben.

	10	15	2	4
2	12	17	4	6
9	19	24	11	13
3	13	18	5	7
5	15	20	7	9

Das alles wurde *vor* der Vorstellung gemacht. Für das Publikum wird das mit den eben berechneten Zahlen gefüllte Zahlenschema noch einmal abgeschrieben, die Randzahlen müssen auf jeden Fall geheim bleiben!

Und nun kann es wie oben beschrieben losgehen. Ein Zuschauer wählt eine Zahl. Die wird unterstrichen, und alle anderen Einträge in dieser Zeile und dieser Spalte werden durchgestrichen. Wurde etwa die 11 gewählt, so würde das Ergebnis so aussehen:

12	17	~~4~~	6
~~19~~	~~24~~	$\underline{11}$	~~13~~
13	18	~~5~~	7
15	20	~~7~~	9

Es geht dann so weiter: Unter den noch nicht unter- oder durchgestrichenen Zahlen eine wählen und unterstreichen, alle anderen Zahlen in dieser Zeile und Spalte durchstreichen. Und das immer wieder, bis alle Zahlen abgearbeitet sind: Das Endergebnis ist am Beginn dieses Abschnitts zu sehen. (Im letzten Schritt wird übrigens nur noch eine Zahl unterstrichen.) Wir wollen einmal annehmen, dass – in dieser Reihenfolge – die Zahlen $11, 17, 7, 15$ gewählt werden.

Wenn man dann die unterstrichenen Zahlen addiert, kommt garantiert 50 heraus. Die Begründung steht in Satz 2.2 (der auf Satz 2.1 zurückgeführt wurde).

Varianten

1. Es wurde schon erwähnt, dass man beliebige innere Kompositionen verwenden kann, die kommutativ und assoziativ sind. Damit sind – zum Beispiel – die Addition und die Multiplikation rationaler, reeller und komplexer Zahlen zugelassen, und man könnte auch mit den Elementen eines Restklassenrings $\mathbb{Z}_k$ zaubern. Für ein Laienpublikum sollte man allerdings natürlichen (evtl. auch ganzen) Zahlen und der Addition bleiben.

Hier ist ein Beispiel, bei dem bei einer Privatfeier im Kollegenkreis (zu einem 65. Geburtstag) komplexe Zahlen eingesetzt wurden:

$18-i$	$9+i$	$8-2i$	$23-2i$	$15-i$
11	$2+2i$	$1-i$	$16-i$	8
$9+2i$	$4i$	$-1+i$	$14+i$	$6+2i$
22	$13+2i$	$12-i$	$27-i$	19
$22-i$	$13+i$	$12-2i$	$27-2i$	$19-i$

2. Das gleiche Prinzip kann auch in einem sehr regelmäßig aussehenden Zahlenquadrat ausgenutzt werden, etwa im Fall $n = 5$ bei

1	2	3	4	5
6	7	8	9	10
11	12	13	14	15
16	17	18	19	20
21	22	23	24	25

Man kann es sich auf die vorstehend beschriebene Art entstanden denken, wenn für die b_j die Zahlen $1, 2, 3, 4, 5$ und für die a_i die Zahlen $0, 5, 10, 15, 20$ eingetragen wurden. Deswegen wird sich als Endergebnis garantiert $1+2+3+4+5+0+5+10+15+20 = 65$ ergeben.

3. Bisher wurde Satz 2.1 „zweidimensional" umgesetzt. Ganz analog könnte man auch drei (oder noch mehr) Dimensionen verwenden:

– Suche ein $n \in \mathbb{N}$, bereite n^3 durchsichtige $1 \times 1 \times 1$-Würfel vor und füge sie zu einem $n \times n \times n$-Würfel zusammen. Jeder dieser $1 \times 1 \times 1$-Würfel kann durch drei „Koordinaten" eindeutig beschrieben werden, wobei jede Koordinate von 1 bis n läuft: $W_{i,j,k}$, mit $i, j, k = 1, \ldots, n$.

– Wähle eine beliebige Zielzahl Z und schreibe sie als

$$Z = a_1 + \cdots + a_n + b_1 + \cdots + b_n + c_1 + \cdots + c_n$$

mit $3n$ geeigneten Zahlen a_i, b_j, c_k.

– Ordne jedem $1 \times 1 \times 1$-Würfel $W_{i,j,k}$ die Zahl $a_i + b_j + c_k$ zu. $W_{i,j,k}$ wird damit beschriftet.

– Der Trick geht dann so:

- Ein Zuschauer wählt einen der $1 \times 1 \times 1$-Würfel W_{i_0,j_0,k_0} und unterstreicht die zugeordnete Zahl. In allen anderen $1 \times 1 \times 1$-Würfeln $W_{i,j,k}$ mit

  $$i = i_0 \quad \text{oder} \quad j = j_0 \quad \text{oder} \quad k = k_0$$

  wird die zugeordnete Zahl gestrichen.

- Danach wird unter den $1 \times 1 \times 1$-Würfeln, bei denen die Zahl noch nicht unter- oder durchgestrichen ist, ein Würfel $W_{i'_0,j'_0,k'_0}$ gewählt, und mit ihm wird genauso verfahren: Zahl unterstreichen und einige durchstreichen.

- Nach n Schritten sind alle Zahlen durch- oder unterstrichen, und die Summe der unterstrichenen wird Z sein.

Die Begründung steht im mathematischen Teil.

Leider ist das nicht praktikabel, denn man kann ja in einen Würfel nicht hineingreifen. Deswegen wollen wir eine andere Visualisierung wählen: *Die dritte Dimension wird durch Farben dargestellt.*

Genauer geht es so:

- Wir wählen eine Zahl n: Es soll – mit einem $n \times n$-Quadrat und n Farben - ein dreidimensionaler Würfel dargestellt werden, bei dem jede Kante n Einheiten lang ist. Wir werden hier mit $n = 4$ arbeiten.

- Dann werden n verschiedene Farben bestimmt: $F_1, \ldots, F_n$. Wir wählen F_1=rot, F_2=blau, F_3=grau und F_4=grün.

- Nun muss man noch Zahlen $a_1, \ldots, a_n, b_1, \ldots, b_n, c_1, \ldots, c_n$ auswählen. Sie sind völlig beliebig, aber die Summe soll gleich einer Zielzahl Z sein. (Statt Zahlen zu addieren kann man auch mit einer beliebigen inneren Komposition arbeiten, für die das Assoziativ- und das Kommutativgesetz gilt.)

  Um konkrete Zahlen vor uns zu haben, werden wir mit $Z = 40$ und den folgenden a_i-b_j-c_k-Zahlen arbeiten:

$$a_1 = 4,\ a_2 = 1,\ a_3 = 3,\ a_4 = 2;$$

$$b_1 = 5,\ b_2 = 1,\ b_3 = 4,\ b_4 = 2;$$

$$c_1 = 8,\ c_2 = 0,\ c_3 = 3,\ c_4 = 7.$$

- Der nächste Schritt besteht darin, ein $n \times n$-Quadrat vorzubereiten. Dabei kommen in das Feld in der i-ten Zeile und der j-ten Spalte n Zahlen, und zwar die Zahlen $a_i + b_j + c_k$ für $k = 1, \ldots, n$. Dabei wird $a_i + b_j + c_k$ mit der Farbe F_k geschrieben. Damit stehen in diesem Feld n Zahlen in verschiedenen Farben. Damit es unauffällig wirkt, sollten sie so positioniert sein, dass es etwas unregelmäßig aussieht: In manchen Feldern ist die Zahl oben links mit Farbe F_1 geschrieben, in anderen mit Farbe F_3 usw.

  Unsere Tabelle ist nachstehend zu finden. Dabei kam – zum Beispiel – die graue 11 im Feld in der ersten Zeile und der dritten Spalte so zustande: Es ist $i = 1$ (erste Zeile) und $j = 3$ (dritte Spalte); „grau" ist unsere dritte Farbe (d.h., $k = 3$), es geht also um die Zahl $a_1 + b_3 + c_3 = 4 + 4 + 3 = 11$, die in grau aufzuschreiben ist.

<table>
<tr><td>17 9
12 16</td><td>8 5
13 12</td><td>15 16
8 11</td><td>9 14
6 13</td></tr>
<tr><td>13 14
6 9</td><td>9 10
2 5</td><td>12 5
13 8</td><td>11 3
10 6</td></tr>
<tr><td>11 15
8 16</td><td>11 12
7 4</td><td>7 15
10 14</td><td>5 12
13 8</td></tr>
<tr><td>14 7
15 10</td><td>6 10
3 11</td><td>13 6
9 14</td><td>12 11
7 4</td></tr>
</table>

- Nun die Spielregel: Ein Zuschauer wählt irgendeine der n^3 Zahlen in der Tabelle. (In unserem Fall sind es $4 \cdot 4 \cdot 4 = 64$ Zahlen.) Die bekommt ein Sternchen „*", und ab sofort sind alle Zahlen in dieser Zeile, in dieser Spalte und in dieser Farbe nicht mehr wählbar. Man könnte sie sicherheitshalber durchstreichen.

Im nächsten Schritt wird eine der noch erlaubten Zahlen gewählt und mit einem Sternchen versehen. Danach sind die entsprechende Zeile, die Spalte und die Farbe nicht mehr wählbar. So geht das immer weiter, bis es keine Wahlmöglichkeiten mehr gibt. (Das ist im letzten, dem n-ten, Durchgang der Fall: Da gibt es nur eine Zahl, die ein „*“ bekommen kann.)

Und wenn man jetzt die mit „*“ gekennzeichneten Zahlen addiert, ergibt sich die Zielzahl $Z = 40$.

4. Das Problem bei der vorigen Variante waren unsere mangelhaft ausgeprägten Visualisierungsmöglichkeiten. Deswegen musste eine Dimension durch Farben dargestellt werden. Ein Wesen mit einer vierdimensionalen Lebenserfahrung könnte direkt mit dem dreidimensionalen Würfel arbeiten, dann da kann er/sie direkt hineingreifen. Ganz entsprechend haben wir im mathematischen Teil schon Zauberertipps für Kollegen in Räumen mit $d + 1$ Dimensionen für beliebig großes d vorbereitet.

Quellen

Der Originaltrick ist „Folklore“, der Charakterisierungssatz 2.3 ist sicher auch bekannt (auch wenn ich ihn nirgendwo gefunden habe), die Farb-Interpretation der dreidimensionalen Variante ist von mir. Sie wurde erstmals in meinem Buch „Der mathematische Zauberstab“ veröffentlicht.

Kapitel 3

Magische Quadrate mit vorgegebener erster Zeile

In diesem Kapitel setzen wir unsere Untersuchungen zu echten magischen Quadraten fort. Es geht um das Problem, ein 4×4-Raster, bei dem die erste Zeile schon ausgefüllt ist, durch Einsetzen der restlichen 12 Zahlen zu einem magischen Quadrat zu ergänzen. Dafür gibt es verschiedene Möglichkeiten, die einfachen Versionen sind für eine Zaubervorführung sogar leicht auswendig zu lernen.

Der Effekt

Der Zauberer präsentiert ein leeres 4×4-Raster. Ein Zuschauer wird nach vorne gebeten. Nach seinem Geburtsdatum gefragt, nennt er den 20. 3. 69. Mit dieser Vorgabe werden die ersten vier Zahlen in das Raster eingesetzt (im Bild links):

20	3	6	9

20	3	6	9
5	10	19	4
10	7	2	19
3	18	11	6

In kürzester Zeit und scheinbar mühelos füllt der Zauberer das Raster zu einem magischen Quadrat aus (im Bild rechts).

Die Summe über die Zahlen der ersten Reihe, also 38, kann 16-mal gefunden werden:

- als Summe über die Zahlen jeder Spalte;
- als Summe über die Zahlen jeder Zeile;
- als Summe über jede der Diagonalen;
- als Summe über die vier Ecken;
- als Summe über die vier Zahlen oben links;
- als Summe über die vier Zahlen oben rechts;
- als Summe über die vier Zahlen unten links;
- als Summe über die vier Zahlen unten rechts;
- als Summe über die vier Zahlen in der Mitte.

Die Mathematik im Hintergrund

Das Raster wurde, bei Vorgabe von beliebigen ganzen Zahlen a, b, c, d, so ausgefüllt:

a	b	c	d
$c-1$	$d+1$	$a-1$	$b+1$
$d+1$	$c+1$	$b-1$	$a-1$
b	$a-2$	$d+2$	c

Man kann dann schnell nachprüfen, dass alle 16 Summen (Zeilen, Spalten usw.) gleich $a+b+d+c$ sind[1)].

Wir wollen nun etwas systematischer das folgende Problem untersuchen:

> In einem 4×4-Raster sei die erste Zeile mit Zahlen a, b, c, d ausgefüllt. Wir lassen beliebige reelle Zahlen zu, in Hinblick auf Zaubertricks ist aber der Spezialfall ganzer Zahlen besonders wichtig. Wie kann man die restlichen 12 Felder so ergänzen, dass ein „möglichst gutes" magisches Quadrat entsteht?

Je nachdem, wie man „möglichst gut" interpretiert, führt das zu verschiedenen Situationen. Es soll doch, wenn S die Summe $a+b+c+d$ bezeichnet, im magischen Quadrat „so oft wie möglich" beim Aufsummieren von 4 Zahlen ebenfalls S herauskommen.

- Als Minimalanforderung legen wir fest: S ergibt sich

  – als Summe über jede der vier Zeilen;

  – als Summe über jede der vier Spalten;

  – als Summe über jede der zwei Diagonalen;

  – als Summe über die vier Ecken;

  – als Summe über die vier Zahlen in der Mitte.

  (Die letzte Bedingung besagt, dass $S = m_{2,2} + m_{2,3} + m_{3,2} + m_{3,3}$, wenn wir das Raster als Matrix $(m_{i,j})_{i,j=1,2,3,4}$ geschrieben haben.)

  Wenn wir das erreicht haben, wollen wir das Ergebnis ein *magisches Quadrat vom Typ I* nennen.

- Wenn S auch auftritt

  – als Summe über die vier Zahlen oben links,

  – als Summe über die vier Zahlen oben rechts,

  – als Summe über die vier Zahlen unten links, und

  – als Summe über die vier Zahlen unten rechts,

  so werden wir von einem *magischen Quadrat vom Typ II* sprechen. (D.h. S ist auch gleich $m_{1,1} + m_{1,2} + m_{2,1} + m_{2,2}$, $m_{1,3} + m_{1,4} + m_{2,3} + m_{2,4}$, $m_{3,1} + m_{3,2} + m_{4,1} + m_{4,2}$ und $m_{3,3} + m_{3,4} + m_{4,3} + m_{4,4}$.)

---

1) Man kann die Summe $a+b+c+d$ sogar noch öfter finden. (Zum Beispiel als Summe der mittleren Zahlen in der linken Spalte plus der mittleren Zahlen in der rechten Spalte.)

- Gilt zusätzlich, dass S auch die Summe über die vier Zahlen im $2{\times}2$-Quadrat oben in der Mitte und die Summe über die vier Zahlen im $2{\times}2$-Quadrat unten in der Mitte ist, so wird es ein *magisches Quadrat vom Typ IIIa* genannt werden. (Also $S = m_{1,2} + m_{1,3} + m_{2,2} + m_{2,3}$ sowie $S = m_{3,2} + m_{3,3} + m_{4,2} + m_{4,3}$.)
- Gilt zusätzlich zu den Bedingungen für Quadrate vom Typ II, dass die Summe über die vier Zahlen im $2{\times}2$-Quadrat links in der Mitte und die Summe über die vier Zahlen im $2{\times}2$-Quadrat rechts in der Mitte gleich S ist, so ist das ein *magisches Quadrat vom Typ IIIb*. (D.h., $S = m_{2,1} + m_{2,2} + m_{3,1} + m_{3,2}$ sowie $S = m_{2,3} + m_{2,4} + m_{3,2} + m_{3,4}$.)
- Und sind *alle* für die Typen II, IIIa und IIIb beschriebenen Bedingungen erfüllt, so nennen wir das Quadrat ein *magisches Quadrat vom Typ IV*.

Die Summe S tritt bei Typ-II-Quadraten übrigens noch öfter auf als in den Bedingungen beschrieben. Da die Summe über die Zeilen zwei und drei jeweils S ist und das auch für die Summe über die Elemente des $2{\times}2$-Quadrats in der Mitte gilt, muss $m_{2,1} + m_{3,1} + m_{2,4} + m_{3,4}$ ebenfalls gleich S sein. Ganz analog folgt für Typ IIIa

$$m_{1,1} + m_{2,1} + m_{1,4} + m_{2,4} = m_{3,1} + m_{4,1} + m_{3,4} + m_{4,4} = S$$

sowie zusätzlich

$$m_{1,1} + m_{1,2} + m_{4,1} + m_{4,2} = m_{1,3} + m_{1,4} + m_{4,3} + m_{4,4} = S$$

für Quadrate vom Typ IIIb.

> Man könnte fragen, ob man nicht noch öfter als Summe von vier Zahlen S erwarten kann. Wenn $a = b = c = d$ ist und alle Felder mit a gefüllt sind, so ist trivialer Weise die Summe über je 4 Zahlen des Rasters gleich $4a$. Umgekehrt gilt das auch: Wenn die Summe über je 4 Zahlen gleich einer Zahl S ist, so waren alle Zahlen im Raster gleich. (Betrachte etwa die Gleichung $S = m_{1,1} + m_{1,2} + m_{1,3} + m_{1,4} = m_{2,1} + m_{1,2} + m_{1,3} + m_{1,4}$, sie impliziert $m_{1,1} = m_{2,1}$. Analog kann man für alle Einträge zeigen, dass sie gleich $m_{1,1}$ sind.)

Formal gesehen geht es um Gleichungssysteme. Wir suchen doch alle Matrizen $(m_{i,j})_{i,j=1,2,3,4}$ mit $m_{1,1} = a, m_{1,2} = b, m_{1,3} = c, m_{1,4} = d$, für die gewisse lineare Gleichungen erfüllt sind:

- 12 Gleichungen beim Typ I. (Etwa $m_{1,1} + m_{2,2} + m_{3,3} + m_{4,4} = S$ für die erste Diagonale.)
- 16 Gleichungen beim Typ II.
- 18 Gleichungen beim Typ IIIa. (Zusätzlich: $m_{1,2} + m_{1,3} + m_{2,2} + m_{2,3} = S$ sowie $m_{3,2} + m_{3,3} + m_{4,2} + m_{4,3} = S$.)
- Ebenfalls 18 Gleichungen beim Typ IIIb. (Auch noch $m_{2,1} + m_{2,2} + m_{3,1} + m_{3,2} = S$ und $m_{2,3} + m_{2,4} + m_{3,3} + m_{3,4} = S$.)

- 20 Gleichungen beim Typ IV.

Es geht also um 12 (bzw. 16 bzw. 18 bzw. 18 bzw. 20) Gleichungen für 12 Unbekannte (das sind die Zahlen in den Reihen zwei bis vier). Für unsere Zwecke ist noch zu beachten, dass wir den Zahlenbereich $\mathbb{Z}$ nicht verlassen sollten: Brüche sind in einem magischen Quadrat nicht vorgesehen.

Wir analysieren nun die magischen Quadrate vom Typ I, II, IIIa, IIIb und IV. Die Strategie ist in allen Fällen gleich:

- Wir nutzen aus, dass sich die allgemeine Lösung eines Gleichungssystems schreiben lässt als die Summe aus einer partikulären Lösung und der allgemeinen Lösung des homogenen Systems. Das ist hier die allgemeine Lösung für den Fall $a = b = c = d = 0$.

Typ I

Wir beginnen mit einem Lemma. Es besagt, dass man die Forderungen bei Typ-I-Quadraten abschwächen kann.

Lemma 3.1 *Vorgelegt sei ein quadratisches Raster mit erster Zeile a, b, c, d, bei dem die Summe über alle Zeilen, alle Spalten und beide Diagonalen gleich $S := a+b+c+d$ ist. Dann ist auch die Summe über die Ecken und die Summe der Zahlen im mittleren $2{\times}2$-Quadrat gleich S, es handelt sich also um ein Typ-I-Quadrat.*

Beweis: Bezeichne mit Z_i bzw. S_i bzw. D_j bzw. E bzw. M die Summe über die i-te Zeile bzw. i-te Spalte ($i = 1, 2, 3, 4$) bzw. j-te Diagonale ($j = 1, 2$) bzw. die Ecken bzw. das mittlere $2{\times}2$-Quadrat. Dann ist

$$S_2 + S_3 + D_1 + D_2 = Z_1 + Z_4 + 2M,$$

wie man leicht nachrechnen kann. Aus $S_2 = S_3 = D_1 = D_2 = Z_1 = Z_4 = S$ folgt damit $M = S$. Auch ist $D_1 + D_2 = M + E$, und so erhalten wir noch $E = S$. □

a, b, c, d seien beliebig vorgegeben. Es ist dann leicht nachzuprüfen, dass

a	b	c	d
c	d	a	b
d	c	b	a
b	a	d	c

ein magisches Quadrat vom Typ I (sogar vom Typ IIIa, insbesondere auch ein Quadrat vom Typ II) ist. Für die allgemeine Lösung zeigen wir

Satz 3.2: *(i) Die allgemeine Lösung des homogenen Systems für magische Quadrate vom Typ I sieht so aus:*

0	0	0	0
$-w-x-y$	y	z	$w+x-z$
w	$-x-y-z$	x	$-w+y+z$
$x+y$	$x+z$	$-x-z$	$-x-y$

Dabei sind w, x, y, z beliebige Zahlen. Das Quadrat hat genau dann ganzzahlige Einträge, wenn $w, x, y, z \in \mathbb{Z}$ gilt.

(ii) Das allgemeinste magische Typ-I-Quadrat bei vorgegebenen $a, b, c, d \in \mathbb{R}$ hat die Form

a	b	c	d
$c-w-x-y$	$d+y$	$a+z$	$b+w+x-z$
$d+w$	$c-x-y-z$	$b+x$	$a-w+y+z$
$b+x+y$	$a+x+z$	$d-x-z$	$c-x-y$

,

wobei $w, x, y, z \in \mathbb{R}$. Es ist genau dann ganzzahlig, wenn a, b, c, d, w, x, y und z ganze Zahlen sind.

Beweis: (i) Sei $(k_{i,j})_{i,j=1,\ldots,4}$ ein magisches Quadrat vom Typ I mit $k_{1,1} = k_{1,2} = k_{1,3} = k_{1,4} = 0$. Setze $x := k_{3,2}$, $y := k_{2,2}$, $z := k_{2,3}$, $w := k_{3,1}$. Da die Summe über die dritte Spalte gleich Null sein soll, folgt $k_{4,3} = -x - z$, und entsprechend ergibt sich $k_{4,4} = -x - y$, weil die Summe über die Diagonale ebenfalls verschwindet. So zeigt man nach und nach, dass alle Eintrage wie behauptet aussehen: $k_{3,2}$ aus dem mittleren Quadrat, $k_{4,1}$ aus der zweiten Diagonalen, $k_{2,1}$ aus der ersten Spalte usw.

Jetzt muss man nur noch nachprüfen, dass das so gefundene Quadrat für beliebige w, x, y, z ein Typ-I-Quadrat ist. Der Zusatz ist klar.

(ii) Das folgt aus der Vorbemerkung: allgemeine Lösung gleich homogene Lösung plus partikuläre Lösung. Auch für diesen Beweisteil ist der Zusatz offensichtlich. □

Typ II

Satz 3.3: *(i) Die allgemeine Lösung des homogenen Systems für magische Quadrate vom Typ II lautet*

0	0	0	0
$-y$	y	z	$-z$
$-x$	$-x-y-z$	x	$x+y+z$
$x+y$	$x+z$	$-x-z$	$-x-y$

Dabei sind $x, y, z \in \mathbb{R}$ beliebig. Es ist offensichtlich genau im Fall $x, y, z \in \mathbb{Z}$ ganzzahlig.

(ii) Das allgemeinste magische Typ-II-Quadrat bei vorgegebenen $a, b, c, d \in \mathbb{R}$ hat die Form

a	b	c	d
$c-y$	$d+y$	$a+z$	$b-z$
$d-x$	$c-x-y-z$	$b+x$	$a+x+y+z$
$b+x+y$	$a+x+z$	$d-x-z$	$c-x-y$

Dabei sind $x, y, z \in \mathbb{R}$. Die Einträge sind daher genau dann ganzzahlig, wenn $a, b, c, d, x, y, z \in \mathbb{Z}$ gilt.

Beweis: (i) Das folgt sofort aus Satz 3.2, denn die zusätzlichen Bedingungen bei Typ II erzwingen $w + x = 0$. (Da $k_{1,1} + k_{1,2} + k_{2,1} + k_{2,2} = 0$ gelten soll.) Nutzt man diese Gleichung aus, so ergibt sich das angegebene Quadrat, für das alle Typ-II-Bedingungen erfüllt sind.

(ii) folgt wie vorher aus allgemeinen Ergebnissen über Gleichungssysteme. □

Typ IIIa

Satz 3.4: *(i) Die allgemeine Lösung des homogenen Systems für magische Quadrate mit reellen Einträgen vom Typ IIIa ist*

0	0	0	0
$-y$	y	$-y$	y
$-x$	$-x$	x	x
$x+y$	$x-y$	$-x+y$	$-x-y$

Dabei sind $x, y \in \mathbb{R}$ beliebig. Ein ganzzahliges Quadrat ergibt sich folglich genau dann, wenn x und y ganze Zahlen sind.

(ii) Für vorgegebene $a, b, c, d \in \mathbb{R}$ sieht das allgemeinste Typ-IIIa-Quadrat so aus

a	b	c	d
$c-y$	$d+y$	$a-y$	$b+y$
$d-x$	$c-x$	$b+x$	$a+x$
$b+x+y$	$a+x-y$	$d-x+y$	$c-x-y$

Dabei sind x, y beliebig. Es ist daher genau dann ein ganzzahliges Quadrat, wenn $a, b, c, d, x, y \in \mathbb{Z}$ gilt.

Beweis: (i) Die zusätzlichen IIIa-Bedingungen, eingesetzt in Satz 3.3, ergeben die Gleichung $y + z = 0$. Man muss also nur überall z durch $-y$ ersetzen und nachprüfen, dass wirklich alle Bedingungen erfüllt sind.

(ii) folgt wieder aus dem schon zitierten allgemeinen Ergebnis über lineare Gleichungssysteme. □

Typ IIIb

Satz 3.5: *(i) Die allgemeine Lösung des homogenen Systems für magische Quadrate mit reellen Einträgen vom Typ IIIb ist*

0	0	0	0
$-y$	y	$-2x-y$	$2x+y$
$-x$	x	x	$-x$
$x+y$	$-x-y$	$x+y$	$-x-y$

Dabei sind $x, y \in \mathbb{R}$ beliebig. Ein ganzzahliges Quadrat ergibt sich folglich genau dann, wenn x und y ganze Zahlen sind.

(ii) Für vorgegebene $a, b, c, d \in \mathbb{R}$ ist ein magisches Typ-IIIb-Quadrat durch

a	b	c	d
c	d	$c+d-b$	$2b+a-c-d$
d	$a+b-d$	b	$c+d-b$
b	$c+d-b$	$a+b-c$	c

gegeben.

(iii) Für vorgegebene $a, b, c, d \in \mathbb{R}$ sieht das allgemeinste Typ-IIIb-Quadrat so aus

a	b	c	d
$c-y$	$d+y$	$c+d-b-2x-y$	$2b+a-c-d+2x+y$
$d-x$	$a+b-d+x$	$b+x$	$c+d-b-x$
$b+x+y$	$c+d-b-x-y$	$a+b-c+x+y$	$c-x-y$

Dabei sind x, y beliebig. Es ist daher genau dann ein ganzzahliges Quadrat, wenn $a, b, c, d, x, y \in \mathbb{Z}$ gilt.

Beweis: Die zusätzlichen IIIb-Bedingungen, eingesetzt in Satz 3.3, ergeben die Gleichung $z = -2x - y$. Und dafür sind dann wirklich alle IIIb-Bedingungen erfüllt. Teil (ii) folgt durch einfaches Nachrechnen. □

Typ IV

Überraschenderweise muss man in diesem Fall den Bereich $\mathbb{Z}$ manchmal verlassen, um magische Quadrate zu erhalten:

Satz 3.6: *Es seien $a, b, c, d \in \mathbb{Z}$. Wir setzen $S := a + b + c + d$.*

(i) Angenommen es gibt ein ganzzahliges magisches Quadrat $(m_{i,j})$ vom Typ IV, dessen erste Zeile die Einträge a, b, c, d hat. Dann ist S gerade.

(ii) Alle magischen Quadrate vom Typ IV mit erster Zeile a, b, c, d haben die Form

a	b	c	d
$c+y$	$d-y$	$a+y$	$b-y$
$S'-c$	$S'-d$	$S'-a$	$S'-b$
$S'-a-y$	$S'-b+y$	$S'-c-y$	$S'-d+y$

;

dabei ist $S' := S/2$ und y eine beliebige Zahl.

(iii) Ist $S = 2S'$ gerade, so gibt es ganzzahlige magische Quadrate vom Typ IV mit erster Zeile a, b, c, d. Sie haben die in (ii) beschriebene Form, wobei y eine beliebige ganze Zahl ist.

Beweis: (i) Wir addieren die Elemente im Quadrat oben in der Mitte, dazu die Elemente im Quadrat in der Mitte links, dazu die Elemente der zweiten Diagonale, dazu $2m_{1,1} + 2m_{3,3}$. Diese Zahl ist durch Aufsummieren der folgenden Matrix-Elemente entstanden (einige traten mehrfach auf):

**	*	*	*
*	**	**	
*	**	**	
*			

Die gleiche Summe würde man erhalten, wenn man wie folgt addiert hätte:

Elemente der ersten Zeile;

dazu die Elemente der ersten Spalte;

dazu zweimal die Elemente im zentralen 2×2-Quadrat.

Da es ein Typ-IV-Quadrat ist, ergibt sich beim ersten Aufsummieren $2m_{1,1}+2m_{3,3}+3S$ und bei der zweiten Variante $4S$, d.h. $S = 2m_{1,1} + 2m_{3,3}$. Da $m_{1,1}, m_{3,3}$ ganze Zahlen sind, muss S gerade sein.

(ii) Es ist leicht zu verifizieren, dass diese Quadrate alle vom Typ IV sind, insbesondere auch das mit $y = 0$. Zieht man das von einem beliebigen Typ-IV-Quadrat ab, so entsteht ein homogenes Typ-IV-Quadrat. Es ist insbesondere ein Typ-IIIb-Quadrat, hat also die in Satz 3.5 beschriebene Form. Dabei ist die Summe über die vier Zahlen im 2×2-Quadrat oben in der Mitte gleich Null, und das impliziert $x = 0$. Es folgt, dass das vorgelegte Quadrate so geschrieben werden kann wie behauptet.

(iii) Wenn $c+y$ und $S'-a$ ganzzahlig sein sollen, müssen y und S' ganzzahlig sein. □

Der Zaubertrick

Wir behandeln zunächst den allgemeinen Fall (S kann gerade oder ungerade sein), und wir wollen Typ-IIIa-Quadrate konstruieren[2)]. Um Satz 3.4 anzuwenden, muss man sich für konkrete Werte für x und y entscheiden. Wählt man zum Beispiel $x = -1$ und $y = 1$, so entsteht die zu Beginn dieses Abschnitts beschriebene Konstruktionsvorschrift.

Ein kleiner Schönheitsfehler ist dabei, dass bei diesen Quadraten die Zahlen $d+1$ und $a-1$ stets jeweils doppelt auftreten, was bei mehrfacher Vorführung des Tricks auffallen könnte. Das kann durch eine andere Wahl von x und y leicht vermieden werden. Hier sieht man zum Beispiel die Konstruktionsvorschrift für $x = 2$ und $z = 1$ zusammen mit einem konkreten Beispiel:

a	b	c	d
$c+2$	$d-2$	$a+2$	$b-2$
$d+1$	$c+1$	$b-1$	$a-1$
$b-3$	$a+1$	$d-1$	$c+3$

20	14	10	25
12	23	22	12
26	11	13	19
11	21	24	13

Hier noch ein Beispiel für Typ-IV-Quadrate. Wir spezialisieren Satz 3.4 für $y = 2$ und bringen dann eine konkrete Anwendung, wo – wie erforderlich – die vorgelegten a, b, c, d eine gerade Summe $S = 2S'$ haben:

a	b	c	d
$c+2$	$d-2$	$a+2$	$b-2$
$S'-c$	$S'-d$	$S'-a$	$S'-b$
$S'-a-2$	$S'-b+2$	$S'-c-2$	$S'-d+2$

7	8	12	15
14	13	9	6
9	6	14	13
12	15	7	8

Es ist nicht zu vermeiden, dass bei allen Typen manchmal Zahlen im Quadrat doppelt auftreten, denn a, b, c, d kennt man ja nicht. Ungünstiger ist, dass man negative Zahlen nicht ausschließen kann. Wenn a, b, c, d zum Beispiel durch einen Geburtstag

[2)] Beispiele zu Typ IIIb können analog gefunden werden.

vorgegeben werden, kann b (der Geburtsmonat) so klein sein, dass $b-3$ (obige Konstruktionsvorschrift links unten) Null wird oder negativ ausfällt. Wenn man das vermeiden möchte, sollte man a, b, c, d nicht durch Geburtstagsdaten erzeugen. Man könnte zum Beispiel a, b, c, d dadurch finden, dass man viermal die Augen von zwei Würfelwürfen zusammenzählt und die Ergebnisse dann so „unsystematisch" in die erste Zeile einträgt, dass bei b eine Zahl steht, die größer als 3 ist.

Und wie forciert man, dass eine gerade Zahl als Summe herauskommt? Da lässt man dreimal mit zwei Würfeln würfeln, und für die vierte Zahl wird eine Karte gezogen. Dazu hat man zwei Stapel vorbereitet, in einem sind nur gerade, im anderen nur ungerade Kartenwerte. So lässt sich erreichen, dass die Gesamtsumme garantiert gerade ist.

Varianten

1. Wir können noch einmal den Trick aus dem vorigen Kapitel aufgreifen: Aus dem Publikum wird eine Zahl Z gerufen, und der Zauberer erzeugt mit unglaublicher Geschwindigkeit ein magisches Quadrat zu dieser Zielzahl. Das geht mit den hier beschriebenen Methoden ganz einfach! Der Zauberer sucht sich irgendwelche Zahlen a, b, c, d mit $a + b + c + d = Z$ für die erste Reihe und füllt den Rest so aus wie vorstehend beschrieben.

Dabei kann – falls Z nicht zu klein ist – sogar noch eine zusätzliche Feinheit eingebaut werden: Man kann b und c (also die mittleren Zahlen der ersten Reihe) so wählen, dass sie einen besonderen Bezug zum Anlass der Vorführung haben (Datum, Geburtstag des Gastgebers usw.) Und besonders spektakulär wird es, wenn man sich Z als *gerade* Zahl zurufen lässt, dann kann man sogar ein Typ-IV-Quadrat erzeugen.

2. Statt mit $\mathbb{R}$ kann man auch mit einer beliebigen kommutativen Gruppe arbeiten. Im Fall von Typ-IV-Quadraten muss dann $a + b + c + d$ als $S' + S'$ schreibbar sein.

3. Bisher hatten wir die vorgegebenen Zahlen in die erste Zeile eingetragen. Das kann man fast beliebig variieren. Als Beispiel nehmen wir an, dass die zweite Spalte mit Zahlen A, B, C, D gefüllt wird und ein Typ-IIIa-Quadrat konstruiert werden soll. Wir schauen uns dazu das auf Seite 30 zu a, b, c, d konstruierte Quadrat an und spezialisieren a, b, c, d so, dass in der zweiten Spalte A, B, C, D steht. Das bedeutet

$$A = b,\ B = d - 2,\ C = c + 1,\ D = a + 1.$$

So kann man a, b, c, d durch A, B, C, D ausdrücken, und wenn man das einsetzt, ergibt sich das Quadrat

$D-1$	A	$C-1$	$B+2$
$C+1$	B	$D+1$	$A-2$
$B+3$	C	$A-1$	$D-2$
$A-3$	D	$B+1$	$C+2$

Auf die gleiche Weise erhält man ein magisches Quadrat, wenn die vorgegebenen Zahlen in eine vorgegebene Spalte oder eine Diagonale oder ein 2×2-Quadrat des Rasters eingesetzt werden.

Quellen

Im Dezember 2016 wurde ich bei einer Zaubervorführung beim magischen Zirkel Berlin als Zuschauer zum Mitmachen aufgefordert. Ich nannte mein Geburtsdatum, das in die erste Reihe eines $4{\times}4$-Rasters eingetragen wurde, und die Zauberin[3)] des Teams Sideshow Charlatans erzeugte daraus – nach einer Idee von Arthur Benjamin aus dem Jahr 2006 – mit beeindruckender Geschwindigkeit ein magisches Quadrat. Ich habe das Konstruktionsprinzip analysiert, es war das zu Beginn des Kapitels erläuterte Verfahren. Die Varianten und die zugehörige Theorie sind von mir.

[3)] Ja, wirklich: Das passiert leider viel zu selten!

Kapitel 4

Zauberhafte Normalteiler

Das „Durcheinanderbringen“ von Karten entspricht doch einer Permutation, und wenn man mehrfach bestimmte Mischvorgänge vornimmt, so kann man das durch Verknüpfungen in einer Permutationsgruppe modellieren. Deswegen ist es nicht sehr überraschend, dass Definitionen und Ergebnisse der Gruppentheorie für die Zauberei von Interesse sind. (In diesem Buch gab es in Kapitel 1 mit der Gruppe $\mathcal{G}$ der Transformationen, die $\Delta_{2n,\mathcal{E}}$ invariant lassen, auch schon ein Beispiel dafür.)

Im vorliegenden Kapitel spielen *Untergruppen* und *Normalteiler* von Permutationsgruppen eine wichtige Rolle[1)].

Wir erinnern an eine wichtige Definition:

Definition 4.1: *Es sei $(G, \circ)$ eine Gruppe und $H \subset G$ eine Untergruppe. H heißt* Normalteiler, *wenn für jedes $y \in G$ und jedes $u \in H$ das Element $y \circ u \circ y^{-1}$ zu H gehört.*

Hier einige wissenswerte Fakten zu diesem Begriff:

1. $\{e\}$ und G sind stets Normalteiler. (Dabei bezeichnet e das neutrale Element von G.) Wenn es keine weiteren Normalteiler gibt, so heißt die Gruppe *einfach*.

2. Ist G kommutativ, so ist jede Untergruppe Normalteiler.

3. Jede Untergruppe U von G gibt Anlass zu einer Äquivalenzrelation: Für $x, y \in G$ sollen x, y *äquivalent* heißen, „wenn sie sich nur durch ein Element aus U unterscheiden“. Das kann zweierlei bedeuten:

- $x = u \circ y$ für ein $u \in U$ (d.h. $x \circ y^{-1} \in U$).
- $x = y \circ u$ für ein $u \in U$ (d.h. $y^{-1} \circ x \in U$).

Die zugehörigen Äquivalenzklassen sind die Teilmengen $U \circ y$ im ersten bzw. $y \circ U$ im zweiten Fall. Ist U sogar ein Normalteiler, so führen beide Ansätze zum gleichen Ergebnis: Kann x als $y \circ u$ geschrieben werden, so ist $x = u' \circ y$ mit $u' := y \circ u \circ y^{-1} \in U$. Und ist $x = u \circ y$, so ist auch $x = y \circ u'$ mit $u' := y^{-1} \circ u \circ y \in U$.

1)Vermutlich werden Eigenschaften von Normalteilern bei diesem Trick erstmals für ein Zauberkunststück ausgenutzt.

Dieses Ergebnis ist insbesondere dann wichtig, wenn man die Menge der Äquivalenzklassen wieder zu einer Gruppe machen möchte. Man nennt sie, im Fall von Normalteilern U, die *Faktorgruppe*, sie wird mit G/U bezeichnet. Die Gruppenoperation auf G/U ist dadurch definiert, dass man zwei Elementen $x \circ U, y \circ U$ das Element $(x \circ y) \circ U$ zuordnet.

4. Eine besonders wichtige Rolle spielen die endlichen einfachen Gruppen, denn es ist schon lange bekannt, dass man jede endliche Gruppe aus endlichen einfachen Gruppen „aufbauen“ kann. Doch wie sehen die endlichen einfachen Gruppen aus? Das hat viele Mathematiker in der zweiten Hälfte des vorigen Jahrhunderts intensiv beschäftigt, inzwischen ist das so genannte „Klassifizierungsprojekt“ abgeschlossen.

Der Effekt

Für die Zuschauer passiert Folgendes:

- Der Zauberer präsentiert neun Karten mit der Bildseite nach oben. Sie sollen sich in einer wiedererkennbaren Reihenfolge befinden. Man könnte zum Beispiel die Karokarten von Ass bis 9 nehmen:

Neun Karten, der Größe nach geordnet.

Die Karten werden zu einem Stapel zusammengeschoben und umgedreht.

- Danach werden die Karten durcheinandergebracht. Dreimal passiert Folgendes: Der Zauberer teilt die Karten zu zwei Stapeln aus (links, rechts usw.); die Stapel werden übereinandergelegt, dabei entscheidet der Zuschauer, welcher Stapel nach oben kommt; der Zuschauer hebt auch noch einmal ab.

- Trotz der vielen Zufallsentscheidungen (dreimal: welcher Stapel nach oben? wo abheben?) sind die Karten in der gleichen zyklischen Reihenfolge wie vorher. Es könnte – von unten gesehen – etwa so aussehen:

Das Ergebnis.

Der Zauberer hat das Chaos gebändigt!

Die Mathematik im Hintergrund

Der mathematische Teil besteht aus den folgenden Unterabschnitten:

- Der Normalisator einer Untergruppe
- Eine für das Zaubern wichtige Untergruppe der symmetrischen Gruppe
- Der Normalisator dieser Untergruppe

Und danach kümmern wir uns um Anwendungen dieser Egebnisse für die Zauberei.

Der Normalisator einer Untergruppe

$(G, \circ)$ sei eine Gruppe und $U \subset G$ eine Untergruppe. Im Allgemeinen wird dann U kein Normalteiler in G sein. Man kann sich aber fragen, ob es eventuell Untergruppen V in G gibt, so dass $U \subset V$ gilt und U Normalteiler in V ist. Wenn U Normalteiler in G ist, ist die Wahl $V = G$ zulässig, und sicher kann man *immer* so ein V finden: Man muss ja nur $U = V$ wählen. Gibt es aber auch stets ein „größtmögliches" V? Hier ist die positive Antwort:

Satz und Definition 4.2: *U und G seien wie vorstehend. Definiere U_0 als die Menge aller $x \in G$, für die*

$$\{x \circ u \mid u \in U\} = \{v \circ x \mid v \subset U\}$$

gilt.

(i) U_0 ist eine Untergruppe von G, es gilt $U \subset U_0$, und U ist Normalteiler in U_0.

(ii) Ist $V \subset G$ eine Untergruppe mit $U \subset V$ und ist U Normalteiler in V, so gilt $V \subset U_0$.

U_0 ist also die größte Untergruppe von G, in der U Normalteiler ist. U_0 wird der Normalisator *von U genannt, und man bezeichnet ihn mit $N(U)$.*

Beweis: Man kann die Definition von U_0 so umschreiben: Ein x gehört zu U_0 wenn erstens zu jedem $u \in U$ ein $v \in U$ existiert, so dass $x \circ u = v \circ x$ gilt und wenn es zweitens zu jedem $v \in U$ ein $u \in U$ mit $v \circ x = x \circ u$ gibt.

(i) $U \subset U_0$: Sei $x \in U$. Für vorgelegtes $u \in U$ setze $v := x \circ u \circ x^{-1}$. Dann ist $x \circ u = v \circ x$, und v gehört zu U, da U nach Voraussetzung eine Untergruppe ist. (Ähnlich findet man zu $u \in U$ das passende $v \in U$.) Insbesondere ist $e \in U_0$.

Warum ist mit $x \in U_0$ auch $x^{-1} \in U_0$? Man gebe $u \in U$ vor, und es ist $v \in U$ mit $x^{-1} \circ u = v \circ x^{-1}$ gesucht. Diese Beziehung ist – nach Invertieren – gleichwertig zu $u^{-1} \circ x = x \circ v^{-1}$. Nun finden wir nach Voraussetzung zu u^{-1} (das liegt in U) ein $v' \in U$ mit $u^{-1} \circ x = x \circ v'$, denn $u^{-1} \in U$. Es bleibt, v als v'^{-1} zu definieren. (Mit einem ähnlichen Argument findet man zu $u \in U$ das passende $v \in U$.)

Man muss noch zeigen, dass mit x, y auch $x \circ y$ zu U_0 gehört. Wie findet man etwa zu u das v mit $(x \circ y) \circ u = v \circ (x \circ y)$? Wir wählen zuerst ein $v_1 \in U$ mit $y \circ u = v_1 \circ y$ und danach ein $v \in U$ mit $v \circ x = x \circ v_1$.

Dann rechnen wir unter Verwendung des Assoziativgesetzes so:

$$\begin{aligned}(x \circ y) \circ u &= x \circ (y \circ u) \\ &= x \circ (v_1 \circ y) \\ &= (x \circ v_1) \circ y \\ &= (v \circ x) \circ y \\ &= v \circ (x \circ y).\end{aligned}$$

(Ebenso findet man u zu vorgelegtem v.)

Es ist schließlich noch zu zeigen, dass U Normalteiler in U_0 ist. Das ist am Einfachsten, denn es ist in die Definition von U_0 quasi „eingebaut."

(ii) Auch das ist leicht, denn ist U Normalteiler in V, so erfüllen alle $x \in V$ nach Definition die die Elemente aus U_0 charakterisierende Bedingung. □

Für das, was wir zum Thema „Normalteiler in der Zauberei" vorhaben, wird das folgende Ergebnis eine wichtige Rolle spielen. Es besagt, dass in „langen" Produkten aus Elementen von U und $N(U)$ die Elemente aus U quasi „durchgereicht" werden können. Genauer gilt:

Satz 4.3: *G, U und $N(U)$ seien wie vorstehend. Sind dann $x_1, \ldots, x_m$ in $N(U)$ und $u_0, \ldots, u_m$ in U, so ist*

$$u_m \circ x_m \circ u_{m-1} \circ x_{m-1} \circ \cdots \circ u_1 \circ x_1 \circ u_0 = x_m \circ \cdots \circ x_1 \circ u$$

für ein geeignetes $u \in U$. Insbesondere liegt mit $x_m \circ \cdots \circ x_1$ auch $u_m \circ x_m \circ u_{m-1} \circ x_{m-1} \circ \cdots \circ u_1 \circ x_1 \circ u_0$ in U.

Beweis: Wir beweisen durch *Induktion* nach m. Für $m = 1$ ist zu zeigen, dass $u_1 \circ x_1 \circ u_0$ als $x_0 \circ u$ für ein geeignetes u geschrieben werden kann. Nach Vorausetzung findet man ein $v \in U$ mit $u_1 \circ x_0 = x_0 \circ v$, und damit reicht es, u als $v \circ u_0$ zu definieren.

Im *Induktionsschluss* müssen wir von m auf $m + 1$ schließen. Wir betrachten also ein Produkt

$$u_{m+1} \circ x_{m+1} \circ u_m \circ x_m \circ \cdots \circ u_1 \circ x_1 \circ u_0,$$

und es ist ein $u \in U$ so zu finden, dass dieser Ausdruck für ein geeignetes $u \in U$ mit

$$x_{m+1} \circ x_m \circ \cdots \circ x_1 \circ u$$

übereinstimmt. Das schreiben wir als

$$u_{m+1} \circ x_{m+1} \circ (u_m \circ x_m \circ u_{m-1} \circ x_{m-1} \circ \cdots \circ u_1 \circ x_1 \circ u_0)$$

und wenden auf den Klammerausdruck die Tatsache an, dass für m schon alles gezeigt sein soll. Die Klammer hat also die Form

$$x_m \circ \cdots \circ x_1 \circ u'$$

für ein geeignetes $u' \in U$, und wir haben unser Produkt in

$$u_{m+1} \circ x_{m+1} \circ x_m \circ \cdots \circ x_1 \circ u'$$

umgeformt. Nun haben wir schon in 4.3 (i) bewiesen, dass mit den x_i auch das Produkt $x_{m+1} \circ x_m \circ \cdots \circ x_1$ zu $N(U)$ gehört. Es gibt also $u'' \in U$ mit

$$\begin{aligned} u_{m+1} \circ x_{m+1} \circ x_m \circ \cdots \circ x_1 \circ u' &= (u_{m+1} \circ x_{m+1} \circ x_m \circ \cdots \circ x_1) \circ u' \\ &= (x_{m+1} \circ x_m \circ \cdots \circ x_1 \circ u'') \circ u' \\ &= x_{m+1} \circ x_m \circ \cdots \circ x_1 \circ (u'' \circ u'). \end{aligned}$$

Mit $u := u'' \circ u'$ ist damit ein geeignetes Element gefunden. □

Eine für das Zaubern wichtige Untergruppe der symmetrischen Gruppe

Wir fixieren ein $n \in \mathbb{N}$, später sollen Tricks mit n Karten durchgeführt werden. Wenn man diese Karten mischt, so gibt das zu einer Permutation der Menge $\{1, \ldots, n\}$ Anlass. Die Gesamtheit dieser Permutationen wird mit S_n bezeichnet, man spricht von der *symmetrischen Gruppe der Ordnung* n. (Die Gruppenoperation ist die Hintereinanderausführung von Permutationen.)

Es wird für die folgenden Untersuchungen bequem sein, die Elemente der S_n als bijektive Abbildungen $\phi : \mathbb{Z}_n \to \mathbb{Z}_n$ aufzufassen. Dabei ist $\mathbb{Z}_n = \{0, \ldots, n-1\}$ die Menge der Reste modulo n, die mit den Kompositionen „$+$“ und „$\cdot$“ modulo n zu einem kommutativen Ring wird. Mit $s_r : \mathbb{Z}_n \to \mathbb{Z}_n$ werden wir, für $r \in \mathbb{Z}_n$, den „zyklischen Shift“ $k \mapsto k + r \bmod n$ bezeichnen.

> Wenn man das in Manipulationen für Kartenspiele übersetzen möchte, so sollte man zunächst die Karten durchnummerieren. Die oberste Karte ist Karte 0, dann kommt Karte 1 usw.
>
> Und was macht s_r? Jede Karte rückt (zyklisch gesehen) um r Karten weiter. Im Fall $r = 0$ passiert gar nichts, und im Fall $r > 0$ entspricht s_r der Vorschrift, $n - r$ Karten von oben abzunehmen und unter den Stapel zu legen. (Oder die untersten r Karten als Ganzes nach oben zu legen.)

Die Definition von s_r impliziert sofort, dass die Transformationen $s_{r_1} \circ s_{r_2}$ und $s_{r_2} \circ s_{r_1}$ mit $s_{(r_1+r_2) \bmod n}$ für beliebige r_1, r_2 übereinstimmen, und deswegen ist

$$S := \{s_r \mid r \in \mathbb{Z}_n\}$$

eine kommutative Untergruppe der S_n.

Angewendet auf Karten heißt das: Mehrmaliges Abheben bringt die Karten nicht mehr durcheinander als einmaliges Abheben[2)], und es ist egal, ob man zuerst t_1 und dann t_2 Karten abhebt oder umgekehrt.

Der Normalisator dieser Untergruppe

Wir beginnen mit einer Vorbemerkung. Dazu betrachten wir für ein $a \in \mathbb{Z}_n$ die Abbildung $k \mapsto ak \bmod n$ von $\mathbb{Z}_n$ nach $\mathbb{Z}_n$. Wann können wir sie als Element von S_n auffassen, d.h., wann ist sie bijektiv? Sicher nicht, wenn a und n nicht teilerfremd sind, denn falls es einen nichttrivialen Teiler k_0 von a und n gäbe (mit $a = \alpha k_0$ und $n = \beta k_0$), so wäre $\beta a = 0 \bmod n$, d.h. sowohl 0 als auch β würden auf 0 abgebildet werden. Doch das ist auch schon die einzige Möglichkeit, dass etwas schiefgehen kann: Denn sind – für ein $a \in \mathbb{Z}_n$ – a und n teilerfremd, so ist $k \mapsto ak \bmod n$ injektiv und folglich bijektiv. Für zu n teilerfremde a ist nämlich a im Ring $\mathbb{Z}_a$ multiplikativ invertierbar. Aus $k_1 a = k_2 a$ für $k_1, k_2 \in \mathbb{Z}_n$ folgt dann $(k_2 - k_1)a = 0$ in Z_n, also – nach Multiplikation mit a^{-1} – die Aussage $k_1 - k_2 = 0$, d.h. $k_1 = k_2$.)

Wir beschreiben nun den Normalisator von S:

Satz 4.4: *(i) Sind $a, b \in \mathbb{Z}_n$ so, dass a und n teilerfremd sind, so liegt die durch $k \mapsto ak + b \bmod n$ definierte Abbildung $\phi_{a,b}$ in $N(S)$.*

(ii) Alle Elemente von $N(S)$ haben diese Form.

(iii) Die Faktorgruppe $N(S)/S$ ist isomorph zur multiplikativen Gruppe $\mathbb{Z}_n^*$; diese Gruppe besteht aus allen a, die zu n teilerfremd sind.

Beweis: (i) $\phi_{a,b}$ ist Verknüpfung der bijektiven Abbildungen $k \mapsto ak$ und s_b, sie liegt damit in S_n. Für beliebige a, b, r, k gilt

$$\begin{aligned} \phi_{a,b} \circ s_r(k) &= a(k + r) + b \\ &= (ak + b) + ar \\ &= s_{ar} \circ \phi_{a,b}(k), \end{aligned}$$

also $\phi_{a,b} \circ s_r = s_{ar} \circ \phi_{a,b}$. Daraus kann man sofort ablesen, dass $\phi_{a,b}$ zu $N(S)$ gehört: Ist $s_r \in S$ vorgelegt, so hat $\phi_{a,b} \circ s_r$ die Form $v \circ \phi_{a,b}$ für $v := s_{ar} \in S$, und umgekehrt lässt sich $s_{r'} \circ \phi_{a,b}$ als $\phi_{a,b} \circ u$ mit $u := r'a^{-1}$ schreiben. (Man beachte hier, dass a multiplikativ invertierbar ist.)

(ii) Sei $\phi \in N(C)$. Insbesondere folgt aus der Definition von $N(S)$, dass es ein a mit $\phi \circ s_1 = s_a \circ \phi$ gibt. Das bedeutet, dass $\phi(k + 1) = \phi(k) + a$ für alle k gilt. Mit $b := \phi(0)$ folgt dann durch Induktion die Gleichung $\phi(k) = ak + b$ für alle k. Wegen der Injektivität von ϕ muss a invertierbar sein, und damit ist $\phi = \phi_{a,b}$ gezeigt.

(iii) Zunächst bemerken wir, dass $N(S)/S$ wirklich eine Gruppe ist, denn S ist Normalteiler in $N(S)$. Wir betrachten die Abbildung Φ, die $a \in \mathbb{Z}_n^*$ die zu $\phi_{a,0}$ gehörige Klasse in $N(S)/S$ zuordnet.
Φ ist ein Homomorphismus: Das folgt aus $\big(a_1(a_2 k)\big) = (a_1 a_2)k$. (Hier wird wichtig, dass das Produkt aus zu n teilerfremden Zahlen wieder diese Eigenschaft hat.)

[2)]Es ist gut, dass das die Zuschauer nicht wissen. Denn viele Tricks beruhen darauf, dass durch Abheben die wichtigsten Eigenschaften eines vorbereiteten Stapels erhalten bleiben. (Siehe z.B. den Beginn von Kapitel 1.)

Φ ist injektiv: Wir müssen zeigen, dass aus $s_r \circ \phi_{a,0} = \phi_{a',0}$ (für $a, a' \in \mathbb{Z}_n^*$, $r \in \mathbb{Z}_n$) stets $a = a'$ folgt. Dazu muss man $s_r \circ \phi_{a,0} = \phi_{a',0}$ zunächst auf $k = 0$ anwenden (man erhält $\phi_{a,0} = \phi_{a',0}$) und dann $k = 1$ einsetzen.
Φ ist surjektiv: Wegen (ii) ist ein typisches Element in $N(S)/S$ von der Form $S \circ \phi_{a,b}$ für ein geeignetes $a \in \mathbb{Z}_n^*$ und ein $r \in \mathbb{Z}_n$. Es ist damit gleich $\Phi(a)$. □

Bemerkung: Insbesondere haben wir damit Beispiele dafür gefunden, dass $N(U)$ echt zwischen U und G liegen kann. (Denn für $a > 1$ liegt $\phi_{a,b}$ nicht in S, und nicht jede Permutation hat die Form $\phi_{a,b}$.)

Es ist leicht festzustellen, ob eine Permutation die Form $\phi_{a,b}$ hat:

Lemma 4.5: *Sei $\phi : \mathbb{Z}_n \to \mathbb{Z}_n$ bijektiv. Die folgenden Aussagen sind äquivalent:*

(i) Es gibt $a \in \mathbb{Z}_n^*$ und $b \in \mathbb{Z}_n$ mit $\phi = \phi_{a,b}$.

(ii) Es gibt ein $a \in \mathbb{Z}_n$, so dass $\phi(k+1) = \phi(k)+a$ für alle $k \in \mathbb{Z}_n$ gilt. Die Summation ist dabei als Summation in $\mathbb{Z}_n$ zu verstehen.

Beweis: Wenn $\phi = \Phi_{a,b}$ gilt, so ist

$$\phi(k+1) - \phi(k)) = a(k+1) + b - \big(ak + b\big) = a$$

für alle k.

Wir setzen nun (ii) voraus. Mit $b := \phi(0)$ ist $\phi(1) = \phi(0) + a = a + b$, $\phi(2) = \phi(1) + a = (a + b) + a = 2a + b$ usw. (wir überspringen den Induktionsbeweis). Also ist $\phi(k) = ak + b$ für alle k.

Da ϕ injektiv ist, muss $ak \neq 0$ für alle $k \neq 0$ sein, und deswegen liegt a in $\mathbb{Z}_n^*$. □

Zauberhafte Folgerungen

Und wo ist der Nutzen für Zaubertricks? Anders gefragt: Welcher Mischvorgang muss auf einen aus n Karten bestehenden Kartenstapel angewendet werden, um eine Permutation der Form $\phi_{a,b}$ zu erhalten? Genauer: Wie schafft man es, dass aus der Kartenreihenfolge $(0, \ldots, n-1)$ die Reihenfolge $\phi_{a,b}(0, \ldots, n-1)$ auf eine Weise entsteht, die praktisch gut durchführbar ist? Es gibt „viele" a, b, für die man das erreichen kann (mehr dazu findet man weiter unten auf Seite 42). Zur Präzisierung brauchen wir zunächst zwei Definitionen:

- *Die Mischoperationen R_c:* Sei $c \in \mathbb{N}$. Wir nehmen den Stapel (immer bildunten) in die Hand und geben zunächst einzeln c Karten aus: von links nach rechts jeweils eine Karte. Dann wieder von links nach rechts je eine auf die schon liegenden, und das geht immer so weiter, bis alle Karten ausgegeben sind. (Wenn c kein Teiler von n ist, wird das nicht aufgehen, einige der neu entstandenen linken Stapel haben eine Karte mehr.)

  Danach werden die Karten wieder aufgenommen, und zwar *von rechts nach links* (das ist wichtig!): zunächst der rechte Stapel, obendrauf der nächste usw. Nach ganz oben kommt also der am weitesten links liegende Stapel.

- *Die Operationen L_c:* Die Karten werden wie eben ausgegeben. Jeweils einzeln c Karten, links beginnend, darauf die nächsten usw. Diesmal werden die neuen Stapel aber *von links nach rechts* aufgenommen[3)].

(Hier eine Illustration für den Fall $n = 8$ und $c = 3$. Durch das Aufteilen des Stapels – einzelnes Ausgeben, drei Teilstapel – entstehen aus $(0, 1, 2, 3, 4, 5, 6, 7)$ die Stapel $(6, 3, 0)$, $(7, 4, 1)$ und $(5, 2)$. Unter R_3 ist das Endergebnis $(6, 3, 0, 7, 4, 1, 5, 2)$, und mit L_3 erhält man $(5, 2, 7, 4, 1, 6, 3, 0)$.)

Die Grundlage der Zaubertricks dieses Kapitels bildet der folgende

Satz 4.6: *(i) Sei c ein Teiler von $n - 1$, und $a := (n - 1)/c$. Dann sind n und a teilerfremd, und R_c entspricht der Permutation $\phi_{a,a}$. Insbesondere führt im Fall $c = 1$ die Operation R_1 zu $\phi_{-1,-1}$, der Stapel wird dabei einfach invertiert*[4)].

(ii) Ist c ein Teiler von $n + 1$, so sind n und $a := (n + 1)/c$ teilerfremd, und L_c ist gleichwertig zur Permutation $\phi_{-a,-1}$. Der Spezialfall $c = 1$ führt auf $a = n + 1$, dann stimmt L_1 mit $\phi_{-(n+1),-1} = \phi_{-1,-1}$ überein.

Beweis: (i) Angenommen, $p > 1$ ist ein Teiler von a. Wegen $ac = n - 1$ teilt p dann auch $n - 1$, beim Teilen durch n durch p wird sich folglich ein Rest (nämlich 1) ergeben. a und n sind also teilerfremd.

Wir müssen R_c analysieren. In einem ersten Schritt entstehen doch aus der ursprünglichen Reihenfolge $(0, \ldots, n - 1)$ die folgenden c Stapel:

$$\begin{array}{ccccc}
ac & & & & \\
(a-1)c & (a-1)c+1 & \ldots & (a-1)c+c-2 & (a-1)c+(c-1) \\
\vdots & \vdots & \vdots & \vdots & \vdots \\
c & c+1 & \ldots & 2c-1 & 2c-1 \\
0 & 1 & \ldots & c-2 & c-1
\end{array}$$

Der erste Teilstapel hat $a + 1$ Elemente, die restlichen a Elemente. (Zusammen sind das – wie zu erwarten – $(a + 1) + a(c - 1) = ac + 1 = n$ Karten.)

Nun stellen wir uns vor, dass wir diese c Stapel von rechts nach links zusammenlegen. Betrachten wir zunächst einen der Teilstapel an den Positionen $2, 3, \ldots, c - 1$ und irgendeine Karte mit der Nummer k dieses Teilstapels. Karte Nummer $k + 1$ liegt im rechts benachbarten Teilstapel auf gleicher Höhe, und da jeweils a Karten in jedem Teilstapel sind, liegt $k + 1$ nach Zusammenlegen um a Karten weiter als k. Das gleiche Argument gilt auch für den ersten Teilstapel, zum Beispiel liegt $(a - 1)c + 1$ um a Karten weiter als $(a - 1)c$, und man braucht a Schritte, um von ac nach 0 zu kommen (obwohl diese zwei Karten im gleichen Teilstapel liegen). Es fehlt noch die Analyse der Karten im letzten Teilstapel, der ja ganz nach unten kommt. Da müssen wir *zyklisch* weiterzählen. Die jetzt letzte Karte hat die Nummer $c - 1$, und der Nachfolger, Karte c, ist nun die a-te Karte von oben.

Zusammen heißt das: Die 0 ist an der Stelle a, und um von irgendeinem k zu $k + 1$ zu kommen, muss man a Schritte weitergehen. Wegen Lemma 4.5 ist damit alles bewiesen.

---

3)Das soll sich in der Bezeichungsweise widerspiegeln: R_c= „von *rechts* aufnehmen“; L_c= „von *links* aufnehmen“.

4)Negative Zahlen sind im Ring $\mathbb{Z}_n$ zu interpretieren: $-d = n - d$ für alle d.

Hier ist ein konkretes Beispiel, wir illustrieren den Beweis am Fall $n = 9$ und $c = 4$ (also $a = 2$). Aus $(0,1,2,3,4,5,6,7,8)$ werden im ersten Schritt die 4 Teilstapel

$$(8,4,0),\ (5,1),\ (6,2),\ (7,3),$$

und wenn man von rechts nach links zusammenlegt, ergibt sich

$$(8,4,0,5,1,6,2,7,3).$$

Wirklich liegt stets $k+1$ um 2 Karten weiter als k, und die 0 ist an die Position 2 gekommen. (Wir erinnern daran, dass wir die Positionen ab Null zählen.)

(ii) Dass a und n teilerfremd sind, kann durch ein ähnliches Argument wie in (i) eingesehen werden. Jetzt teilen wir im ersten Schritt wieder c Teilstapel aus. Es entstehen $c-1$ Teilstapel mit a Karten und einer mit $a-1$ Karten.
(Zusammen sind das – natürlich – $(c-1)a + a - 1 = ca - 1 = n$ Karten.)

$$\begin{array}{ccccc}
(a-1)c & (a-1)c+1 & \dots & (a-1)c+(c-2) & \\
(a-2)c & (a-2)c+1 & \dots & (a-2)c+(c-2) & (a-2)c+(c-1) \\
\vdots & \vdots & \vdots & \vdots & \vdots \\
c & c+1 & \dots & 2c-2 & 2c-1 \\
0 & 1 & \dots & c-2 & c-1
\end{array}$$

Die 0 liegt also nach Zusammenlegen von links nach rechts an der letzten Stelle (Position $n-1$), und eine Analyse wie im Beweis von (i) zeigt, dass man immer a Schritte zurückgehen muss, um von k zu $k+1$ zu kommen. Wegen Lemma 4.5 beweist das die Behauptung.

Hier ist das konkrete Beispiel $n = 9$ und $c = 5$ (also $a = 2$). Zunächst erhalten wir die Teilstapel

$$(0,5),\ (6,1),\ (7,2),\ (8,3),\ (4),$$

und – nach Zusammenlegen –

$$(4,8,3,7,2,6,1,5,0).$$

Wirklich muss man immer zwei Karten zurückgehen, um von k ausgehend Karte $k+1$ zu erreichen, und die 0 liegt an der letzten Stelle.

□

Wir fassen die bisherigen Ergebnisse (insbesondere die Aussagen der Sätze 4.3, 4.4 und 4.6) zusammen:

Für $n \in \mathbb{N}$ sei $\mathcal{A}_n$ die Menge der echten Teiler von $n-1$ und $\mathcal{B}_n$ die Menge der echten Teiler von $n+1$[5)].

[5)]Wir beschränken uns auf echte Teiler, um Operationen des Typs $R_1, R_{n-1}, L_1, L_{n+1}$ zu vermeiden.

> Gewisse $a_1, \ldots, a_r \in \mathcal{A}_n$ und $a_1^*, \ldots, a_l^* \in \mathcal{B}_n$ seien ausgewählt, und a sei das Produkt $a_1 \cdots a_r \cdot (-a_1^*) \cdots (-a_l^*)$ im Ring $\mathbb{Z}_n$. Wähle c_i (bzw. c_j^*) so, dass $c_i a_i = n - 1$ (bzw. $c_i^* a_i^* = n + 1$). Führt man dann an einem aus n Karten bestehenden Kartenstapel die Operationen $R_{c_1}, \ldots, R_{c_r}$ und $L_{c_1^*}, \ldots, L_{c_l^*}$ in beliebiger Reihenfolge durch, wobei man vorher, zwischendurch und hinterher von einem Zuschauer abheben lassen kann, so befindet sich der Kartenstapel danach in der Permutation $\phi_{a,r}$ mit einem in der Regel unbekannten r.

Besonders interessant sind dabei die Spezialfälle $a = 1$ und $a = -1$. Die Karten sind dann in der gleichen bzw. in der gespiegelten zyklischen Reihenfolge. Falls man im zweiten Fall die Spiegelung „wegmischen" möchte, kann man die Reihenfolge einfach invertieren, indem man abschließend die Karten einzeln zu einem neuen Stapel herunterzählt.

Hier noch eine *Ergänzung*: Welche $\phi_{a,b}$ können mit Karten „nachgestellt" werden? Es reicht zu fragen, für welche a man *irgendein* $\phi_{a,b}$ erzeugen kann, denn ein $\phi_{a,b'}$ entsteht aus $\phi_{a,b}$, gefolgt von einem geeigneten Abheben.

Sei $c \in \mathbb{Z}_n^*$. Dann kommen in der Folge $0, c, 2c, \ldots, (n-1)c$ alle Elemente aus $\mathbb{Z}_n$ genau einmal vor, denn andernfalls könnte man ein $k \neq 0$ mit $ck = 0$ finden. Wenn wir nun einen anfangs mit $0, 1, \ldots, n-1$ durchnummerierten Kartenstapel auf c Teilstapel verteilen (einzeln ausgeben, von links nach rechts), so wird das nicht aufgehen, denn c ist ja kein Teiler von n. Aber in jedem Teilstapel haben die Karten den Abstand c. Hier ein Beispiel für $n = 12$ und $c = 5$:

$$\begin{matrix} 10 & 11 & & & \\ 5 & 6 & 7 & 8 & 9 \\ 0 & 1 & 2 & 3 & 4 \end{matrix}$$

Wir nummerieren die Teilstapel mit a, b, c, d, e durch und beginnen mit Teilstapel a, der kommt ganz nach unten. Die Kartenabstände sind jeweils 5. Jetzt suchen wir den Stapel, bei dem die unterste Karte die Karte Nummer $10 + 5 = 3$ ist, das ist Stapel d. Wir legen ihn auf den ersten Teilstapel. Die oberste Karte ist jetzt die 8, und $5 + 8 = 1$. Deswegen legen wir Stapel b (dort ist die unterste Karte die 1) obendrauf. Es folgen noch Stapel e und c, und so ist der Stapel

$$(7, 2, 9, 4, 11, 6, 1, 8, 3, 10, 5, 0)$$

entstanden. Diese Permutation entspricht $\phi_{-5,-1}$.

Für beliebiges n und c kann man ganz ähnlich verfahren, und aufgrund der Vorbemerkung kann man *immer* so zusammenlegen, dass 0 ganz unten liegt und Karte $k+1$ um c Karten weiter oben liegt als Karte k. Anders ausgedrückt: $\phi_{-c,-1}$ ist immer mit Karten zu realisieren, und da mit c auch $-c$ zu $\mathbb{Z}_n^*$ gehört, kann man sich beliebige $\phi_{a,b}$ wünschen.

Es ist allerdings zu bedenken, dass die Reihenfolge, in der die Teilstapel aufgenommen werden müssen, recht kompliziert sein kann, und deswegen werden wir uns auf die Mischverfahren R_c und L_c beschränken. Die kann man allerdings kombinieren, und damit sind alle $\phi_{a,b}$ erzeugbar, für die a multiplikativ aus Elementen aus $\mathcal{A}_n \cup (-\mathcal{B}_n)$ aufgebaut werden kann. In vielen Fällen erfasst man damit alle $a \in \mathbb{Z}_n^*$, manchmal aber auch nur eine echte Teilmenge. (Zum Beispiel dann, wenn $\mathcal{A}_n = \mathcal{B}_n = \emptyset$, wenn also n zwischen zwei Primzahlen liegt wie etwa für $n = 12$ oder $n = 18$.)

Der Zaubertrick

Nun kann der Originaltrick leicht verstanden werden. Hier wurde mit $n = 9$ und $a_1 = a_2 = a_3 = 4$ gearbeitet. Wirklich ist $4 \cdot 4 \cdot 4 = 1 \bmod 9$, und deswegen wurden drei Operationen R_2 durchgeführt. In diesem Fall gibt es noch eine weitere scheinbar zufällige Komponente: Welcher Stapel soll nach oben? Das ist völlig egal, da die eine Version (linker Stapel nach oben) aus der anderen (rechter Stapel nach oben) durch Abheben – also einem Element von S – hervorgeht.

Unsere Ergebnisse gestatten es aber, beliebig viele weitere Tricks vorzuführen. Man fixiert eine Zahl n und geht dann so vor:

- Bestimme $\mathcal{A}_n$ und $\mathcal{B}_n$. (Achtung: Beide Mengen können leer sein, nämlich dann, wenn $n-1$ und $n+1$ Primzahlen sind. Solche n sind für unsere Zwecke ungeeignet.)
- Suche Produkte $a_1 \cdots a_r \cdot (-a_1^*) \cdots (-a_l^*)$, die 1 oder -1 modulo n sind, wobei $a_i \in \mathcal{A}_n$ und $a_j^* \in \mathcal{B}_n$. Solche Produkte gibt es außer im Fall $\mathcal{A}_n = \mathcal{B}_n = \emptyset$ immer, es gibt dann sogar unendlich viele Beispiele.

Jede dieser Produktdarstellungen gibt Anlass zu einem Zaubertrick. Hier sind einige konkrete Vorschläge:

1. $n = 9$. Es gilt $\mathcal{A}_9 = \{2, 4\}$ und $\mathcal{B}_9 = \{2, 5\}$. Wie schon erwähnt, führt das Produkt $4 \cdot 4 \cdot 4 = 1 \bmod 9$ (also dreimal R_2 mit beliebigem Abheben zwischendurch) zum Originaltrick. Wegen $(-2)(-5) = 1 \bmod 9$ hat die Kombination von L_5 und L_2 das gleiche Ergebnis. Bei dem Produkt $2 \cdot (-5) = -1 \bmod 9$ würde man nach R_4 und L_2 den Stapel allerdings in invertierter zyklischer Reihenfolge vorfinden. Man beachte, dass die Zahl 2 zu unterschiedlichen Aktionen führt, je nachdem, ob sie als Element von $\mathcal{A}_9$ oder $\mathcal{B}_9$ aufgefasst wird.

2. $n = 11$. Es gilt $\mathcal{A}_{11} = \{2, 5\}$ und $\mathcal{B}_{11} = \{2, 3, 4, 6\}$. Geeignete Produkte sind zum Beispiel $(-3) \cdot (-4) = 1 \bmod 11$ (also L_4 und L_3 ausführen, am Ende entsteht die gleiche zyklische Reihenfolge) oder $(-4) \cdot (-2) \cdot (-4) = 1 \bmod 11$ (auch L_3, L_6, L_3 führen zu diesem Ergebnis).

3. Wenn man sich nicht viele Gedanken machen will, kann man sich irgendeine ungerade Kartenanzahl n aussuchen und $n-1$ auf nichttriviale Weise als Produkt schreiben: $n - 1 = c \cdot c' = -1 \bmod n$. Dann werden $R_{c'}$ und R_c (egal, in welcher Reihenfolge, und mit beliebig vielen Abhebeaktionen dazwischen) zum zyklisch invertierten Stapel führen.

Entsprechend kann man auch $n+1$ nichttrivial als $d \cdot d'$ schreiben. Da dann $(-d) \cdot (-d') = 1 \bmod n$ gilt, reproduziert die Hintereinanderausführung von L_d und $L_{d'}$ das Original (eventuell bis auf einen Abhebevorgang).

4. Hier ist noch ein Beispiel mit $n = 13$: Man präsentiert 13 Karten eines Bridgespiels, die alle die gleiche Kartenfarbe haben, in geordneter Reihenfolge, etwa die Herzkarten

$2, 3, \ldots,$ Ass. Wir wählen die Darstellung $2 \cdot (-2) \cdot 3 = 1 \bmod 13$, dann wird durch R_6, L_7, R_4 die Startkonstellation (wenigstens zyklisch) reproduziert, wobei zwischendurch beliebig oft abgehoben werden darf.

Für die Präsentation – die man vorher geübt haben sollte – gibt es zwei Tipps. Erstens kann man irgendwo zwischendurch den Zuschauern das leicht aufgefächerte Blatt bildseitig zeigen. Da wird keiner vermuten, dass das offensichtliche Chaos wieder rückgängig gemacht werden kann. Und zweitens kann man das Finale verbessern. Es ist ja so, dass das Endergebnis die irgendwo abgehobene Originalreihenfolge (im Fall $a = 1$) oder das gespiegelte und abgehobene Original (im Fall $a = -1$) ist. Man kann die Karten nun einfach umdrehen, der Trick ist aber noch eindrucksvoller, wenn alles perfekt geordnet aussieht. Dazu gibt es mehrere Möglichkeiten:

- Man wirft nach Ende der Mischoperationen einen heimlichen Blick auf die unterste Karte und zählt – mit Murmeln eines Zauberspruchs – entsprechend viele Karten von unten nach oben (oder umgekehrt), um die Originalreihenfolge wieder herzustellen. (Das empfiehlt Alegría[6).)

- Man könnte auch die ursprünglich oberste Karte auf der Rückseite unauffällig markieren und am Ende so abheben, dass sie nach oben kommt.

- Schließlich kann man die Karten auch zu einem Kreis auslegen. Da die Karten ja zu sehen sind, kann man es so einrichten, dass das Ass am Ende oben liegt, alles also völlig chaosfrei aussieht. Man muss nur wissen, ob man die Karten im oder gegen den Uhrzeigersinn auslegen soll. Das wird davon abhängen, ob das gewählte Produkt $+1$ oder -1 modulo n war. (Man sieht es aber auch beim Aufdecken an der zweiten Karte.)

Varianten

Bisher ging es um die Zähmung des Chaos. Man kann die hier erzielten Ergebnisse aber auch völlig anders einsetzen. Ein Zuschauer bekommt n beliebige Karten eines Kartenspiels, die er sich selbst aussuchen kann und die beliebig (bildunten) gemischt werden dürfen. Er betrachtet die oberste Karte, zeigt sie dem Publikum und legt sie wieder auf den Stapel; der Zauberer darf sie allerdings nicht sehen. Der hat sich inzwischen heimlich die unterste Karte (die „Zaubererkarte") angesehen. Wichtig ist nur zu wissen, dass die Zuschauerkarte die nächste hinter der Zaubererkarte in der zyklischen Ordnung ist. Es wird erst einmal abgehoben: Alle denken, dass die Zuschauerkarte nun unwiederbringlich verschwunden ist, der Zauberer weiß allerdings, dass sie direkt hinter seiner Karte liegen wird.

Nun das Übliche: R_c- und L_c-Aktionen, und vorher, zwischendurch und hinterher beliebig oft abheben. Dabei sind die verwendeten c natürlich so gewählt, dass am Ende die zyklische Reihenfolge die gleiche oder die gespiegelte ist wie am Anfang. Mal angenommen, der Zauberer hat als unterste Karte den ♥B gesehen und es ist – nachdem der Stapel umgedreht und aufgefächert wurde – das folgende Blatt entstanden:

[6)Siehe Literaturverzeichnis.

Das sieht man nach den Mischaktionen.

Dann muss, wenn die zyklische Reihenfolge die gleiche war wie vorher, die Zuschauerkarte die ♣9 gewesen sein, bei gespiegelter zyklischer Reihenfolge dagegen die ♥10. Es gibt viele Möglichkeiten, dieses Wissen zum Abschluss des Tricks auszuspielen.

Quellen

Dieses Kapitel beruht im Wesentlichen auf meiner Arbeit „Zauberhafte Normalteiler", die in der Dezemberausgabe 2015 der „Mitteilungen der Deutschen Mathematiker-Vereinigung" erschienen ist. Die Idee stammt aus dem Buch „Mágia por principios" (Selbstverlag) meines spanischen Kollegen Pedro Alegría, der auf Seite 29 einen Trick ohne Erklärung des mathematischen Hintergrunds vorstellt. Er wird dort Juan Tamariz zugeschrieben. („Oído a Juan Tamariz en una emisión radiofónica".)

Kapitel 5

Magische Dreiecke und Primfaktoren von Binomialkoeffizienten

Dieser Zaubertrick hat eine Vorgeschichte, sie beginnt im Norden Englands in der Stadt Newcastle, die kurz vor der schottischen Grenze liegt. Newcastle ist bekannt durch seine Millenium-Brücke, das ist eine seitlich geschwungene Fußgängerbrücke, die bei Bedarf so nach oben gedreht werden kann, dass ein Schiff hindurch passt.

Die Milleniumbrücke und das „Baltic".

Ganz in der Nähe liegt die Galerie „Baltic", die sich auf moderne Kunst spezialisiert hat. Sie feierte 2012 ihr zehnjähriges Bestehen, und aus diesem Anlass sollte es eine Aktion geben, bei der die Stichworte „Kunst" und „10" eine besondere Rolle spielen. Man fragte den Kollegen Steve Humble von der örtlichen Universität, der in England als „Dr. Math" durch seine Aktivitäten für die Popularisierung der Mathematik recht bekannt ist.

Sein Vorschlag sah so aus:

- Auf dem Boden werden – ganz nach Belieben – 10 farbige Kärtchen in einer Reihe ausgelegt, sie können blau, rot und gelb sein.

- Darunter wird eine neue Reihe aus 9 Kärtchen gebildet, wobei die folgenden Regeln einzuhalten sind:
  - Liegen über einer Position zwei Karten der gleichen Farbe, so wird die gleiche Farbe wieder verwendet.
  - Liegen da aber zwei verschiedenfarbige Karten, so verwende man eine Karte der noch fehlenden dritten Farbe.

  (Zum Beispiel kommt unter rot-rot eine rote Karte und unter gelb-rot eine blaue.)
- Das wird fortgesetzt: Nach der Reihe mit 9 Karten wird unter Verwendung der gleichen Regeln eine mit 8 Karten gebildet usw. Am Ende bleibt eine einzige Karte übrig.

Diese Aktion erfreute sich großer Beliebtheit, wirklich entstehen überraschende Muster dabei.

Steve Humble in Aktion.

Hier ist noch ein Beispiel, das am Computer erzeugt wurde:

Ein am Computer erzeugtes Beispiel.

Das Auslegen der farbigen Karten fand an mehreren Tagen statt, und irgendwann fiel Steve etwas Bemerkenswertes auf: Wie auch immer die Startreihe aus 10 Karten gelegt wurde, so konnte man doch sofort die Farbe der allerletzten Karte „vorhersagen“. Man musste nur das allgemeine Bildungsgesetz, nach dem die neuen Karten zu wählen sind, auf die Randkarten der ersten Reihe (Karten Nummer 1 und 10) anwenden. Sind zum Beispiel beide gelb, so wird die letzte auch gelb sein, oder sieht man rot und blau, so ist – wie im vorstehenden Beispiel – am Ende eine gelbe Karte zu erwarten.

Das war wirklich mysteriös, und es war überhaupt nicht klar, wie dieses Phänomen mathematisch erklärt werden könnte. Steve und ich trafen uns im Sommer 2012 auf einer Konferenz in Spanien, dort begann eine intensive und interessante Zusammenarbeit. Am Ende stand eine Lösung: Das beobachtete Verhalten liegt daran, dass 10 von der Form $3^s + 1$ ist und dass Binomialkoeffizienten ganz besondere Eigenschaften haben, wenn Primzahlen im Spiel sind. Unsere Ergebnisse wurden unter dem Titel „Triangle Mysteries“ in der mathematischen Zeitschrift „Mathematical Intelligencer“ veröffentlicht (Nummer 35, 2013, 10–15), und etwas später gab es auch einen Blog in der „New York Times“ dazu. Im vorliegenden Kapitel werden sie noch einmal dargestellt.

Zum Abschluss dieser Einleitung möchte ich die Vermutung äußern, dass es ohne Steves Aktion dieses Buch wahrscheinlich nicht gegeben hätte. Denn die damit zusammenhängenden Fragen haben mein Interesse an den teilweise recht verwickelten Beziehungen zwischen Mathematik und Magie neu geweckt, was im Laufe der folgenden Jahre zu einer Reihe von Arbeiten in verschiedenen mathematischen Zeitschriften führte.

Es ist noch darauf hinzuweisen, dass dieses Kapitel *das erste in einer Reihe von drei Kapiteln* ist: „Magische Dreiecke“, „Magische Pyramiden“ und „Magic in Hyperspace“. (Da geht es um die Übertragung der Ideen auf beliebig hochdimensionale Räume. Die Mathematik ist, wie ich finde, sehr interessant, der konkrete Nutzen für erdgebundene Zauberfreunde ist wohl eher vernachlässigbar.)

Der Effekt

Ein Zuschauer sucht sich 10 Karten aus einem Vorrat von roten, blauen und gelben Karten aus und legt sie in eine Reihe. Der Zauberer schreibt sofort eine Vorhersage, die in einen Umschlag wandert. Und dann werden die Regeln erklärt: Der Zuschauer soll Reihen aus 9, dann 8 usw. Karten bilden, bis nur noch eine einzige übrig ist. Die Regeln sind einfach:

- Unter zwei Karten der gleichen Farbe wird die gleiche Farbe noch einmal gelegt.
- Unter zwei Karten verschiedener Farbe wird eine Karte mit der noch fehlenden Farbe gelegt.

Nach $9+8+7+6+5+4+3+2+1=45$ Legeaktionen steht die Farbe der letzten Karte fest, und die hat der Zauberer richtig vorausgesagt.

Die Mathematik im Hintergrund

Wenn man sich dem Phänomen als Mathematiker nähert, muss das, was passiert, zunächst in angemessener Allgemeinheit formalisiert und präzisiert werden. Wichtig war doch, dass wir *mit gewissen Farben* gearbeitet haben und dass es eine *Vorschrift* gab, aus zwei Farben eine neue zu erzeugen. (Bei uns: x, x wird stets x zugeordnet, und für $x \neq y$ wird aus x, y die Farbe z, wobei $\{x, y, z\}$ die Menge unserer drei Farben ist.) Das legt die folgende – noch sehr allgemeine – Modellierung nahe:

Definition 5.1: *Es sei Δ eine nicht leere Menge und $\phi : \Delta \times \Delta \to \Delta$ eine Abbildung. Ist dann $n \in \mathbb{N}$, so definieren wir $\Phi_r : \Delta^r \to \Delta^{r-1}$ für $r = n, n-1, \ldots, 2$ durch die folgenden Vorschrift: $\Phi_r(x_1, \ldots, x_r)$ soll das durch $y_i := \phi(x_i, x_{i+1})$ $(i = 1, \ldots, r-1)$ definierte $(r-1)$-Tupel $(y_1, \ldots, y_{r-1})$ sein.*

$\Psi_n := \Phi_2 \circ \cdots \circ \Phi_{n-1} \circ \Phi_n$ ist dann eine Abbildung von Δ^n nach Δ. Wir nennen ein $n > 2$ eine ϕ-geeignete Zahl, *wenn stets $\Psi_n(x_1, \ldots, x_n) = \phi(x_1, x_n)$ gilt.*

Das von Steve Humble beobachtete Phänomen kann dann dadurch ausgedrückt werden, dass $n = 10$ für unsere Situation wahrscheinlich[1)] ϕ-geeignet ist. Dabei ist $\Delta = \{\text{rot, grün, blau}\}$, und $\phi : \Delta \times \Delta \to \Delta$ entspricht der weiter oben eingeführten Legevorschrift.

Das allgemeine Problem lautet dann: Wie kann man für ein vorgelegtes ϕ die ϕ-geeigneten n charakterisieren? Zur Illustration behandeln wir einige *Beispiele:*

1. Sei Δ eine beliebige nichtleere Menge und $\phi : \Delta \times \Delta \to \Delta$ die Abbildung $\phi(x, y) := x$. Es wird also immer das linke Tupelelement ausgesucht. Es ist dann offensichtlich, dass jedes $n > 2$ ϕ-geeignet ist. (Das gleiche gilt für die Abbildung $\phi(x, y) := y$.)

2. Sei $(G, \circ)$ eine Gruppe, wir betrachten $\Delta = G$ und definieren ϕ als die Gruppenoperation, also durch $\phi(x, y) := x \circ y$. Es gibt noch viel mehr Kandidaten für ϕ, etwa $y \circ x$, oder $x \circ y^{-1}$, oder ... Es ist für die allermeisten $(G, \circ)$ völlig offen, wie die ϕ-geeigneten Zahlen aussehen.

3. Der Spezialfall kommutativer Gruppen wird eine wichtige Rolle spielen; wir schreiben in diesem Fall die Gruppenoperation additiv. Wir definieren zwei ϕ-Abbildungen für $\Delta = G$ durch

$$\phi^+(x, y) := x + y, \quad \phi^-(x, y) := -x - y.$$

Als Beispiele für kommutative Gruppen denken wir insbesondere an die Gruppen $(\mathbb{Z}_m, +)$, die Restklassengruppe modulo m mit der Addition modulo m, für $m \in \mathbb{N}$.

Es wird sich zeigen, dass man für die zuletzt aufgeführten Beispiele die ϕ-geeigneten n charakterisieren kann und dass sich Steves 3-Farben-Beispiel als ein Spezialfall ergibt. Zunächst benötigen wir aber einige Aussagen über Binomialkoeffizienten.

Primzahlen und Binomialkoeffizienten

Sei p eine Primzahl. Es ist wohlbekannt, dass alle Binomialkoeffizienten $\binom{p}{k}$ für $k = 1, \ldots, p-1$ durch p teilbar sind. Das ist auch leicht einzusehen, denn es ist

$$\binom{p}{k} = \frac{p \cdot (p-1) \cdots (p-k+1)}{k!},$$

und aus dem p im Zähler kann für diese k durch kein Element im Nenner etwas herausgekürzt werden, da p eine Primzahl ist und alle Faktoren im Nenner kleiner als p sind.

[1)] Bisher ist es ja nur eine Beobachtung.

Viel aufwändiger ist die Analyse, wenn man von p zu p^s übergeht (p sei weiterhin eine Primzahl). Für ein $k \in \mathbb{N}$ soll $A_p(k)$ die Anzahl der p-Faktoren in der Primfaktorzerlegung von k bezeichnen. (So ist etwa $A_2(14) = 1$, $A_3(54) = 3$ und $A_{101}(12) = 0$.)

Lemma 5.2: *(i)* $A_p(a \cdot b) = A_p(a) + A_p(b)$.

(ii) Sei $l \in \{1, \ldots, p^t - 1\}$ *für ein* $t \in \mathbb{N}$. *Dann ist* $A_p(p^t - l) = A_p(l)$, *und* $A_p(l) < t$.

Beweis: (i) Das liegt daran, dass p genau dann ein Produkt teilt, wenn es einen der Faktoren teilt.

(ii) Für $j \le l$ wird $p^t - j$ als höchste p-Potenz maximal p^{t-1} enthalten, und für ein $t' < t$ ist $p^{t'}$ Teiler von $p^t - j$ genau dann, wenn $p^{t'}$ die Zahl j teilt. (Denn $p^{t'}$ teilt p^t.) Und wegen $l < p^t$ ist die Aussage $A_p(l) < t$) klar. □

Nach diesen Vorbereitungen können wir den *Satz von Balak Ram* beweisen[2)].

Satz 5.3: *(i)* p *sei eine Primzahl.* p *teilt für beliebige* $s \in \mathbb{N}$ *alle Binomialkoeffizienten* $\binom{p^s}{k}$, $k = 1, \ldots, p^s - 1$.

(ii) Wieder sei p *eine Primzahl. Für jedes* $s \in \{2, 3, \ldots\}$ *gibt es ein* $k \in \{1, \ldots, p^s - 1\}$, *so dass* p^2 nicht *in* $\binom{p^s}{k}$ *aufgeht.*

(iii) Es sei p *eine Primzahl, und* $m \ge p$. *Angenommen,* p *teilt alle* $\binom{m}{k}$ *für* $k = 1, \ldots, m - 1$. *Dann ist* $m = p^s$ *für ein geeignetes* $s \in \mathbb{N}$.

(iv) Es sei $m > 1$, *und der größte gemeinsame Teiler* T *der* $\binom{m}{k}$, $k = 1, \ldots, m-1$, *sei größer als* 1. *Dann gibt es eine Primzahl* p *und ein* s, *so dass* $m = p^s$ *gilt. Es ist dann* $T = p$.

Beweis: (i) Sei $1 \le k \le p^s - 1$. Wir berechnen unter Verwendung des vorigen Lemmas die Anzahl der p-Faktoren im Zahler und im Nenner von $\binom{p^s}{k}$:
Für den Zähler gilt:

$$
\begin{aligned}
A_p\big(p^s(p^s-1)\cdots(p^s-k+1)\big) &= A_p(p^s) + A_p(p^s-1) + \cdots + A_p(p^s-k+1) \\
&= s + A_p(1) + \ldots + A_p(k-1).
\end{aligned}
$$

Und im Nenner ergibt sich $A_p(k!) = A_p(1) + \cdots + A_p(k)$. Die Differenz dieser Zahlen ist gleich $s - A_p(k)$, und wegen Lemma 5.2(ii) ist sie positiv: also teilt p die Zahl $\binom{p^s}{k}$.

(ii) Die Rechnung im vorigen Beweisteil zeigt, dass $A_p\big(\binom{p^s}{k}\big) = 1$ für $k = p^{s-1}$.

(iii) Wir schreiben m als $m = ap^s$ mit einem a, das zu p teilerfremd ist. Wir wollen $a = 1$ zeigen. Angenommen, es wäre $a > 1$.

Wir fixieren ein $l \in \{1, \ldots, p^s\}$ und rechnen wie im Beweis von (i). Wieder ist $A_p(ap^s - l) = A_p(l)$, und so folgt

$$
A_p\big(m(m-1)\cdots(m-k+1)\big) = s + A_p(1) + \cdots + A_p(k-1)
$$

[2)]Der Satz wurde 1909 im *Journal of the Indian Mathematical Club (Heft 1)* veröffentlicht. Weitere Arbeiten von Ram scheinen nicht bekannt zu sein.

für $k \in \{1, \ldots, p^s\}$. Das A_p des Nenners von $\binom{m}{k}$ ist wieder $A_p(1) + \cdots + A_p(k)$, und für die spezielle Wahl $k = p^s$ (diese Zahl ist wegen $a > 1$ kleiner als m) folgt

$$\begin{aligned} A_p\left(\binom{m}{k}\right) &= \big(s + A_p(1) + \cdots + A_p(k-1)\big) - \big(A_p(1) + \cdots + A_p(k)\big) \\ &= s - A_p(k) \\ &= 0. \end{aligned}$$

$\binom{m}{k}$ ist also im Widerspruch zur Annahme nicht durch p teilbar, und deswegen muss $a = 1$ gelten.

(iv) Sei p ein beliebiger Primteiler von T. Wegen (iii) hat m die Form p^s, und das ist sicher nur für ein einziges p möglich. Aus (i) und (ii) folgt, dass $T = p$ gelten muss. □

Die Hauptergebnisse

Wir fixieren eine kommutative Gruppe $(G, +)$, und wir wollen die ϕ^+-geeigneten und die ϕ^--geeigneten n charakterisieren. (ϕ^+ und ϕ^- wurden auf Seite 50 eingeführt.)

Für $x \in G$ und $k \in \mathbb{Z}$ kann man $k \cdot x$ definieren: Es soll $0 \cdot x$ das neutrale Element der Gruppe sein, für $k \in \mathbb{N}$ ist $k \cdot x$ die aus k Summanden bestehende Summe $x + \cdots + x$, und im Fall $-k \in \mathbb{N}$ soll $k \cdot x := -\big((-k) \cdot x\big)$ sein. Wir überspringen die etwas schwerfällige Definition durch Induktion und den Nachweis einfacher Rechenregeln (etwa $k \cdot x + k \cdot y = k \cdot (x + y)$, oder $(k + l) \cdot x = k \cdot x + l \cdot x$). Auch lassen wir den Malpunkt „·" ab sofort weg.

Zunächst werden wir ϕ^+ analysieren. $n \in \mathbb{N}$ sei vorgegeben, und $x_1, \ldots, x_n$ seien beliebige Gruppenelemente. Für die Berechnung von $\Psi_n(x_1, \ldots, x_n)$ muss dann wie folgt gerechnet werden:

$$\begin{aligned} & (x_1, \ldots, x_n), \\ \Phi_n(x_1, \ldots, x_n) &= (x_1 + x_2, x_2 + x_3, \ldots, x_{n-1} + x_n), \\ \Phi_{n-1} \circ \Phi_n(x_1, \ldots, x_n) &= (x_1 + 2x_2 + x_3, x_2 + 2x_3 + x_4, \ldots, x_{n-2} + 2x_{n-1} + x_n). \end{aligned}$$

Und so weiter. $\Phi_{n-2} \circ \Phi_{n-1} \circ \Phi_n(x_1, \ldots, x_n)$ steht in der nächsten Zeile, sie beginnt mit

$$(x_1 + 2x_2 + x_3) + (x_2 + 2x_3 + x_4) = x_1 + 3x_2 + 3x_3 + x_4$$

(dabei wurde die Kommutativität der Gruppe ausgenutzt). Die auftretenden Faktoren, also $1, 2, 1$ in der dritten und $1, 3, 3, 1$ in der vierten Zeile erinnern an die Koeffizienten im Pascalschen Dreieck, d.h., an die Binomialkoeffizienten. Und wirklich gilt:

Lemma 5.4: *Ordne die Tupel $(x_1, \ldots, x_n)$, $\Phi_n(x_1, \ldots, x_n)$, $\Phi_{n-1} \circ \Phi_n(x_1, \ldots, x_n)$, ... zeilenweise untereinander an: Die erste Zeile hat n, die zweite $n-1$ Elemente usw., und am Ende – in der n-ten Zeile – steht als einziges Element $\Psi_n(x_1, \ldots, x_n)$. Wir behaupten: Das r-te Element in der k-te Zeile dieses Schemas ist gleich*

$$x_r + \binom{k-1}{1} x_{r+1} + \binom{k-1}{2} x_{r+2} + \cdots + \binom{k-1}{k-2} x_{r+k-2} + x_{r+k-1};$$

dabei ist $k \in \{2, \dots, n\}$ und $r \in \{1, \dots, n-k+1\}$. Insbesondere gilt

$$\Psi_n(x_1, \dots, x_n) = x_1 + \binom{n-1}{1} x_2 + \binom{n-1}{2} x_3 + \cdots + \binom{n-1}{n-2} x_{n-1} + x_n.$$

Beweis: Wir haben schon gesehen, dass die Aussage für $k = 2$ und $k = 3$ stimmt. Für allgemeine k führen wir den Beweis durch Induktion von k nach $k + 1$.

Die Formel sei also für ein festes k schon bewiesen. Nach Definition entsteht das r-te Element von Zeile $k + 1$ als Summe: r-tes Element plus $(r + 1)$-tes Element von Zeile k. Wir müssen also

$$x_r + \binom{k-1}{1} x_{r+1} + \binom{k-1}{2} x_{r+2} + \cdots + \binom{k-1}{k-2} x_{r+k-2} + x_{r+k-1}$$

und

$$x_{r+1} + \binom{k-1}{1} x_{r+2} + \binom{k-1}{2} x_{r+3} + \cdots + \binom{k-1}{k-2} x_{r+k-2} + x_{r+k-1}$$

addieren. Welcher Faktor steht bei einem x_{r+l}? Aus der ersten Summe übernehmen wir $\binom{k-1}{l}$, und aus der zweiten $\binom{k-1}{l-1}$. Nun gilt bekanntlich

$$\binom{k-1}{l} + \binom{k-1}{l-1} = \binom{k}{l},$$

das ist unter Verwendung der Formel $\binom{m}{r} = \frac{m!}{r!(m-r)!}$ leicht einzusehen. Und das heißt, dass wir die Behauptung auch für die $(k + 1)$-te Zeile verifiziert haben. □

Wenn irgendein $x \in G$ vorgegeben ist, so kann man die Menge Δ_x aller $a \in \mathbb{Z}$ mit $ax = 0\}$ betrachten. Es ist leicht zu sehen, dass es sich um ein Ideal im Ring $\mathbb{Z}$ handelt, und deswegen – da $\mathbb{Z}$ ein Hauptidealring ist – gibt es eine Zahl $b_x \in \mathbb{N}_0$, so dass Δ_x aus allen ganzzahligen Vielfachen von b_x besteht. (Ist zum Beispiel G die Restklassengruppe modulo m, so sind als b_x alle Teiler von m möglich.)

Wir können nun die Frage beantworten, wann ein n ϕ^+-geeignet sein wird. Wir betrachten dazu ein beliebiges $x \in G$, ein beliebiges $k \in \{2, \dots, n-1\}$ und definieren $(x_1, \dots, x_n)$ als $(0, 0, \dots, 0, x, 0 \dots, 0)$ (mit x an der k-ten Stelle). Wenn n ϕ^+-geeignet ist, muss doch

$$0 = \phi^+(0, 0) = \Psi_n(x_1, \dots, x_n) = \binom{n-1}{k-1} x$$

sein. Das hat die wichtige Konsequenz, dass alle $\binom{n-1}{1}, \dots, \binom{n-1}{n-2}$ in Δ_x liegen müssen, und mit dieser Beobachtung ist es nicht schwer, das Hauptergebnis dieses Abschnitts zu beweisen:

Satz 5.5: *$(G, +)$ sei eine kommutative Gruppe. Wir setzen voraus, dass G nicht nur aus dem neutralen Element besteht.*

(i) Es sei p eine Primzahl, so dass $px = 0$ für alle $x \in G$ gilt. Dann stimmen die ϕ^+-geeigneten Zahlen n mit den Zahlen $n = p^s + 1$ (mit $s \in \mathbb{N}$) überein.

(ii) Ein $n > 2$ sei ϕ^+-geeignet. Dann gibt es eine Primzahl p und ein s, so dass erstens $n = p^s + 1$ ist und zweitens $px = 0$ für jedes $x \in G$ gilt.

(iii) Wenn es keine Primzahl p gibt, so dass alle $px = 0$ sind, so gibt es keine ϕ^+-geeigneten n. Insbesondere gibt es ϕ^+-geeignete n für die Restklassengruppe $\mathbb{Z}_m$ genau dann, wenn m eine Primzahl p ist.

Beweis: (i) Sei $n = p^s + 1$. Wegen Satz 5.3(i) teilt p alle $\binom{n-1}{1}, \ldots, \binom{n-1}{n-2}$, d.h. $\binom{n-1}{k}x = 0$ für alle x und alle $k = 1, \ldots, 2$. Das impliziert sofort, dass n ϕ^+-geeignet ist:

$$\begin{aligned}\Psi_n(x_1, \ldots, x_n) &= x_1 + \binom{n-1}{1}x_2 + \binom{n-1}{2}x_3 + \cdots + \binom{n-1}{n-2}x_{n-1} + x_n \\ &= x_1 + x_n \\ &= \phi^+(x_1, x_n).\end{aligned}$$

Nun sei umgekehrt ein ϕ^+-geeignetes n vorgegeben. Wir müssen zeigen, dass n von der Form $p^s + 1$ ist. Dazu betrachten wir ein $x \neq 0$. Nach Voraussetzung ist $px = 0$, und Δ_x besteht aus allen Vielfachen einer Zahl b_x. Da p eine Primzahl ist, muss $b_x = p$ gelten. Oder anders ausgedrückt: Aus $ax = 0$ folgt, dass p ein Teiler von a ist.

Nun haben wir bei den Vorbereitungen zu diesem Satz bemerkt, dass im Fall ϕ^+-geeigneter n alle $\binom{n-1}{1}, \ldots, \binom{n-1}{n-2}$ in Δ_x liegen, d.h. alle diese Zahlen werden durch p teilbar sein. Das geht aufgrund von Satz 5.3(iii) nur dann, wenn $n-1$ die Form p^s hat.

(ii) n sei ϕ^+-geeignet, und x sei ein von 0 verschiedenes Element von G. Dann sind alle $\binom{n-1}{1}, \ldots, \binom{n-1}{n-2}$ in $\Delta_x = \mathbb{Z}\beta_x$, wobei erstens (wegen $x \neq 0$) die Zahl b_x nicht 1 ist und zweitens (wegen $\binom{n-1}{1} > 0$) $b_x \neq 0$ gilt. Anders ausgedrückt: b_x teilt den größten gemeinsamen Teiler der $\binom{n-1}{1}, \ldots, \binom{n-1}{n-2}$, und der muss folglich größer als 1 sein. Die Behauptung folgt nun aus Satz 5.3(iv) und Teil (i).

(iii) Das folgt sofort aus Teil (ii). □

Es fehlt noch eine Diskussion von ϕ^-. Für diese Abbildung ist, bei analogem Beweis,

$$\Psi_n(x_1, \ldots, x_n) = (-1)^{n-1}(x_1 + \binom{n-1}{1}x_2 + \binom{n-1}{2}x_3 + \cdots + \binom{n-1}{n-2}x_{n-1} + x_n),$$

und deswegen kann man sehr ähnlich zu den vorstehenden Überlegungen argumentieren. Ein n wird folglich ϕ^--geeignet sein, wenn stets

$$-x_1 - x_n = (-1)^{n-1}(x_1 + \binom{n-1}{1}x_2 + \binom{n-1}{2}x_3 + \cdots + \binom{n-1}{n-2}x_{n-1} + x_n)$$

gilt. Das ist genau dann der Fall wenn alle $\binom{n-1}{1}, \ldots, \binom{n-1}{n-2}$ zu allen Δ_x gehören und zusätzlich im Fall gerader n stets $2x = 0$ ist.

Satz 5.6: *Sei p eine Primzahl, so dass $px = 0$ für alle $x \in G$ gilt. Dann stimmen die ϕ^--geeigneten Zahlen n mit den Zahlen $n = p^s + 1$ (mit $s \in \mathbb{N}$) überein.*

(ii) Ein $n \geq 2$ sei ϕ^--geeignet. Dann gibt es eine Primzahl p und ein s, so dass erstens $n = p^s$ ist und zweitens $px = 0$ für jedes $x \in G$ gilt.

Beweis: (i) Im Fall $p = 2$ ist $\phi^+ = \phi^-$, und die Aussage folgt aus dem vorigen Satz. Und für $p > 2$ sind alle $p^s + 1$ gerade, so dass sich für ϕ^- die gleichen Formeln wir für ϕ^+ ergeben.

(ii) Hierfür wird nur ausgenutzt, dass alle $\binom{n-1}{1}, \ldots, \binom{n-1}{n-2}$ in allen Δ_x liegen, man kann also wie im Fall ϕ^+ argumentieren. □

Es ist leicht, sich Beispiele für Gruppen zu verschaffen, bei denen die Voraussetzung der Sätze 5.5 und 5.6 erfüllt ist. Wenn p eine beliebige Primzahl ist, so kann man als G die Gruppe $\mathbb{Z}_p$ oder auch $(\mathbb{Z}_p)^r$ für ein beliebiges (endliches oder unendliches) r wählen. Auch jede Untergruppe dieser Gruppen ist zugelassen. *Nicht* wählbar sind die $\mathbb{Z}_m$, wenn m keine Primzahl ist.

Allgemeinere ϕ

Für eine vorgelegte kommutative Gruppe $(G, +)$ hatten wir uns bisher auf die Abbildungen ϕ^+ und ϕ^- beschränkt. Eine Verallgemeinerung bietet sich an: Wenn $\alpha, \beta \in \mathbb{Z}$ vorgegeben sind, kann man

$$\phi_{\alpha,\beta} : G \times G \to G, \ \phi_{\alpha,\beta}(x, y) := \alpha x + \beta y$$

betrachten. Wie kann man jetzt die ϕ-geeigneten n beschreiben? $\phi_{1,1}$, ϕ_{-1-1} und $\phi_{1,0}$ kennen wir schon (s.o. das Beispiel auf Seite 50). Für den allgemeinen Fall gibt es ein Analogon zu den jeweils ersten Teilen der Sätze 5.5 und 5.6[3)]:

Satz 5.7: *Es sei p eine Primzahl, so dass $px = 0$ für alle $x \in G$ ist. Dann gilt: Alle Zahlen der Form $n = p^s + 1$ sind $\phi_{\alpha,\beta}$-geeignet.*

Beweis: Der so genannte „kleine“ Satz von Fermat besagt doch, daß $\gamma^p = \gamma$ für alle $\gamma \in \mathbb{Z}_p$ gilt. Daraus folgt sofort, dass die Zahl $c^p - c$ für jedes $c \in \mathbb{Z}$ durch p teilbar sein wird. Insbesondere ist im vorliegenden Fall $(\alpha^p - \alpha)x = 0$ für alle $x \in G$. Es ist also $\alpha^p x = \alpha x$, und durch mehrfache Anwendung dieser Gleichung erhält man $\alpha^{p^s} x = \alpha x$. Entsprechend gilt stets $\beta^{p^s} x = \beta x$. Kombiniert man das mit der Formel (die wie in Lemma 5.4 bewiesen wird)

$$\Phi_n(x_1, \ldots, x_n) = \alpha^{n-1} x_1 + \alpha^{n-2}\beta \binom{n-1}{1} x_2 + \cdots + \alpha\beta^{n-2} \binom{n-1}{n-2} x_{n-1} + \beta^{n-1} x_n,$$

so folgt im Fall $n = p^s + 1$ sofort

$$\Psi_n(x_1, \ldots, x_n) = \phi_{\alpha,\beta}(x_1, x_n);$$

beachte, dass wegen Satz 5.3(i) die in den mittleren Summanden auftretenden Binomialkoeffizienten alle durch p teilbar sind. □

Der Zaubertrick

Zunächst soll der Zusammenhang zum Originaltrick hergestellt werden: Es ist ja nicht offensichtlich, was kommutative Gruppen und die Abbildungen ϕ^+, ϕ^- mit bunten Karten zu tun haben. Die Originalregel lautete doch:

[3)] Das Beispiel $\phi_{1,0}$ zeigt, dass eine einfache Charakterisierung wie in diesen Sätzen nicht zu erwarten ist.

„Unter zwei Karten der gleichen Farbe wird die gleiche Farbe gelegt, und sind die Farben verschieden, so kommt darunter die noch fehlende der drei Farben".

Das ist – überraschender Weise – die Abbildung ϕ^- für die Restklassengruppe $\mathbb{Z}_3$ in Verkleidung[4)]. Wirklich gilt doch in der $\mathbb{Z}_3$:

$$-0-0=0; -1-1=1; -2-2=2; -0-1=-1-0=2;$$

$$-0-2=-2-0=1; -1-2=-2-1=0.$$

Man könnte ϕ^- in Worten also auch so beschreiben: $\phi^-(x,x)=x$ für alle x, und im Fall $x \neq y$ ist $\phi^-(x,y)=z$, wobei z so gewählt ist, dass $\{x,y,z\}=\mathbb{Z}_3$. Anders ausgedrückt: Ordnet man den $x \in \mathbb{Z}_3$ beliebige (verschiedene) Farben zu, so stimmt die Farbregel mit der Definition von ϕ^- überein.

Das hat *zwei wichtige Konsequenzen*. Erstens haben wir nun verstanden, warum Steves Voraussage (unterste Karte ergibt sich durch Anwendung der Regel auf die Randkarten der ersten Reihe) richtig ist: Aus einer Vermutung ist ein bewiesenes Ergebnis geworden, ohne dass man die $3^{10}=59.049$ möglichen Startreihen systematisch überprüfen müsste. Und zweitens wissen wir jetzt, dass der Trick nicht nur mit einer Startreihe von 10 Karten funktioniert. Alle Anzahlen 3^s+1 sind möglich. So ist es etwa keine Überraschung, dass im folgenden Beispiel mit 28 Karten die unterste Karte gelb ist, denn die Randkarten der ersten Reihe sind blau und rot.

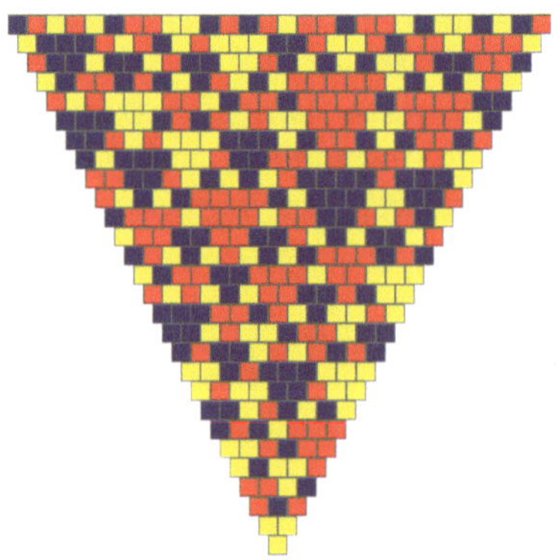

Ein am Computer erzeugtes Beispiel mit 28 Karten.

Wenn man unsere theoretischen Überlegungen in Zaubertricks transformieren möchte, so sind zwei Dinge zu beachten:

- Die Regel, nach der die neuen Karten gelegt werden, muss einfach erklärt werden können. Einem Publikum aus Mathematikern ist die Definition von ϕ^+ und ϕ^- zumutbar, einem Laienpublikum sicherlich nicht.

[4)]Diese Tatsache wurde erstmals von meinem Kollegen Günter Ziegler bemerkt.

- Der Trick muss in vertretbarer Zeit abgeschlossen sein. (Für das vorstehende Beispiel mit 28 Karten ist diese Bedingung nicht erfüllt, denn dazu müsste nach einer Zufallswahl von 28 Karten in der Startreihe $27 + 26 + \cdots + 2 + 1 = 378$ Mal eine neue Karte gelegt werden.)

Es kommen also nur „kleine" p und „nicht zu große" $p^s + 1$ in Frage.

Beispiel 1: Wie sieht es denn mit ϕ^+ in der $\mathbb{Z}_3$ aus? Diesmal geht es um die Gleichungen:

$$0 + 0 = 0; 1 + 1 = 2; 2 + 2 = 1; 0 + 1 = 1 + 0 = 1;$$

$$0 + 2 = 2 + 0 = 2; 1 + 2 = 2 + 1 = 0.$$

Das lässt sich nur recht schwerfällig in eine Vorschrift für Farben übersetzen. Man könnte etwa $0, 1, 2$ durch rot, blau, gelb darstellen, und die Regel wäre dann so:

- Lege unter Pärchen (rot,X) oder (X,rot) die Farbe X; dabei steht X für eine der Farben rot, blau, gelb.
- Es bleibt noch der Fall, dass keine rote Karte dabei ist;
  - Sind beide Karten blau, so lege darunter gelb, und sind beide Karten gelb, lege darunter blau.
  - Haben die Karten verschiedene Farbe, lege darunter rot.

.

Das ist wirklich nicht sehr einprägsam, und sicher werden die meisten Zuschauer Fehler bei der Durchführung machen. Ich empfehle, bei ϕ^- zu bleiben.

Beispiel 2: Die kleinste Primzahl ist die 2, und auf der $\mathbb{Z}_2$ stimmen ϕ^+ und ϕ^- überein. Die Formeln $0 + 0 = 1 + 1 = 0; 0 + 1 = 1 + 0 = 1$ sind leicht in Farben zu übersetzen. Wenn man etwa 0 als rot und 1 als grün interpretiert, so lautet die Übersetzung:

> „Lege unter zwei Karten eine neue Karte so, dass die Gesamtzahl der roten Karten unter den drei Karten ungerade ist."

Hier sieht man zwei Beispiele, eins mit $2^3 + 1 = 9$ und eins mit $2^4 + 1 = 17$ Karten in der Startreihe:

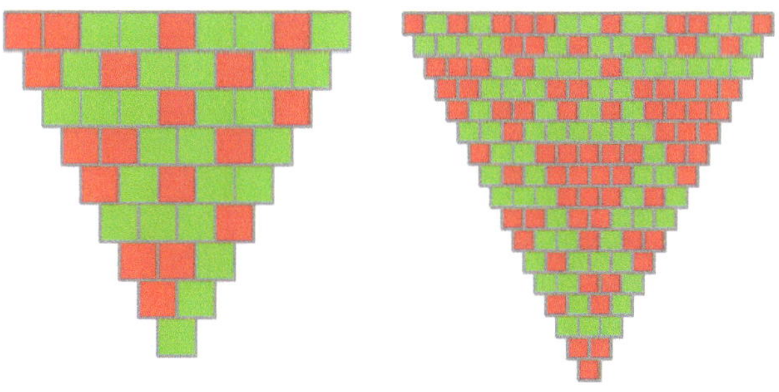

$\phi^+ = \phi^-$ auf der $\mathbb{Z}_2$ mit $n = 2^3 + 1$ und $n = 2^4 + 1$.

Beispiel 3: Für Zuschauer mit einem mathematischen Hintergrund kann man auch ohne Übersetzung mit ϕ^+ und ϕ^- arbeiten:

- Suche $n = p^s + 1$ beliebige Zahlen $x_1, \dots, x_n$ in der Gruppe $\mathbb{Z}_p$, wobei p eine Primzahl ist.
- Schreibe unter ein Zahlenpaar (x, y) die Zahl $x + y \bmod p$ und erzeuge so immer weitere Reihen, bis am Ende eine einzige Zahl übrig bleibt. Die hat der Zauberer unmittelbar nach Auslegen der ersten Reihe als Prognose in einen Umschlag getan. Seine Prognose ist natürlich $x_1 + x_n \bmod p$.

Hier ein Beispiel mit $p = 5$ und $n = 5^1 + 1 = 6$:

$$\begin{array}{ccccccccccc}
4 & & 0 & & 1 & & 4 & & 2 & & 0 \\
& 4 & & 1 & & 0 & & 1 & & 2 & \\
& & 0 & & 1 & & 1 & & 3 & & \\
& & & 1 & & 2 & & 4 & & & \\
& & & & 3 & & 1 & & & & \\
& & & & & 4 & & & & &
\end{array}$$

Varianten

Wer keine farbigen Karten vorbereiten möchte, kann auch mit gewöhnlichen Spielkarten arbeiten. Die Rolle von roten, blauen und gelben Karten werden dann – zum Beispiel – von Kreuz, Pik und Herz übernommen. Wenn man dann mit einer Startreihe von 10 Karten beginnt, könnte es sein, dass man nicht genug Karten zum Auslegen des Dreiecks hat. Das kann man auch in einen Vorteil verwandeln: Unter dem Vorwand, dass die Karten vielleicht nicht reichen werden, sammelt man nach Auslegen der zweiten Reihe die erste Reihe gleich ein, und die zweite Reihe wird weggenommen, wenn die dritte Reihe liegt. So ist noch besser versteckt, dass man die übrig bleibende Karte ganz einfach aus der Startreihe ablesen kann.

Möchte man mit der $\mathbb{Z}_2$ arbeiten, so deklariere man heimlich 0 als „rot" und 1 als „schwarz". Die Regel lautet dann wieder:

> „Lege unter zwei Karten eine neue Karte so, dass die Gesamtzahl der roten Karten unter den drei Karten ungerade ist."

Hier ein Beispiel mit $2^2 + 1 = 5$ Karten:

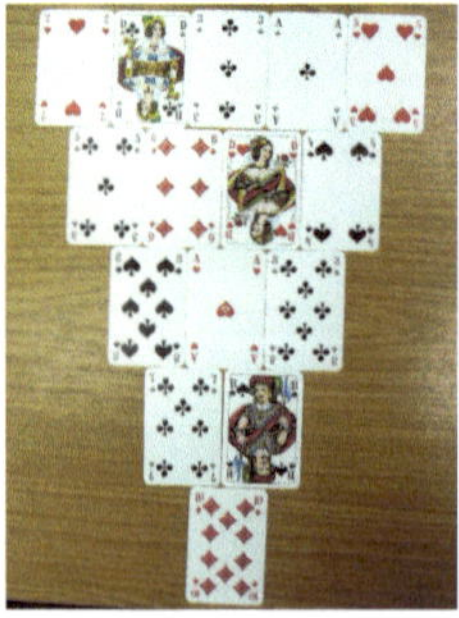

Die Spielkartenvariante für ϕ^+ auf der $\mathbb{Z}_2$.

Schließlich ist noch zu betonen, dass man für die Voraussage der letzten Karte ja nur die Randkarten der ersten Reihe kennen muss. Wenn man also die erste Reihe so auslegen lässt, dass immer abwechselnd von außen nach innen gelegt wird, so kann man die Prognose schon viel früher im Voraussage-Umschlag verschwinden lassen. Auch kann der Zuschauer noch, bevor das Dreieck ausgelegt wird, Karten vertauschen; die Randkarten sind dabei allerdings tabu.

Auch können in der schon gelegten ersten Reihe Zuschauer und Zauberer abwechselnd zwei Karten vertauschen, und der Zauberer kann es – wenn er es so einrichtet, dass er als letzter austauscht – dabei erreichen, dass die Schlusskarte eine bestimmte Farbe hat. Das macht die Prognose noch spektakulärer, denn sie kann schon vor Beginn des Tricks abgegeben werden.

Quellen

Es wurde schon erwähnt, dass die Arbeit „Triangle Mysteries“ von Steve Humble und mir im „Mathematical Intelligencer“(Nummer 35, 2013, 10–15) den Ausgangspunkt dieses Kapitels bildet.

Kapitel 6

Magische Pyramiden Zaubern in drei Dimensionen

Die Ideen aus dem vorigen Kapitel sollen nun verallgemeinert werden[1]. Bei den magischen Dreiecken war der Ausgangspunkt eine Reihe von farbigen Karten, die dann zu einem Dreieck ausgelegt wurden. Diesmal starten wir mit kleinen farbigen Würfeln, die zu einem $n \times n$-Quadrat ausgelegt sind. Darauf kommen nach einer festen Regel weitere kleine Würfel, sie bilden ein $(n-1) \times (n-1)$-Quadrat und stellen die zweite Lage einer Pyramide dar. So geht das immer weiter, bis die Pyramide vollständig aufgebaut ist. Wieder stellt sich die Frage, ob man nicht sofort, also nach Auslegen der ersten Schicht, die Farbe der Spitze voraussagen kann. Es wird sich zeigen, dass das in vielen Fällen möglich ist, und wieder werden Primzahlen und Eigenschaften von Binomialkoeffizienten eine wichtige Rolle spielen. Für Zauberer in höherdimensionalen Welten wird das Thema im nächsten Kapitel dann noch einmal in voller Allgemeinheit aufgegriffen werden.

Der Effekt

Ein Zuschauer legt aus kleinen bunten Würfeln ein Quadrat aus, hier etwa ein 10×10-Quadrat aus roten, grünen und blauen Würfeln[2]:

Die vom Zuschauer gewählte Grundfläche.

---

[1] Es ist daher zu empfehlen, sich vor dem Lesen des vorliegenden Kapitels – mindestens in groben Zügen – mit Kapitel 5 vertraut zu machen.

[2] Für konkret durchzuführende Zaubertricks sollten die Zahlen natürlich kleiner sein, sonst dauert es zu lange.

Dann wird nach einer festen Regel darauf eine zweite Lage gelegt. In dieser Regel wird festgelegt welche Farbe der Würfel haben soll, der – genau in die Mitte – auf vier direkt nebeneinander liegende Würfel der Grundfläche haben soll. So entsteht die zweite Lage einer Pyramide. Hier besteht sie aus 9×9 Würfeln.

Die zweite Lage.

So geht das immer weiter: Auf die 9×9-Ebene kommt eine 8×8-Ebene und so weiter, am Ende ist eine Pyramide entstanden. (Sieht man einmal von dem Vorbereiten der Grundfläche ab, so sind

$$9^2 + 8^2 + 7^2 + 6^2 + 5^2 + 4^2 + 3^2 + 2^2 + 1^2 = 285$$

Würfel auszulegen.)

Die vollständige Pyramide.

Die Überraschung: Die Farbe des Würfels an der Spitze ist in einem Vorhersageumschlag zu finden; der wurde direkt nach dem Auslegen der Grundschicht vorbereitet. Hat der Zauberer die 285 Zwischenschritte in Windeseile im Kopf durchgeführt?

Die Mathematik im Hintergrund

So wie die aus bunten Kärtchen gelegten Dreiecke im vorigen Kapitel sind die bunten Pyramiden hier nur die Verkleidung einer Konstruktionsvorschrift, die man abstrakt so beschreiben kann. Gegeben sind:

- Erstens eine nicht leere Menge Δ und eine Zahl n. Im Beispiel war Δ die Menge $\{$*rot, grün, blau*$\}$ und $n = 10$.
- Eine Abbildung $\phi : \Delta^4 \to \Delta$: Wie entsteht aus vier Elementen ein neues?

Definiere dann für jedes $k \geq 2$ eine Abbildung $\Phi_k : \Delta^{k^2} \to \Delta^{(k-1)^2}$ durch die folgende Vorschrift:

- Einem $(x_{i,j})_{i,j=1,\ldots,k}$ aus Δ^{k^2} werde $(y_{i,j}) \in \Delta^{(k-1)^2}$ zugeordnet, wobei

$$y_{i,j} := \phi(x_{i,j}, x_{i+1,j}, x_{i,j+1}, x_{i+1,j+1}); \; i, j = 1, \ldots, k-1.$$

Φ_k macht also aus der $k \times k$-Schicht der aufzubauenden Pyramide die $(k-1) \times (k-1)$-Schicht, und deswegen ist es naheliegend, $\Psi_n : \Delta^{n^2} \to \Delta$ durch

$$\Psi_n := \Phi_2 \circ \cdots \circ \Phi_{n-1} \circ \Phi_n$$

zu definieren. Ist dann $(x_{i,j}) \in \Delta^{n^2}$ die „Grundschicht" der Pyramide, so ist $\Psi_n\big((x_{i,j})\big)$ das Δ-Element an der „Spitze".

Für den beabsichtigten Effekt (schnelle Voraussage des Endergebnisses) wäre eine Situation günstig, bei der man das Spitzenelement einfach dadurch ermitteln könnte, dass man die ϕ-Regel auf die Elemente in den Ecken der „Grundfläche" anwendet. Formal:

Definition 6.1: *Wir nennen ein $n > 2$ eine* ϕ-geeignete Zahl, *wenn stets*

$$\Psi_n\big((x_{i,j})\big) = \phi(x_{1,1}, x_{n,1}, x_{1,n}, x_{n,n})$$

gilt.

Ziel wird wieder die Untersuchung von Situationen sein, in denen man ϕ-geeignete Zahlen finden und vielleicht sogar charakterisieren kann.

Hier sind einige *Beispiele* für ϕ-Abbildungen:

1. Δ ist beliebig, und $\phi(a, b, c, d) := a$. Es wird also bei der jeweils nächsten Lage „die Farbe links oben" gelegt. Offensichtlich sind alle $n > 2$ ϕ-geeignet.

2. Δ ist eine Gruppe $(G, \circ)$, und $\phi(a, b, c, d) = a \circ b \circ c \circ d$. (Aufgrund des Assoziativgesetzes muss nicht spezifiziert werden, wie in diesem Produkt die Klammern zu setzen sind.) Ergebnisse zu ϕ-geeigneten Zahlen scheint es für diese allgemeine Situation nicht zu geben.

3. Sehr viel erfreulicher sieht es aus, wenn $\Delta = (G, +)$ eine *kommutative* Gruppe ist. Wir werden insbesondere die Abbildungen

$$\phi^+(a, b, c, d) = a + b + c + d, \;\; \phi^-(a, b, c, d) = -a - b - c - d$$

untersuchen[3)].

Die Abbildungen ϕ^+ und ϕ^- haben auch den Vorteil, dass die Definition unabhängig von der Reihenfolge der vier Elemente a, b, c, d ist. Dann ist es beim Aufbau der Pyramide völlig egal, auf welcher Seite der Zuschauer steht.

[3)] Allgemeiner kann man, für beliebige $\alpha, \beta, \gamma, \delta \in \mathbb{Z}$ die Abbildung

$$\phi_{\alpha,\beta,\gamma,\delta}(a, b, c, d) := \alpha a + \beta b + \gamma c + \delta d$$

betrachten (zur Definition von kx in Gruppen vgl. Seite 52). Wir werden uns auf die Spezialfälle ϕ^+ und ϕ^- beschränken.

Nun können wir auch genauer beschreiben, welches ϕ bei dem am Anfang behandelten Beispiel verwendet wurde. Die Elemente von $\Delta = \{$*rot, grün, blau*$\}$ wurden mit der Restklassengruppe $\mathbb{Z}_3$ identifiziert (d.h. rot bzw. grün bzw. blau entsprechen den Zahlen 0 bzw. 1 bzw. 2), und dann wurde mit ϕ^+ gearbeitet. Zum Beispiel finden sich in der Grundschicht rechts oben vier Würfel mit den Farben grün, rot, rot, grün. Oben drauf kommt folglich ein Würfel mit der Farbe $1+0+0+1=2$, also ein blauer.

Wir vereinbaren übrigens, dass bei farblichen Illustrationen von Pyramidenschichten $x_{1,1}$ hinten links, $x_{1,n}$ vorne links usw. sein soll. Und bilden wir eine Pyramidenschicht in der Draufsicht ab, so ist – wie bei Matrizen – $x_{1,1}$ oben links, $x_{n,1}$ unten links usw.

Wir werden bald zeigen, dass $n = 10$ eine ϕ^+-geeignete Zahl ist, und deswegen musste der Zauberer für seine Prognose „rot" für die Spitzenfarbe der vorstehend abgebildeten Pyramide nur im Kopf blau+grün+rot+rot$= 2+1+0+0 = 0$ ausrechnen.

Zur Illustration rechnen wir noch ein Beispiel durch, in dem statt Farben Zahlen verwendet werden. Es soll $n = 5$ sein, wir arbeiten mit $\Delta = \mathbb{Z}_5$ und wieder mit der Vorschrift ϕ^+:

4	0	1	2	2
0	2	3	1	2
4	4	0	1	1
0	0	2	3	0
1	2	3	3	3

1	1	2	2
0	4	0	0
3	1	1	0
3	2	1	4

1	2	4
3	1	1
4	0	1

2	3
3	3

1

Zum Beispiel muss in der zweiten Lage oben rechts deswegen eine 2 stehen, weil $2+1+2+2 = 2$ in $\mathbb{Z}_5$. Wir bemerken: Es ist *nicht* richtig, dass die Zahl an der Spitze der Pyramide (die 1) die Summe der vier Eckzahlen der Grundschicht ist. Da kommt $4+2+1+3 = 0$ heraus, und das heißt, dass in diesem Fall $n = 5$ *nicht* ϕ^+-geeignet ist. (In Satz 6.4 werden wir beweisen, dass für diese Gruppe alle Zahlen der Form $5^s + 1$ ϕ^+-geeignet sind.)

Eine Formel für Ψ_n

Wir fixieren eine kommutative Gruppe $\Delta = (G, +)$ und konzentrieren uns vorläufig auf die Abbildung ϕ^+. Wie in Kapitel 5 wird auch hier eine explizite Formel für die $\Psi_n\big((x_{i,j})\big)$ eine Schlüsselrolle spielen. Ein Vorgehen wie im Beweis von Lemma 5.4 würde jedoch diesmal zu recht unübersichtlichen Ausdrücken führen, und deswegen gehen wir etwas anders vor.

Als erste Lage der Pyramide soll doch irgendein n^2-Tupel $(x_{i,j})_{i,j=1,\dots,n} \in \Delta^{n^2}$ vorgegeben sein. Wir diskutieren zunächst den Fall, dass es ein „sehr einfaches" n^2-Tupel ist: Es gibt Indizes k, l und ein $x \in G$, so dass $x_{k,l} = x$ ist und alle anderen $x_{i,j}$ gleich 0 sind, dem neutralen Element der Gruppe. Dieses Tupel soll $E_{k,l;x,n}$ heißen, und das Ergebnis unter Ψ_n – also die Spitze der zugehörigen Pyramide – werden wir mit $\sigma_{k,l;x,n}$ bezeichnen.

Sicher wird es einfacher sein, $\sigma_{k,l;x,n}$ als ein allgemeines $\Psi_n\big((x_{i,j})\big)$ auszurechnen, die Kenntnis der $\sigma_{k,l;x,n}$ wird aber schon ausreichen. Das liegt an der Formel

$$(a+b+c+d) + (a'+b'+c'+d') = (a+a') + (b+b') + (c+c') + (d+d'),$$

die in allen kommutativen Gruppen gilt. Sie hat zur Folge, dass alle Abbildungen $\Phi_m : \Delta^m \to \Delta^{m-1}$ Gruppenhomomorphismen sind, wenn man die Potenzen von Δ mit der Produkt-Gruppenstruktur versieht. Dann ist auch Ψ_n als Verknüpfung von Gruppenhomomorphismen ein Gruppenhomomorphismus, und wir können so schließen:

$$\begin{aligned}\Psi_n\big((x_{i,j})_{i,j=1,\ldots,n}\big) &= \Psi_n\big(\sum_{i,j} E_{i,j;x_{i,j},n}\big)\\ &= \sum_{i,j} \Psi_n(E_{i,j;x_{i,j},n})\\ &= \sum \sigma_{i,j;x_{i,j},n}.\end{aligned}$$

Und hier sind die Formeln für $\sigma_{k,l;x,n}$:

Lemma 6.2: *Es gilt*

$$\sigma_{k,l;x,n} = \binom{n-1}{k-1}\binom{n-1}{l-1}x$$

für alle $x \in \Delta$ *und* $k, l = 1, \ldots, n$.

Beweis: Wir beweisen durch Induktion nach n, zunächst diskutieren wir den Fall $n = 2$. Da gibt es doch nur 4 Einträge in $E_{k,l;x,2}$, einer ist gleich x und die anderen sind 0. In diesem Fall stimmt Ψ_2 mit ϕ^+ überein, $\Psi_2(E_{k,l;x,2})$ ist folglich die Summe über die 4 Einträge, also gleich x. Und x kann man für beliebige $k, l \in \{1, 2\}$ auch als $\binom{2-1}{k-1}\binom{2-1}{l-1}x$ schreiben.

Wir nehmen nun an, dass die Behauptung für ein $n-1$ schon gezeigt ist (mit $n \geq 3$), und wir wollen daraus auf die Gültigkeit für n schließen. „Von der ersten Lage zur Spitze“ ist doch die Hintereinanderausführung von „Von der ersten zur zweiten Lage“ sowie „Von der zweiten Lage zur Spitze“. Den ersten Teil werden wir uns gleich genauer ansehen, der zweite ist laut Induktionsannahme bekannt.

Was wird unter Φ_n aus $E_{k,l;x,n}$, was genau passiert im ersten Schritt? Das hängt von der Position von k, l im $n \times n$-Quadrat ab:

- *Fall 1:* Liegt (k, l) in einer Ecke (gilt also $k, l \in \{1, n\}$), so ist in $\Phi_n(E_{k,l;x,n})$ ein einziger Eintrag gleich x und die anderen sind gleich 0. In Formeln:

$$\Phi_n(E_{1,1;x,n}) = E_{1,1;x,n-1},\ \Phi_n(E_{n,1;x,n}) = E_{n-1,1;x,n-1},$$
$$\Phi_n(E_{1,n;x,n}) = E_{1,n-1;x,n-1},\ \Phi_n(E_{n,n;x,n}) = E_{n-1,n-1;x,n-1}.$$

- *Fall 2:* Liegt (k, l) auf einer Kante, aber nicht in einer Ecke (ist also $k \in \{1, n\}$ und $l \in \{2, \ldots, n-1\}$ oder umgekehrt), so sind in $\Phi_n(E_{k,l;x,n})$ zwei Einträge gleich x und die anderen sind gleich 0. Zum Beispiel sind im Fall $(k, l) = (1, l)$ mit $l \in \{2, \ldots, n-1\}$ die x-Einträge bei $(1, l-1)$ und $(1, l)$. In Formeln:

$$\Phi_n(E_{1,l;x,n}) = E_{1,l-1;x,n-1} + E_{1,l;x,n-1}.$$

- *Fall 3:* Liegt k, l im Innern (es gilt also $k, l \in \{2, \ldots, n-1\}$), so sind in $\Phi_n(E_{k,l;x,n})$ vier Einträge gleich x und die anderen sind gleich 0. Die x-Einträge sind bei $(k-1, l-1), (k-1, l), (k, l-1), (k, l)$. In Formeln:

$$\Phi_n(E_{1,l;x,n}) = E_{k-1,l-1;x,n-1} + E_{k-1,l;x,n-1} + E_{k,l-1;x,n-1} + E_{k,l;x,n-1}.$$

Diskussion von Fall 1: (k,l) liegt in einer Ecke, es sei etwa $k=1$ und $l=n$. Wir schließen so:

$$\begin{aligned}
\Psi_n(E_{1,n;x,n}) &= \Phi_2 \circ \cdots \circ \Phi_{n-1}\big(\Phi_n(E_{1,n;x,n})\big) \\
&= \Phi_2 \circ \cdots \circ \Phi_{n-1}(E_{1,n-1,x,n-1}) \\
&= \sigma_{1,1;x,n-1} \\
&= \binom{n-2}{1-1}\binom{n-2}{n-2}x \\
&= \binom{n-1}{1-1}\binom{n-1}{n-1}x,
\end{aligned}$$

denn $\binom{n-1}{0}=\binom{n-1}{0}=1$ und $\binom{n-2}{n-2}=\binom{n-1}{n-1}=1$. Die Formel stimmt also auch in diesem Fall. Ganz analog verifiziert man die Aussage für $(1,1),(n,1)$ und (n,n).

Diskussion von Fall 2: Wir beschränken uns auf den Nachweis der Aussage, wenn (k,l) auf der oberen Kante liegt, also auf den Fall $k=1$ und $l\in\{2,\ldots,n-1\}$; für die anderen drei Kanten kann man analog argumentieren. Unter Ausnutzung der Induktionsannahme und der Gruppenhomomorphismus-Eigenschaft von $\Phi_2\circ\cdots\circ\Phi_{n-1}$ argumentieren wir so:

$$\begin{aligned}
\Psi_n(E_{1,l;x,n}) &= \Phi_2 \circ \cdots \circ \Phi_{n-1}\big(\Phi_n(E_{1,l;x,n})\big) \\
&= \Phi_2 \circ \cdots \circ \Phi_{n-1}(E_{1,l-1,x,n-1}+E_{1,l,x,n-1}) \\
&= \sigma_{1,l-1;x,n-1}+\sigma_{1,l;x,n-1} \\
&= \binom{n-2}{1-1}\binom{n-2}{l-2}x+\binom{n-2}{1-1}\binom{n-2}{l-1}x \\
&= \binom{n-1}{1-1}\left(\binom{n-2}{l-2}+\binom{n-2}{l-1}\right)x \\
&= \binom{n-1}{1-1}\binom{n-1}{l-1}x.
\end{aligned}$$

Hier haben wir auch, wie schon auf Seite 53, die Formel $\binom{k-1}{r}+\binom{k-1}{r-1}=\binom{k}{r}$ verwendet.

Diskussion von Fall 3: Es gelte $k,l\in\{2,\ldots,n-1\}$. Dann folgt

$$\begin{aligned}
\Psi_n(E_{k,l;x,n}) &= \Phi_2 \circ \cdots \circ \Phi_{n-1}\big(\Phi_n(E_{k,l;x,n})\big) \\
&= \Phi_2 \circ \cdots \circ \Phi_{n-1}(E_{k-1,l-1;x,n-1}+E_{k-1,l;x,n-1}+E_{k,l-1;x,n-1}+E_{k,l;x,n-1}) \\
&= \sigma_{k-1,l-1;x,n-1}+\sigma_{k-1,l;x,n-1}+\sigma_{k,l-1;x,n-1}+\sigma_{k,l;x,n-1} \\
&= \binom{n-2}{k-2}\binom{n-2}{l-2}x+\binom{n-2}{k-2}\binom{n-2}{l-1}x+\binom{n-2}{k-1}\binom{n-2}{l-2}x+\binom{n-2}{k-1}x \\
&= \left(\binom{n-2}{k-2}+\binom{n-2}{k-1}\right)\left(\binom{n-2}{l-2}+\binom{n-2}{l-1}\right)x \\
&= \binom{n-1}{k-1}\binom{n-1}{l-1}x,
\end{aligned}$$

die Formel gilt also auch für n. □

Wenn wir nun ausnutzen, dass Ψ_n ein Homomorphismus ist, erhalten wir

Satz 6.3: *$(G,+)$ sei eine kommutative Gruppe. Für $\phi = \phi^+$ gilt dann*

$$\Psi_n\big((x_{i,j})_{i,j=1,\ldots,n}\big) = \sum_{i,j=1}^{n} \binom{n-1}{i-1}\binom{n-1}{j-1} x_{i,j}.$$

Und für $\phi = \phi^-$ ergibt sich

$$\Psi_n\big((x_{i,j})_{i,j=1,\ldots,n}\big) = (-1)^{n-1} \sum_{i,j=1}^{n} \binom{n-1}{i-1}\binom{n-1}{j-1} x_{i,j}.$$

Beweis: Der zweite Teil folgt aus der Gleichung $\phi^- = -\phi^+$, denn in kommutativen Gruppen gilt $-a-b-c-d = -(a+b+c+d)$. □

Die Hauptergebnisse

Die Charakterisierung ϕ^+-geeigneter Zahlen entspricht derjenigen für magische Dreiecke (vgl. Satz 5.5):

Satz 6.4: *$(G,+)$ sei eine kommutative Gruppe und $\phi = \phi^+$. Wir setzen voraus, dass G nicht nur aus dem neutralen Element besteht.*

(i) Es sei p eine Primzahl, so dass $px = 0$ für alle $x \in G$ gilt. Dann stimmen die ϕ^+-geeigneten Zahlen n mit den Zahlen $n = p^s + 1$ (mit $s \in \mathbb{N}$) überein.

(ii) Ein $n > 2$ sei ϕ^+-geeignet. Dann gibt es eine Primzahl p und ein s, so dass erstens $n = p^s + 1$ ist und zweitens $px = 0$ für jedes $x \in G$ gilt.

(iii) Wenn es keine Primzahl p gibt, so dass alle $px = 0$ sind, so gibt es keine ϕ^+-geeigneten n. Insbesondere gibt es ϕ^+-geeignete n für die Restklassengruppe $\mathbb{Z}_m$ genau dann, wenn m eine Primzahl p ist.

Beweis: (i) Sei zunächst $n = p^s + 1$. Dann sind, wie in Satz 5.3 gezeigt, alle $\binom{n-1}{k}$ für $k = 1, \ldots, n-1$ durch p teilbar.

Sei nun $(x_{i,j}) \in \Delta^{n^2}$ und $x_{k,l}$ ein Element dieser Grundfläche, das *nicht* in einer der Ecken liegt, es gilt also $k \in \{2, \ldots, n-1\}$ oder $l \in \{2, \ldots, n-1\}$. Folglich ist $\binom{n-1}{k-1}\binom{n-1}{l-1}$ bestimmt durch p teilbar, und deswegen gilt $\binom{n-1}{k-1}\binom{n-1}{l-1}x = 0$ für alle x. Aus Satz 6.3 schließen wir

$$\begin{aligned}
\Psi_n\big((x_{i,j})_{i,j=1,\ldots,n}\big) &= \sum_{i,j=1}^{n} \binom{n-1}{i-1}\binom{n-1}{j-1} x_{i,j} \\
&= \sum_{i,j\in\{1,n\}} \binom{n-1}{i-1}\binom{n-1}{j-1} x_{i,j} \\
&= x_{1,1} + x_{1,n} + x_{n,1} + x_{n,n} \\
&= \phi^+(x_{1,1}, x_{1,n}, x_{n,1}, x_{n,n}).
\end{aligned}$$

Das bedeutet, dass n ϕ^+-geeignet ist.

Nun sei $n \geq 3$ ϕ^+-geeignet. Wir wählen ein $x \neq 0$ in G, so etwas gibt es nach Voraussetzung. Im Beweis von Satz 5.5(i) haben wir schon bemerkt, dass für jedes $a \in \mathbb{Z}$ aus $ax = 0$ folgt, dass p ein Teiler von a ist. Angenommen, n ist nicht von der Form $p^s + 1$. Wegen Lemma 5.3(iii) können wir dann ein $k \in \{2, \ldots, n-1\}$ so wählen, dass $\binom{n-1}{k-1}$ nicht durch p teilbar ist. Das bedeutet, dass $\binom{n-1}{k-1}x \neq 0$ gilt. Dann kann aber n nicht ϕ^+-geeignet sein, denn

$$\begin{aligned} 0 &\neq \binom{n-1}{k-1}x \\ &= \binom{n-1}{k-1}\binom{n-1}{1-1}x \\ &= \sigma_{k,1;x,n} \\ &= \Psi_n(E_{k,1;x,n}). \end{aligned}$$

Aber alle Eckelemente von $E_{k,1;x,n}$ sind Null, ihr ϕ^+-Wert ist also auch Null. Dieser Widerspruch beweist die Behauptung.

Zum Beweis von (ii) und (iii) könnte man wie in Satz 5.5 argumentieren. Etwas eleganter ist es, diese Aussagen direkt auf Satz 5.5 zurückzuführen. Wenn nämlich ein n für die vorliegende Pyramidensituation ϕ^+-geeignet ist, so ist es auch für die entsprechende Dreieckssituation ϕ^+-geeignet. (Man muss hier beachten, dass ϕ^+ jeweils eine andere Bedeutung hat: bei Pyramiden ist es die Abbildung $(a,b,c,d) \mapsto a+b+c+d$, und bei Dreiecken $(a,b) \mapsto a+b$.) Dazu muss man nur eine vorgegebene Dreiecks-Grundreihe durch Auffüllen von Nullen zur Basis einer quadratischen Pyramide ergänzen. „Geeignet" für Pyramiden impliziert damit „geeignet" für Dreiecke. □

Abschließend soll noch bemerkt werden, dass – unter den Voraussetzungen an G wie im vorigen Satz – für ϕ^- die gleichen n geeignet sind wie für ϕ^+. Man muss nur Satz 6.3 und Satz 6.4 mit zwei Beobachtungen kombinieren:

- Für $p = 2$ ist $\phi^+ = \phi^-$.

- Ist $p > 2$ eine Primzahl, so ist $n = p^s + 1$ für jedes s gerade, d.h. es gilt $(-1)^{n-1} = -1$. Folglich ist stets

$$\begin{aligned} \Psi_n\big((x_{i,j})\big) &= -\sum_{i,j \in \{1,n\}} x_{i,j} \\ &= \phi^-(x_{1,1}, x_{n,1}, x_{1,n}, x_{n,n}). \end{aligned}$$

Zur Illustration unserer Ergebnisse erinnern wir noch einmal an die zu Beginn konstruierte farbige Pyramide. Es ist $10 = 3^2 + 1$, und deswegen ist 10 ϕ^+-geeignet, wenn wir mit $G = \mathbb{Z}_3$ arbeiten.

Hier ist ein weiteres Beispiel: Wir betrachten $n = 6$, $G = \mathbb{Z}_5$ und ϕ^-. Wenn wir als Grundfläche der Pyramide zum Beispiel

3	4	0	1	2	2
0	0	2	3	1	2
1	4	4	0	1	1
3	0	0	2	3	0
0	1	2	3	3	3
4	1	1	3	3	4

vorgeben, so sollte – da $6 = 5 + 1$ in diesem Fall ϕ^--geeignet ist – das Element an der Spitze gleich $\phi^-(3, 4, 2, 4) = -3 - 4 - 2 - 4 = 2$ sein. Wirklich sehen die weiteren 5 Lagen der Pyramide so aus:

3	4	4	3	3
0	0	1	0	0
2	2	4	4	0
1	2	3	4	1
4	0	1	3	2

3	1	2	4
1	3	1	1
3	4	0	1
3	4	4	0

2	3	2
4	2	2
1	3	0

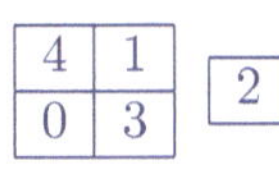

4	1
0	3

2

Der Zaubertrick

Viel Geduld und die Bereitschaft zu intellektueller Anstrengung darf man von den Zuschauern einer Zaubervorstellung in der Regel nicht erwarten, und deswegen lassen sich unsere theoretischen Ergebnisse nur in sehr einfachen Fällen in Zaubertricks übersetzen. Es gibt zwei Schwierigkeiten: Erstens sind die Regeln für das Erzeugen der Pyramidenlagen, also eine für Laien verständliche Übersetzung von ϕ^+ und ϕ^- als Abbildungen auf $(\mathbb{Z}_p)^4$, für größere p sehr schwerfällig, und zweitens soll so ein Trick ja auch nicht allzulange dauern.

Deswegen konzentrieren wir uns hier auf die kleinste Primzahl, die 2, und die Zahl n wird auch recht klein sein. Wir übersetzen die Elemente 0 und 1 in die Farben rot und grün, und dann ist die Regel für ϕ^+ ($=\phi^-$) ganz einfach:

> Auf vier Würfel, die rot oder grün gefärbt sind, wird ein weiterer grüner oder roter Würfel so gelegt, dass unter den nun insgesamt fünf Würfeln die Anzahl der grünen Würfel gerade ist.

Auf rot, grün, grün, grün etwa kommt grün usw. Man kann sich leicht davon überzeugen, dass diese Regel wirklich die Addition von vier Elementen in der Gruppe $\mathbb{Z}_2$ wiedergibt. (Es liegt im Wesentlichen an „grün + grün = rot".)

Hier ist ein Beispiel für den Fall $n = 5 = 2^2 + 1$. Gezeigt sind die erste Lage, die ersten beiden Lagen und die vollständige Pyramide:

Ein Beispiel mit $n = 5$ und ϕ^+ in der $\mathbb{Z}_2$.

Nach Auslegen der Grundschicht ist klar, dass an der Spitze ein roter Würfel erscheinen wird, denn die Summe der Eckenfarben ist grün + rot + rot + grün= rot. Die Grundschicht wird von einem Zuschauer gelegt, und sofort danach kann der Zauberer seine Voraussage abgeben.

Das geht natürlich auch mit $n = 9 = 2^3 + 1$:

Ein Beispiel mit $n = 2^3 + 1$ und ϕ^+ in der $\mathbb{Z}_2$.

Oben liegt – natürlich – ein grüner Würfel, da die Ecken der Grundschicht grün, rot, rot und rot sind.

Varianten

Falls farbige Würfel schwer zu beschaffen sind, kann man auch mit Kugeln arbeiten. Kugeln gibt es sehr preiswert aus Styropor in Bastelgeschäften, farbig werden sie durch farbige Aufkleber. (Man muss die erste Lage der Pyramide allerdings durch einen geeigneten Rahmen am Auseinanderrollen hindern.)

Es folgen zwei Beispiele dazu. Im ersten Beispiel arbeiten wir mit den Farben rot, grün und blau, die den Elementen $0, 1, 2$ der $\mathbb{Z}_3$ entsprechen[4)], wir verwenden die Regel ϕ^-.

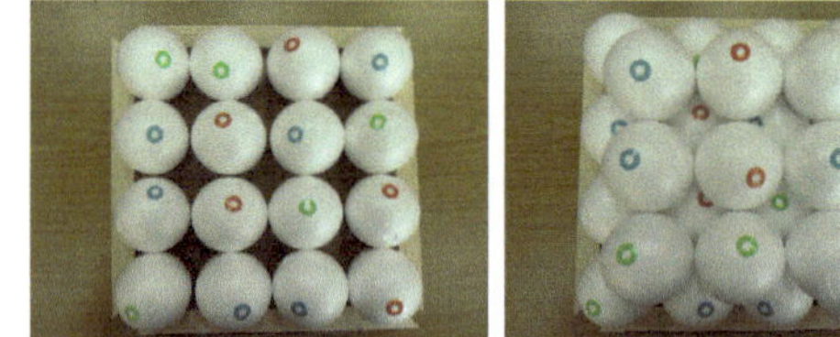

Ein Beispiel mit $n = 4 = 3^1 + 1$ und ϕ^- in der $\mathbb{Z}_3$.

Da $4 = 3^1 + 1$ ϕ^--geeignet ist, muss die Spitzenkugel blau sein (denn das Negative von grün+blau+grün+rot, das additiv Inverse der Eckenfarbensumme, ist blau.)

Schließlich ist hier noch ein Beispiel für den allereinfachsten Fall $n = 3 = 2^1 + 1$ auf der $\mathbb{Z}_2$ mit den vorher vereinbarten Identifizierungen 0=rot und 1=grün:

4)So ist etwa rot + rot + blau + grün = rot.

Ein Beispiel mit $n = 3 = 2^1 + 1$ und ϕ^+ in der $\mathbb{Z}_2$.

Quellen

Grundlage für dieses Kapitel ist mein Artikel „Pyramid Mysteries“, der im „Mathematical Intelligencer 16“ (2014) veröffentlicht wurde.

Kapitel 7

Zaubern in beliebig hohen Dimensionen: Hyperpyramiden

In den vorigen beiden Kapiteln haben wir uns mit magischen Dreiecken und magischen Pyramiden auseinandergesetzt. Jetzt wollen wir uns von den uns sinnlich zugänglichen Dimensionen lösen und zeigen, dass man die relevanten Ergebnisse auf beliebig hochdimensionale Räume übertragen kann: „Magic in Hyperspace".

Der Einwand ist sicher berechtigt, dass derartige Erkenntnisse für auf der Erde lebende Zauberer nicht wirklich relevant sind. Man sollte das Kapitel eher als Beispiel dafür sehen, dass es für Mathematiker in vielen Fällen möglich ist, die durch unsere eingeschränkte Sinneswahrnehmung gegebenen Grenzen zu überschreiten.

Es wird sich herausstellen, dass Ergebnisse und Methoden sehr ähnlich zu denen der vorigen beiden Kapitel sind. (Mit deren Inhalt sollte man sich vor dem Lesen des vorliegenden Kapitels vertraut gemacht haben.)

Der Effekt

Ein Zuschauer im $(d+1)$-dimensionalen Raum setzt aus n^d farbigen Hyperwürfeln der Kantenlänge 1 ein „Hyperquadrat" mit den Dimensionen $n, \ldots, n, 1$ zusammen: die erste Lage einer Hyperpyramide. Der Zauberer schreibt sofort eine Prognose, die in einen geschlossenen Umschlag kommt. Nach einer festen Regel entstehen dann weitere, immer kleinere Lagen, die ebenfalls aus farbigen kleinen Würfeln gebildet sind. Die „Spitze" der Pyramide besteht aus einem einzigen Würfel.

Die Überraschung: Die Farbe dieses Würfels wurde vom Zauberer richtig vorhergesagt, und das, obwohl zu seiner Bestimmung $(n-1)^d + (n-2)^d + \cdots + 2^d + 1$ mehr oder weniger komplizierte Rechnungen durchzuführen waren.

Es ist sicher hilfreich sich klarzumachen, dass die Untersuchungen in Kapitel 5 bzw. Kapitel 6 den Fällen $d = 1$ bzw. $d = 2$ entsprechen.

Die Mathematik im Hintergrund

Zunächst wird es darum gehen, eine angemessene Verallgemeinerung der bisher betrachteten Situationen zu finden. Wir erinnern dazu noch einmal an die Konstruktionen aus den vorigen Kapiteln.

Magische Dreiecke: Da hatten wir zum Beispiel $x_1, \ldots, x_{10}$ aus $\Delta = \{$rot, grün, blau$\}$ ausgewählt und damit eine Reihe von kleinen entsprechend gefärbten Quadraten ausgewählt:

Eine Reihe von Quadraten.

Dann werden neue, immer kürzere Reihen gelegt, die packen wir oben drauf[1)]. Die Regel: Auf zwei kleine Quadrate mit den Farben f_1, f_2 kommt die Farbe f_3, und zwar so, dass $f_3 = f_1 = f_2$ im Fall $f_1 = f_2$, und für $f_1 \neq f_2$ ist f_3 die noch fehlende Farbe. So kommt zum Beispiel blau auf (blau,blau) und rot auf (blau,grün). Nach und nach entsteht ein Dreieck:

Die zweite Reihe und das ganze Dreieck.

Magische Pyramiden: Da ging es um kleine farbige Würfel (zum Beispiel rote und grüne), die zunächst zur quadratischen „Grundfläche" einer Pyramide ausgelegt wurden (links im nachstehenden Bild). Auf je 4 dieser Würfel sollte dann einer so gelegt werden, dass die Gesamtzahl der grünen Würfel unter den dann erzeugten 5 Würfeln gerade ist. So entstehen immer weitere Lagen einer Pyramide mit quadratischer Grundfläche:

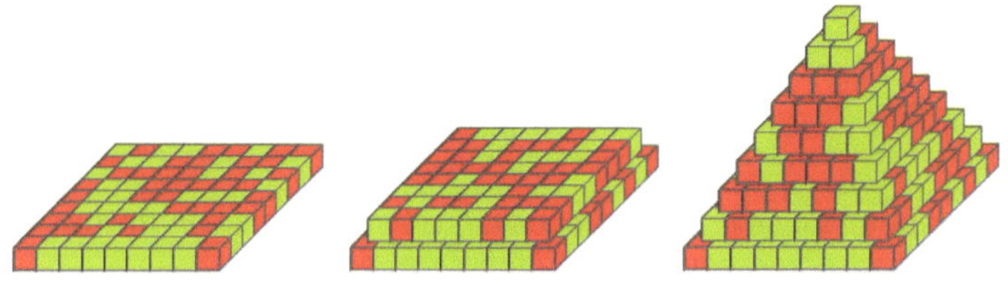

Eine Pyramide aus roten und grünen Würfeln.

[1)]In Kapitel 4 wuchs das Dreieck *nach unten*, so wie es in der Originalversion von Steve Humble war. Im Interesse der Einheitlichkeit lassen wir es jetzt aber nach oben wachsen.

Gegenstand der Untersuchungen war dann das Problem, auf „einfache" Weise die Farbe des Quadrats in der Spitze des Dreiecks bzw. des Würfels an der Spitze der Pyramide vorherzusagen.

Wie kann man das für beliebige Dimensionen verallgemeinern? Wir einigen uns zunächst auf eine Zahl $d \in \mathbb{N}$: Wir werden im $(d+1)$-dimensionalen Raum arbeiten. Dann brauchen wir noch:

- Wie bisher eine nichtleere Menge Δ; in den Beispielen war $\Delta = \{\text{rot, grün, blau}\}$ bzw. $\Delta = \{\text{rot, grün}\}$.

- Eine Zahl n, durch sie wird die Größe der ersten Lage festgelegt.

- Die erste Lage einer „Hyperpyramide". Im Fall $d = 1$ war das ein n-Tupel $(x_1, \ldots, x_n)$ mit $x_i \in \Delta$, und im Fall $d = 2$ ein quadratisches Raster $(x_{i,j})_{i,j=1,\ldots,n}$ $(x_{i,j} \in \Delta)$. Es liegt daher nahe, als „erste Lage " eine „d-dimensionale Hypermatrix" $(x_{i_1,i_2,\ldots,i_d})_{i_1,\ldots,i_d=1,\ldots,n}$ zu definieren, wobei alle $x_{i_1,i_2,\ldots,i_d}$ Elemente von Δ sein sollen.

Für $d = 1$ sind Hypermatrizen n-Tupel, und für $d = 2$ erhält man $n \times n$-Matrizen. Bei größeren d wird es allerdings mit der konkreten Vorstellung schwierig. Im Fall $d = 3$ könnte man noch an einen $n \times n \times n$-Würfel denken, der aus n^3 kleinen Würfeln besteht, die mit den $x_{i,j,k}$ beschriftet oder entsprechend gefärbt sind. Ab $d = 4$ wird es aber richtig schwierig.

Schon im Fall $d = 3$ gibt es das Problem, dass wir in einen Würfel nicht hineinsehen können. Man kann diese Schwierigkeit dadurch beheben, dass man einen $n \times n \times n$-Würfel durch n Schichten von $n \times n \times 1$-„Scheiben" darstellt. Hier ist ein Beispiel für $n = 4$:

Vier Schichten eines $4 \times 4 \times 4$-Würfels.

Wir legen noch fest, dass bei solchen Würfelbildern das Element $x_{1,1,1}$ (bzw. $x_{1,1,n}$ bzw. $x_{1,n,1}$ bzw. $x_{n,n,1}$ usw.) links oben hinten (bzw. links oben vorn, bzw. rechts oben hinten, bzw. rechts oben vorn, usw.) sein soll. Im vorstehenden Bild etwa ist $x_{2,3,1}$ in der zweiten Schicht von oben, das dritte Element von hinten und ganz links, also grün; und $x_{4,4,4}$ ist die vordere untere rechte Ecke, also blau.

Als nächstes ist festzulegen, wie neue Objekte entstehen sollen. Im Fall $d = 1$ wurden aus n-Tupeln zunächst $(n-1)$-Tupel, dann $(n-2)$-Tupel usw., und bei den Pyramiden wurden nach und nach immer kleinere quadratische Schichten konstruiert. Dabei spielten ϕ-Abbildungen eine wichtige Rolle: Am Anfang wurden ein $\phi : \Delta^2 \to \Delta$ (im Fall $d = 1$) bzw. ein $\phi : \Delta^4 \to \Delta$ (im Fall $d = 2$) vorgegeben.

Es ist Zeit für einige Definitionen, die als naheliegende Verallgemeinerungen der Definitionen aus den Untersuchungen für Dreiecke und Pyramiden aufgefasst werden können:

Definition 7.1: *(i) Mit* $\Delta_m^{[d]}$ *bezeichnen wir die Gesamtheit der* $(x_{i_1,i_2,\ldots,i_d})_{i_1,\ldots,i_d=1,\ldots,m}$, *wobei alle* $x_{i_1,i_2,\ldots,i_d}$ *in* Δ *liegen.*

(ii) Eine Abbildung $\phi : \Delta_2^{[d]} \to \Delta$ *sei vorgegeben. (*$\Delta_2^{[d]}$ *kann mit* Δ^{2^d} *identifiziert werden.)* ϕ *induziert für* $m = n, n-1, \ldots, 2$ *Abbildungen*

$$\Phi_m : \Delta_m^{[d]} \to \Delta_{m-1}^{[d]}$$

durch folgende Vorschrift: Es ist

$$\Phi_m\big((x_{i_1,i_2,\ldots,i_d})_{i_1,\ldots,i_d=1,\ldots,m}\big) = (y_{i_1,i_2,\ldots,i_d})_{i_1,\ldots,i_d=1,\ldots,m-1},$$

wobei $y_{i_1,i_2,\ldots,i_d} := \phi\big((x_{i_1+j_1,i_2+j_2,\ldots,i_d+j_d})_{j_1,\ldots,j_d=0,1}\big)$.

(iii) $\Psi_n : \Delta_n^{[d]} \to \Delta$ *ist durch* $\Psi_n := \Phi_2 \circ \cdots \Phi_{n-1} \circ \Phi_n$ *erklärt.*

(iv) Wir nennen ein $n > 2$ *eine* ϕ-geeignete Zahl, *wenn stets*

$$\Phi_m\big((x_{i_1,i_2,\ldots,i_d})_{i_1,\ldots,i_d=1,\ldots,m}\big) = \phi\big((x_{j_1,j_2,\ldots,j_d})_{j_1,\ldots,j_d=1,n}\big).$$

Wer eine Vorstellung von Objekten im $\mathbb{R}^{d+1}$ hat, kann sich die $\Phi_m \circ \cdots \Phi_{n-1} \circ \Phi_n\big((x_{i_1,i_2,\ldots,i_d})\big)$ als die „sich überlagernden und immer kleiner werdenden d-dimensionalen Schichten" einer Hyperpyramide im $\mathbb{R}^{d+1}$ veranschaulichen. Das ist für die meisten von uns allerdings schon im Fall $d = 3$ fast unmöglich. Zum Beispiel ist unklar, in welcher Richtung man sich das „Übereinander" der dreidimensionalen Würfel vorstellen soll.

$\Psi_n\big((x_{i_1,i_2,\ldots,i_d})\big)$ entspricht der „Farbe" der Spitze der Hyperpyramide, und „ϕ-geeignet" bedeutet wieder, dass man sich $(n-1)^d + (n-2)^d + \cdots + 2^d + 1^d$ Rechnungen sparen kann und nur ein einziges Mal ϕ auf die 2^d „Ecken der Basisschicht" anwenden muss, um diese Farbe vorherzusagen.

Wie in den vorigen Kapiteln beschränken wir uns auf den Fall, dass Δ eine kommutative Gruppe $(G, +)$ ist, und als ϕ-Abbildungen werden nur die Beispiele

$$\phi^+\big((x_{i_1,i_2,\ldots,i_d})_{i_1,\ldots,i_d=1,2}\big) := \sum_{i_1,\ldots,i_d=1,2} x_{i_1,i_2,\ldots,i_d}$$

und

$$\phi^-\big((x_{i_1,i_2,\ldots,i_d})_{i_1,\ldots,i_d=1,2}\big) := -\sum_{i_1,\ldots,i_d=1,2} x_{i_1,i_2,\ldots,i_d}$$

betrachtet.

Die Methoden und Ergebnisse entsprechen denen für $d = 1$ und $d = 2$. Wir werden wieder die folgenden Tatsachen benötigen:

- Für $x \in G$ und $k \in \mathbb{Z}$ ist ax definiert (siehe Seite 52).

- Ist p eine Primzahl und gilt $px = 0$, so folgt aus $ax = 0$, dass a durch p teilbar ist.
- Der Zusammenhang von Primzahlen und Binomialkoeffizienten (Satz 5.3).
- Stets gilt $\binom{k-1}{r} + \binom{k-1}{r-1} = \binom{k}{r}$ (Seite 53).

Eine Formel für Ψ_n

Ab hier soll Δ eine kommutative Gruppe $(G,+)$ sein, und bis auf Weiteres ist ϕ die Abbildung ϕ^+. Es wird wieder eine entscheidende Rolle spielen, dass wir in der Lage sind, die Bildelemente von Ψ_n explizit zu beschreiben. Dabei können wir uns auf „einfache" Elemente des Urbildbereichs konzentrieren: Versieht man nämlich $\Delta_m^{[d]}$ mit der Produkt-Gruppenstruktur, definiert also

$$(x_{i_1,i_2,\dots,i_d}) + (x'_{i_1,i_2,\dots,i_d}) := (x_{i_1,i_2,\dots,i_d} + x'_{i_1,i_2,\dots,i_d}),$$

so sind alle Φ_m und folglich auch Ψ_n Gruppen-Homomorphismen.

Ähnlich wie in Kapitel 6 definieren wir:

Definition 7.2 *Sei $\Delta = (G,+)$ eine kommutative Gruppe, $x \in G$, $n \in \mathbb{N}$ und m eine Zahl zwischen 1 und n.*

(i) Für $k_1,\dots,k_d \in \{1,\dots,m\}$ soll $E_{k_1,\dots,k_d;x,m}$ dasjenige $(x_{i_1,i_2,\dots,i_d})_{i_1,\dots,i_d=1,\dots,m}$ bezeichnen, das an der Position $(k_1,\dots,k_d)$ gleich x und an allen anderen Stellen gleich 0 (dem neutralen Element der Gruppe) ist.

(ii) $\sigma_{k_1,\dots,k_d;x,n} := \Psi_n(E_{k_1,\dots,k_d;x,n})$.

Damit ist $\sigma_{k_1,\dots,k_d;x,n}$ das Element an der Spitze der Hyperpyramide, wenn man in der Grundschicht viele Nullen und ein einziges x eingesetzt hat. Aufgrund der Additivität von Ψ_n ist

$$\begin{aligned}
\Psi_n\big((x_{i_1,i_2,\dots,i_d})_{i_1,\dots,i_d=1,\dots,n}\big) &= \Psi_n\Big(\sum_{i_1,\dots,i_d=1,\dots,n} E_{i_1,\dots,i_d;x_{i_1,i_2,\dots,i_d},n}\Big)\\
&= \sum_{i_1,\dots,i_d=1,\dots,n} \Psi_n(E_{i_1,\dots,i_d;x_{i_1,i_2,\dots,i_d},n})\\
&= \sum_{i_1,\dots,i_d=1,\dots,n} \sigma_{i_1,\dots,i_d;x_{i_1,i_2,\dots,i_d},n}.
\end{aligned}$$

Der Schlüssel zur Charakterisierung ϕ^+-geeigneter Zahlen ist das folgende

Lemma 7.3: *Für beliebige $k_1,\dots,k_d$ und alle $x \in G$ gilt*

$$\sigma_{k_1,\dots,k_d;x,n} = \binom{n-1}{k_1-1}\binom{n-1}{k_2-1}\cdots\binom{n-1}{k_d-1}x.$$

Beweis: Wir bemerken zunächst, dass dieses Lemma die entsprechenden Ergebnisse aus Kapitel 5 und Kapitel 6 verallgemeinert (Lemma 5.4 und Lemma 6.2.) Wir werden es durch Induktion nach d und n beweisen. Dabei können wir davon ausgehen, dass im Fall $d=2$ das Ergebnis schon für alle n gezeigt ist.

Unsere Induktionsannahme: Der Satz ist schon für irgendein $d-1$ mit $d-1\ge 2$ bewiesen, und wir wollen ihn – unter Ausnutzung dieser Tatsache – für d zeigen.

Dafür wollen wir Induktion nach n anwenden. Der Fall $n=2$ macht keine Schwierigkeiten: $E_{k_1,\ldots,k_d;x,2}$ enthält viele Nullen und ein einziges x, die Summe darüber ist gleich x, und diese Summe stimmt mit

$$\phi^+(E_{k_1,\ldots,k_d;x,2}) = \Psi_2(E_{k_1,\ldots,k_d;x,2}) = \sigma_{k_1,\ldots,k_d;x,2}$$

überein. Und aus $\binom{1}{1}=\binom{1}{0}=1$ folgt

$$\sigma_{k_1,\ldots,k_d;x,2} = x = \binom{2-1}{k_1-1}\binom{2-1}{k_2-1}\cdots\binom{2-1}{k_d-1}x$$

für alle $k_1,\ldots,k_d\in\{1,2\}$.

Nun sei $n\ge 2$ beliebig, und wir nehmen an, dass der Satz für dieses n schon bewiesen ist. Unser Ziel: Er stimmt dann auch für $n+1$.

Wir wissen also:

- Der Satz ist richtig für beliebige n im Fall $d-1$.
- Er stimmt auch für d und die Werte $2,\ldots,n$.

Zeige: Man darf auch d und $n+1$ einsetzen.

Es seien $k_1,\ldots,k_d\in\{1,\ldots,n+1\}$ vorgegeben. Wir werden zum Beweis der fraglichen Formel zwei Fälle unterscheiden, nämlich:

Fall 1: Keines der $k_1,\ldots,k_d$ liegt am Rand, es gilt also $k_1,\ldots,k_d\in\{2,\ldots,n\}$.
Wie sieht dann $\Phi_{n+1}(E_{k_1,\ldots,k_d;x,n+1})$ aus? Es ist ein Element aus $\Delta_n^{[d]}$, für die Berechnung jeder Komponente wurde ϕ^+ auf 2^d Komponenten von $E_{k_1,\ldots,k_d;x,n+1})$ angewendet: an der Stelle $i_1,\ldots,i_d$ wurden die Einträge bei $i_1+j_1,\ldots,i_d+j_d$ summiert, wobei die $j_1,\ldots,j_d$ alle Werte in $\{0,1\}$ annehmen. Sehr oft werden nur Nullen addiert, nur an den Stellen $k_1-t_1,\ldots,k_d-t_d$ ist ein x dabei, wenn $t_1,\ldots,t_d\in\{0,1\}$. Und das bedeutet:

$$\Phi_{n+1}(E_{k_1,\ldots,k_d;x,n+1}) = \sum_{t_1,\ldots,t_d=0,1} E_{k_1-t_1,\ldots,k_d-t_d;x,n}.$$

Jetzt kombinieren wir die folgenden Tatsachen:

- Jedes $E_{k_1-t_1,\ldots,k_d-t_d;x,n}$ liegt in $\Delta_n^{[d]}$.
- $\Psi_{n+1}=\big(\Phi_2\circ\cdots\circ\Phi_n\big)\circ\Phi_{n+1}$.
- Für die $\Phi_2\circ\cdots\circ\Phi_n(E_{k_1-t_1,\ldots,k_d-t_d;x,n})$ ist laut Induktionsannahme schon eine Formel bekannt.

So folgt

$$\begin{aligned}
\sigma_{k_1,\ldots,k_d;x,n+1} &= \Psi_{n+1}(E_{k_1,\ldots,k_d;x,n+1}) \\
&= \Phi_2 \circ \cdots \circ \Phi_{n+1}(E_{k_1,\ldots,k_d;x,n+1}) \\
&= \Phi_2 \circ \cdots \circ \Phi_n\big(\Phi_{n+1}(E_{k_1,\ldots,k_d;x,n+1})\big) \\
&= \Phi_2 \circ \cdots \circ \Phi_n\Big(\sum_{t_1,\ldots,t_d=0,1} E_{k_1-t_1,\ldots,k_d-t_d;x,n}\Big) \\
&= \sum_{t_1,\ldots,t_d=0,1} \Phi_2 \circ \cdots \circ \Phi_n(E_{k_1-t_1,\ldots,k_d-t_d;x,n}) \\
&= \sum_{t_1,\ldots,t_d=0,1} \sigma_{k_1-t_1,\ldots,k_d-t_d;x,n} \\
&= \sum_{t_1,\ldots,t_d=0,1} \binom{n-1}{k_1-t_1-1}\binom{n-1}{k_2-t_2-1}\cdots\binom{n-1}{k_d-t_d-1}x
\end{aligned}$$

In der letzten Summe treten Produkte von jeweils d Binomialkoeffizienten auf. Der j-te Faktor ist dabei $\binom{n-1}{k_j-1}$ oder $\binom{n-1}{k_j-2}$, und alle Möglichkeiten für solche Produkte sind zu berücksichtigen. Die gleiche Summe erhält man folglich, wenn man

$$\left(\binom{n-1}{k_1-1}+\binom{n-1}{k_1-2}\right)\cdots\left(\binom{n-1}{k_d-1}+\binom{n-1}{k_d-2}\right)x$$

ausrechnet. Es ist aber

$$\binom{n-1}{k_j-1}+\binom{n-1}{k_2-2}=\binom{n}{k_j-1}=\binom{(n+1)-1}{k_j-1}$$

und damit haben wir gezeigt:

$$\sigma_{k_1,\ldots,k_d;x,n+1}=\binom{(n+1)-1}{k_1-1}\cdots\binom{(n+1)-1}{k_d-1}x.$$

Die Formel gilt also auch für $n+1$.

Fall 2: Mindestens eines der $k_1,\ldots,k_d$ liegt in $\{1,n+1\}$.
Die Idee: Diese Situation kann als Problem für $d-1$ Dimensionen aufgefasst werden und folgt deswegen aus der Induktionsannahme.

Fundamental ist die Beobachtung, dass Einträge auf einer „Kante“ nur die Werte auf der „Kante“ mit dem entsprechenden Index beeinflussen. Zur Illustration ein folgt Beispiel für den Fall $G=\mathbb{Z}_7$, $d=2$, $\phi=\phi^+$ und $n=5$. Nachstehend sieht man die Grundschicht und die nächsten Lagen der Pyramide:

3	0	0	0	0
4	0	0	0	0
6	0	0	0	0
0	0	0	0	0
2	0	0	0	0

0	0	0	0
3	0	0	0
6	0	0	0
2	0	0	0

3	0	0
2	0	0
1	0	0

5	0
3	0

1

In der Grundschicht sind alle $x_{i,j}$ mit $j > 1$ gleich 0, und diese Eigenschaft bleibt in den folgenden Schichten erhalten[2)]. Man hätte also das gleiche Ergebnis auch erhalten, wenn man mit $d = 1$ gearbeitet hätte und von $\boxed{3 \mid 4 \mid 6 \mid 0 \mid 2}$ ausgegangen wäre.

Wir skizzieren nun, wie man diese Idee im allgemeinen Fall präzisieren kann. Wir wollen dabei – ohne Beschränkung der Allgemeinheit – $k_d = 1$ annehmen, damit die Formeln nicht zu unübersichtlich werden. Zur Unterscheidung bekommen die Φ-Abbildungen noch einen weiteren Index: Geht Φ_m von $\Delta_m^{[d]}$ nach $\Delta_{m-1}^{[d]}$, so soll es für die nächsten Zeilen $\Phi_m^{[d]}$ heißen. Mit $F_m : \Delta_m^{[d]} \to \Delta_m^{[d-1]}$ bezeichnen wir die Abbildung, die den letzten Index auf 1 setzt, also

$$F_m : (x_{i_1,i_2,\ldots,i_d})_{i_1,\ldots,i_d=1,\ldots,m} \mapsto (x_{i_1,i_2,\ldots,i_{d-1},1})_{i_1,\ldots,i_{d-1}=1,\ldots,m}.$$

Unsere Beobachtung aus dem konkreten Beispiel kann dann so verallgemeinert werden: Hat $(x_{i_1,i_2,\ldots,i_d})$ die Eigenschaft, dass $x_{i_1,i_2,\ldots,i_d} = 0$ für alle $i_d > 1$ gilt, so ist

$$F_{m-1} \circ \Phi_m^{[d]} = \Phi_m^{[d-1]} \circ F_m.$$

Insbesondere lässt sich das – wegen $k_d = 1$ – für alle Schichten anwenden, wenn man von $E_{k_1,\ldots,k_d;x,n}$ ausgeht, und damit kann die Berechnung von

$$\Phi_2^{[d]} \circ \cdots \circ \Phi_n^{[d]}(E_{k_1,\ldots,k_d;x,n})$$

auf die Auswertung von

$$\Phi_2^{[d-1]} \circ \cdots \circ \Phi_n^{[d-1]}(E_{k_1,\ldots,k_{d-1};x,n})$$

zurückgeführt werden:

$$\begin{aligned}
\sigma_{k_1,\ldots,k_d;x,n} &= \Phi_2^{[d]} \circ \cdots \circ \Phi_n^{[d]}(E_{k_1,\ldots,k_d}; x, n) \\
&= F_1 \circ \Phi_2^{[d]} \circ \cdots \circ \Phi_n^{[d]}(E_{k_1,\ldots,k_d;x,n}) \\
&= \Phi_2^{[d-1]} \circ F_2 \circ \Phi_3^{[d]} \circ \cdots \circ \Phi_n^{[d]}(E_{k_1,\ldots,k_d;x,n}) \\
&= \ldots \\
&= \Phi_2^{[d-1]} \circ \cdots \circ \Phi_n^{[d-1]} \circ F_n(E_{k_1,\ldots,k_d;x,n}) \\
&= \Phi_2^{[d-1]} \circ \cdots \circ \Phi_n^{[d-1]}(E_{k_1,\ldots,k_{d-1};x,n}) \\
&= \binom{(n+1)-1}{k_1-1}\binom{(n+1)-1}{k_2-1} \cdots \binom{(n+1)-1}{k_{d-1}-1} x.
\end{aligned}$$

Das letzte Gleichheitszeichen gilt nach Induktionsannahme (für $d-1$ soll ja alles schon gezeigt sein). Es wurde ausgenutzt, dass F_1 die Identität auf Δ ist und dass die Gleichung $F_n(E_{k_1,\ldots,k_d;x,n}) = E_{k_1,\ldots,k_{d-1};x,n}$ gilt (sie folgt aus $k_d = 1$).

Wenn man noch den Faktor $1 = \binom{(n+1)-1}{k_d-1}$ dazuschreibt, ist das die gewünschte Formel für $n + 1$. □

---

2) Zur Erinnerung: Die Nummerierung ist wie bei Matrizen, links oben steht also das Element $x_{1,1}$, direkt darunter $x_{2,1}$ usw.

Die Hauptergebnisse

Wie bisher fixieren wir eine Zahl $d \in \mathbb{N}$ und eine kommutative Gruppe $(G, +)$, die nicht nur aus dem neutralen Element besteht.

Satz 7.4: *Die ϕ^+-geeigneten Zahlen sind so charakterisiert:*

(i) Es sei p eine Primzahl, so dass $px = 0$ für alle $x \in G$ gilt. Dann stimmen die ϕ^+-geeigneten Zahlen n mit den Zahlen $n = p^s + 1$ (mit $s \in \mathbb{N}$) überein.

(ii) Ein $n > 2$ sei ϕ^+-geeignet. Dann gibt es eine Primzahl p und ein s, so dass erstens $n = p^s + 1$ ist und zweitens $px = 0$ für jedes $x \in G$ gilt.

(iii) Wenn es keine Primzahl p gibt, so dass alle $px = 0$ sind, so gibt es keine ϕ^+-geeigneten n. Insbesondere gibt es ϕ^+-geeignete n für die Restklassengruppe $\mathbb{Z}_m$ genau dann, wenn m eine Primzahl p ist.

Beweis: (i) Wir kennen schon die Formel

$$\Psi_n\big((x_{i_1,\ldots,i_d})\big) = \sum_{i_1,\ldots,i_d=1,\ldots,n} \binom{n-1}{i_1-1}\binom{n-1}{i_2-1}\cdots\binom{n-1}{i_d-1} x_{i_1,\ldots,i_d}.$$

Sei n von der Form $p^s + 1$. Für Indizes $i_1, \ldots, i_d$, bei denen mindestens einer in $\{2, \ldots, n-1\}$ liegt, enthält das Produkt der Binomialkoeffizienten den Faktor p (Satz 5.3), der zugehörige Summand ist also gleich Null. Es bleiben also nur diejenigen Summanden übrig, bei denen alle i_j in $\{1, n\}$ liegen (das sind gerade die „Ecken“ der ersten Schicht). Kurz: n ist ϕ^+-geeignet.

Die Umkehrung ist einfach. Es sei n ϕ^+-geeignet. Konzentriert man sich auf solche $x_{i_1,\ldots,i_d}$, bei denen alle Einträge gleich Null sind, falls $i_2 > 1$, oder $i_3 > 1$ oder ..., so heißt das, dass n auch ϕ^+-geeignet ist, wenn man zu $d = 1$ übergeht. Aus Satz 5.5 folgt dann, dass $n = p^s + 1$ für ein geeignetes s ist.

Ganz analog lassen sich die Aussagen (ii) und (iii) auf den Fall $d = 1$ zurückführen. □

Wir bemerken abschließend, dass – unter den Voraussetzungen des vorigen Satzes – die gleichen Charakterisierungen für ϕ^- gelten. Das folgt aus

$$\Psi_n\big((x_{i_1,\ldots,i_d})\big) = (-1)^{n-1} \sum_{i_1,\ldots,i_d=1,\ldots,n} \binom{n-1}{i_1-1}\binom{n-1}{i_2-1}\cdots\binom{n-1}{i_d-1} x_{i_1,\ldots,i_d},$$

und man muss nur noch beachten, dass für $p = 2$ die Abbildungen ϕ^+ und ϕ^- übereinstimmen und dass für ungerade Primzahlen der Faktor $(-1)^{n-1}$ im Fall $n = p^s + 1$ gleich -1 ist: ϕ^+-geeignete Zahlen sind deswegen auch ϕ^--geeignet.

Der Zaubertrick

Liebe Zauberer in der $(d+1)$-dimensionalen Welt! Wenn Sie sich bis hierher durchgearbeitet haben, sollten Sie zu vielen Ideen für mögliche Zaubertricks angeregt worden sein. Hier wird eine konkrete Möglichkeit vorgestellt, die auch nicht zu lange dauert.

Der Zaubertrick im $\mathbb{R}^4$: $n = 4$ und ϕ^+ auf der $\mathbb{Z}_3$.

Heimlich geht es um die $\mathbb{Z}_3$, die Abbildung ϕ^+ im Fall $d = 3$ und $n = 4$. Dieses n ist ϕ^+-geeignet, denn $4 = 3^1 + 1$. Wir übersetzen die Elemente $0, 1, 2$ der Gruppe $\mathbb{Z}_3$ in die Farben rot, grün, blau.

Jetzt müssen Sie ganz viele kleine 4-dimensionale Würfel in diesen Farben vorhalten (Kantenlänge 1). Ein Besucher Ihrer Zaubervorstellung sucht sich 4^3 dieser Würfel aus und legt sie ganz beliebig zu einer „Scheibe" mit den Kantenlängen $4 \times 4 \times 4 \times 1$ zusammen. Wir aus dem $\mathbb{R}^3$ können uns das nur als Würfel vorstellen, die vierte Dimension der Grundschicht der Länge 1 wird einfach unterdrückt. Es könnte so etwas entstehen wie im vorstehenden Bild links oben. (Damit wir auch hineinsehen können, sind die einzelnen Lagen des Würfels einzeln gezeichnet.)

Nun müssen Sie ein bisschen rechnen. Die Ecken haben die Farben rot, blau, grün, blau (oben) und rot, blau, blau, blau (unten). Die Summe ist $0+2+1+2+0+2+2+2$, also 2 (= blau) in der $\mathbb{Z}_3$. *Das* ist Ihre Prognose, die Sie in einen Umschlag tun.

Jetzt müssen die Zuschauer arbeiten. Aus der Scheibe mit den Kantenlängen $4 \times 4 \times 4 \times 1$ wird eine aus 3^3 kleinen Würfeln bestehende Scheibe mit den Kantenlängen $3 \times 3 \times 3 \times 1$. Für uns ist das ein $3 \times 3 \times 3$-Würfel (die zweite Zeile im Bild). Die Regel: Die Farbe an der Stelle i, j, k ist die Summe der acht Farben $i+s, j+t, k+u$, wobei s, t, u alle Werte in $\{0, 1\}$ annehmen. Welche Farbe entsteht zum Beispiel oben links vorn? Dazu müssen wir die 8 Farben oben links vorn addieren, es kommt $1+0+2+2+2+0+1+0 = 2$ heraus. Oben links vorn ist also in der neuen Schicht ein blauer Würfel zu platzieren.

Dabei ist es Ihrem didaktischen Geschick überlassen, wie Sie Ihren Zuschauern das Addieren erklären.

Es sollte klar sein, wie es weitergeht: Wir sehen noch die nächste Lage der Hyperpyramide (Kantenlängen $2 \times 2 \times 2 \times 1$, für uns ein $2 \times 2 \times 2$-Würfel) und am Ende einen einzelnen blauen Würfel. (Denn blau+blau+blau+grün+blau+blau+rot+rot=blau.)

Und genau diese Farbe steht auf Ihrem Vorhersagezettel! Das Publikum wird überrascht sein: Wie konnten Sie diese $3^3 + 2^3 + 1^3 = 36$ Additionen von jeweils acht Farben so unglaublich schnell im Kopf durchführen?

Wenn Ihnen etwas Ambitionierteres vorschwebt, können Sie auch mit $n = 6$ und wieder mit der Abbildung ϕ^+ in der $\mathbb{Z}_5$ arbeiten. Im nachstehenden Bild ist eine Anfangskonfiguration zu sehen, dabei sind die Zahlen $0, 1, 2, 3, 4$ in die Farben rot, grün, blau, gelb und grau übersetzt worden.

Der Zaubertrick im $\mathbb{R}^4$: $n = 6$ und ϕ^+ auf der $\mathbb{Z}_5$.

Ihre Zuschauer haben es nun etwas schwerer als vorher, sie müssen $5^3 + 4^3 + 3^3 + 2^3 + 1^3 = 225$ Rechnungen durchführen, bei der jeweils 8 Zahlen in der $\mathbb{Z}_5$ zu addieren sind. Welche Farbe wird zum Beispiel rechts vorn unten in der nächsten Lage, dem $5 \times 5 \times 5$-Würfel stehen? Man rechnet blau+grau+grün+gelb+grau+grün+rot+grau$=2 + 4 + 1 + 3 + 4 + 1 + 0 + 4 = 4$: Da kommt also ein grauer Würfel hin. Sie als Zauberer müssen nur einmal rechnen, Sie addieren nur die Eckenfarben des Ausgangswürfels: grün+blau+grau+gelb+rot+rot+rot+grün$=1 + 2 + 4 + 3 + 0 + 0 + 0 + 1 = 1$. Sie können sicher sein, dass an der Spitze der Hyperpyramide garantiert ein grüner Würfel stehen wird.

Varianten

Für ein Laienpublikum empfiehlt es sich, bei der $\mathbb{Z}_2$ zu bleiben und die Zahlen $0, 1$ (zum Beispiel) durch die Farben rot und grün zu verschlüsseln. Ein Summe aus beliebig vielen roten und grünen Würfeln kann dann leicht auch von mathematischen Laien gefunden werden: Sie ist rot, wenn die Anzahl der grünen Würfel gerade ist und grün sonst. Hier ein Beispiel, bei dem der letzte Würfel rot ist (was der Zauberer sofort aus der Anfangssituation ablesen kann, denn da ist die Anzahl der grünen Würfel in den Ecken gerade):

Der Zaubertrick im $\mathbb{R}^4$: $n = 3$ und ϕ^+ auf der $\mathbb{Z}_2$.

Eine weitere Variante wird in meinem Artikel „Magic in Hyperspace" beschrieben (siehe das Literaturverzeichnis). Da werden die $x_{i_1+j_1}, \ldots, x_{i_d+j_d}$ (wobei $j_1, \ldots, j_d \in \{0, 1\}$) nicht nur einfach addiert, sondern jeweils vorher mit einer Zahl $\alpha_{j_1,\ldots,j_d}$ multipliziert. Auch da sind Vorhersagen möglich, die Theorie ist aber etwas komplizierter als im hier behandelten Fall.

Quellen

Grundlage dieses Kapitels ist meine (unveröffentlichte) Arbeit „Magic in Hyperspace“.

Kapitel 8

Vom Melkmischen zur Zahlentheorie

In diesem Kapitel werden durch einen Zaubertrick mit einem elementaren mathematischen Hintergrund Fragen aus der Kombinatorik motiviert, die einen überraschenden zahlentheoretischen Hintergrund haben.

Der Effekt

Ein Kartenstapel wird von einem Zuschauer sorgfältig gemischt. Dann werden für den Zauberer und den Zuschauer einige Karten auf den Tisch geblättert, für jeden etwa 10 bis 20 Karten: n für den Zauberer und m für den Zuschauer. Dabei können die Anzahlen n und m vom Zuschauer frei gewählt werden. Der Zauberer fängt an, er macht vor, was zu tun ist: Einige Karten – es sind k Karten (mit einem unbekannten k) – abheben und den Rest ($n - k$ Karten) zur Seite legen. Den Stapel mit den k Karten mischen und die unterste Karte merken.

Das macht der Zuschauer auch, bei ihm werden l Karten abgehoben und $m - l$ beiseitegelegt. (Auch l ist unbekannt). Er mischt seine l Karten und merkt sich die unterste.

Die Karten werden zu einem Stapel zusammengelegt, und der Zauberer findet die Zuschauerkarte, obwohl er k und l nicht kennt.

Die Mathematik im Hintergrund

Der Trick ist schnell erklärt, man muss nur sorgfältig zusammenlegen: Ganz nach unten kommen die am Anfang beiseitegelegten Karten des Zauberers, darauf die gemischten Karten des Zuschauers, darauf die beiseitegelegten Karten des Zuschauers, und ganz oben liegen die gemischten Karten des Zauberers.

Nun werden die Karten von oben nach unten einzeln aufgedeckt. Irgendwann sieht der Zauberer seine Karte (ohne dass er sich das anmerken lässt). Er zählt m Karten weiter: Das ist die vom Zuschauer gewählte Karte. Die Begründung:

- Ganz oben liegen die k gemischten Karten des Zauberers, die von ihm gewählte Karte ist die letzte dieser k Karten.

- Dann kommen $m - l$ Karten (vom Zuschauer beiseitegelegt).
- Es folgen l Karten (vom Zuschauer gemischt), die letzte dieser Karten soll gefunden werden.
- Den Abschluss bilden die $n - k$ Karten, die der Zauberer beiseitegelegt hat, doch das hat hier keine Bedeutung.

Wichtig ist nur zu wissen, dass man von der dem Zauberer bekannten Karte $(m-l)+l$, also m Karten weiterzählen muss, um die Karte des Zuschauers zu erreichen. Dazu muss sich der Zauberer nur die Zahl m gemerkt haben, es ist völlig belanglos, wie groß die Zahlen n, k und l sind.

Eine Variante des Tricks

Soweit die Originalversion. Für die Untersuchungen dieses Kapitels ist es wichtig, eine *Variante* zu kennen. Sie geht so:

Diesmal bekommen Zuschauer und Zauberer gleich viele Karten (jeweils n). Beide heben von ihren Stapeln einige ab und legen sie zur Seite. Es geht mit dem jeweils kleineren Teilstapel weiter. Der Zauberer macht es mit seinem Teilstapel vor: Er enthält k Karten (wobei k höchstens so groß wie $n/2$ ist). Der wird gut gemischt, und die unterste Karte soll gemerkt werden. (Beim Zauberer soll das allerdings so aussehen, als wenn er das nur vormacht. Keiner soll denken, dass diese Karte für das folgende wichtig ist.) Das macht der Zuschauer mit seinen l Karten nach (wobei auch $l < n/2$ gelten soll), er soll sich die unterste Karte aber wirklich gut merken.

Nun legt der Zauberer seinen Stapel mit den k Karten auf den Reststapel des Zuschauers (mit den $n - l$ Karten) und nimmt ihn an sich. Auch werden die l Karten des Zuschauers auf die $n - k$ Restkarten des Zauberers gelegt, dieser Stapel ist für den Zuschauer bestimmt.

Danach passiert etwas Neues: Beide Stapel werden durch durch das so genannte „Melkmischen“ (sicherheitshalber durch den Zauberer) umsortiert:
Dabei wird mit Melkmischen[1)] die folgende Aktion bezeichnet:

- Stapel in die linke Hand nehmen.
- Mit der rechten Hand oberste und unterste Karte gleichzeitig abziehen und auf den Tisch legen.

Beginn des Melkmischens.

[1)] Englisch: milk shuffle.

Vom Rest wieder oberste und unterste Karte abziehen und auf die zwei Karten legen.

- Das wird fortgesetzt, bis in der linken Hand keine Karten mehr sind. (Ist bei ungerader Kartenanzahl nur noch eine einzige Karte übrig, wird sie einfach auf den Stapel auf dem Tisch gelegt.)

Was genau passiert beim Melkmischen? Man kann das Ergebnis vorhersagen, der Zufall ist nicht beteiligt. Hat der Stapel r Karten und ist eine spezielle Karte an der s-ten Position (wobei $s \leq r/2$), so ist sie nach dem Mischen an der $(r-2s+1)$-ten Position. Die Begründung: Wenn die s-te Karte abgezogen wird, sind $2s$ Karten „abgearbeitet". Die restlichen $r-2s$ Karten werden darüber liegen.

Für unseren gerade stattfindenden Zaubertrick bedeutet das:

- Im Stapel des Zauberers sind $r = k+n-l$ Karten, seine Karte ist an Position k. Nach dem Melkmischen ist sie folglich an Position $r-2k+1 = k+n-l-2k+1 = n-(k+l)+1$.

- Im Stapel des Zuschauers sind $r = l+n-k$ Karten, seine Karte ist an Position l. Nach dem Melkmischen ist sie damit an Position $r-2l+1 = l+n-k-2l+1 = n-(k+l)+1$.

(Als Beispiel mit Zahlen betrachten wird den Fall, dass beide zu Beginn $n = 10$ Karten haben, und es soll $k = 4$ und $l = 3$ sein. Nach der Vorbereitung hat der Zauberer einen Stapel mit $k+n-l = 11$ und der Zuschauer einen mit $n+l-k = 9$ Karten. In beiden Stapeln liegen die jeweils gemerkten Karten nach dem Melkmischen an Position $n-(k+l)+1 = 4$ von oben.)

Die Karten von Zauberer und Zuschauer befinden sich also, obwohl k und l unbekannt sind, an der gleichen Position von oben gesehen. Wenn beide ihre Karten – für den anderen verdeckt – auffächern und der Zauberer seine Karte in seinem Stapel erkannt hat, weiß er, an welcher Position sich die Zuschauerkarte befindet. Und dieses Wissen lässt sich auf verschiedene Weisen effektvoll für den Abschluss des Tricks einsetzen.

Das Problem: Die Ordnung des Melkmischens

Für uns hatte der Zaubertrick nur die Funktion, den Begriff „Melkmischen" einzuführen. Formal geht es um eine Permutation, bei n Karten um eine Permutation Φ auf einer n-elementigen Menge; es wird günstig sein, sie als $\{0,\ldots,n-1\}$ zu wählen. Φ ist also ein ganz spezielles Element der Permutationsgruppe S_n. Wir werden n nun fixieren und zur Abkürzung $m := n-1$ setzen. Formalisiert man die Handlungsanweisung für das Melkmischen von n Karten, so kann Φ folgendermaßen beschrieben werden:

- Ist $2k < m$. so ist $\Phi(k) := m-1-2k$.

- Gilt $2k \geq m$, so setze $\Phi(k) := 2k-m$.

So bildet etwa (im Fall $n = 7$) Φ die Elemente $0,1,2,3,4,5,6$ auf $3,2,4,1,5,0,6$ ab, und stets gilt $\Phi(m) = m$. (Das ist natürlich nicht überraschend, denn die unterste Karte bleibt ja beim Melkmischen unten.)

Zu jeder Permutation $\phi \in S_n$ gibt es eine kleinste Zahl s, für die ϕ^s die identische Permutation ist. s heißt dann die *Ordnung* von ϕ. Es ist für viele gruppentheoretische Untersuchungen wichtig, die Ordnung von bestimmten Elementen zu kennen. In der Zauberei gibt es eine zusätzliche Interpretation: Wie oft muss man ein spezielles Mischverfahren anwenden, damit die Karten in der gleichen Reihenfolge sind wie am Anfang.

Manchmal ist die Ordnung leicht angebbar. Ist die Vorschrift etwa „Hebe drei Karten ab!“, so muss man nur das kleinste s mit $3s = 0$ (in $\mathbb{Z}_n$) bestimmen[2)]. Doch wie sieht es für das Melkmischen, also die Abbildung Φ aus?

Mit Computerhilfe kann man die jeweilige Ordnung der Permutation Φ in Abhängigkeit von n leicht bis zu beeindruckend großen n ausrechnen. Hier ist ein winziger Ausschnitt der entsprechenden Tabelle:

n	10	11	12	13	14	15	16	17	18	19	20	21	22
Ordnung	9	6	11	10	9	14	5	5	12	18	12	10	7

Der Übergang von n zur zugehörigen Ordnung sieht völlig unregelmäßig aus. Trotz umfangreichen Datenmaterials war beim besten Willen kein allgemeines Bildungsgesetz zu erkennen. Lediglich zwei Regelmäßigkeiten fielen ins Auge:

- Die Ordnung im Fall von n Karten war immer durch $n-1$ beschränkt. Das ist überraschend, denn in der S_n sind ja viel größere Ordnungen möglich.
- In der berechneten Tabelle stand bei $n = 2^s$ und $n = 2^s + 1$ immer die Ordnung $s+1$. (Vgl. die Werte für $n = 16$ und $n = 17$ im vorstehenden Ausschnitt.)

Es ist zwar die Ordnung einer Permutation ϕ die kleinste Zahl s, so dass $\phi^s(k) = k$ für alle $k = 0, \ldots, m$ gilt, doch kann natürlich für spezielle k schon $\phi^t(k) = k$ für ein $t < s$ sein. (So ist zum Beispiel beim Melkmischen $t = 1$ für $k = m$.) Das kleinstmögliche t heißt die *Zykellänge* von k, und unter dem zu k gehörigen *Zykel* versteht man die Menge $\{k, \phi(k), \ldots, \phi^{t-1}(k)\}$. Es ist dann leicht zu sehen, dass die Ordnung von ϕ das kleinste gemeinsame Vielfache der Zykellängen ist.

Für unser Melkmischen ergaben weitere Rechnungen noch eine Überraschung. Es stellte sich heraus, dass alle Zykellängen Teiler einer speziellen Zykellänge sind (die dann natürlich gleich der Ordnung ist). Damit wäre dann leicht zu erklären, dass die Ordnungen höchstens gleich $n-1$ sein können: Für m ist die Zykellänge 1 und Zykel sind disjunkt; folglich sind die Zykellängen für $k \neq m$ durch $n-1$ beschränkt. Es fehlte aber immer noch eine Formel für diese längste Zykellänge und eine Erklärung für dieses Teilbarkeitsphänomen.

Ziel der folgenden Untersuchungen ist eine vollständige Analyse des Problems. Das Hauptergebnis wird besagen, dass die gesuchte Ordnung mit der kleinsten Zahl s übereinstimmt, für die 2^s kongruent $+1$ oder -1 modulo $2n-1$ ist. Die offen bleibenden Fragen hängen mit seit Jahrzehnten ungelösten Problemen der Zahlentheorie zusammen (*Sophie-Germain-Primzahlen*, *Artin-Vermutung*).

[2)]Das ist gerade die Ordnung der 3 in $(\mathbb{Z}_n, +)$.

Vorbereitungen: eine Formel für die Zykellängen

Wir beginnen mit einigen Definitionen. Zunächst führen wir Namen für diejenigen Abbildungen ein, die bei der Definition von Φ eine Rolle spielten: Die Abbildungen $\psi_0, \psi_1 : \mathbb{Z} \to \mathbb{Z}$ sind durch $\psi_0 : k \mapsto m - 1 - 2k,\ \ \psi_1 : k \mapsto 2k - m$ erklärt.

Wenn man $\Phi, \Phi^2, \Phi^3, \ldots$ ausrechnen möchte, so müssen ψ_0, ψ_1 mehrfach angewendet werden. Ist $\sigma = (\sigma_s, \ldots, \sigma_1) \in \{0,1\}^s$, so soll ψ_σ die Abbildung

$$\psi_\sigma := \psi_{\sigma_s} \circ \cdots \circ \psi_{\sigma_1} : \mathbb{Z} \to \mathbb{Z}$$

bezeichnen. (Achtung: Es wird von hinten nach vorne nummeriert.) So ist zum Beispiel $\psi_{110} = \psi_1 \circ \psi_1 \circ \psi_0$, d.h. ψ_{110} ist die Abbildung

$$\psi_{110}(k) = 2\big(2(m - 1 - 2k) - m\big) - m = m - 4 - 8k.$$

Eine erste Analyse der Abbildungen ψ_σ zeigt, dass sie eine ganz bestimmte Struktur haben: k wird abgebildet auf

ein Vielfaches von m plus ± 1 mal $2^s k$ plus eine Konstante.

Dabei ist der Faktor vor $2^s k$ gleich $+1$, wenn die Anzahl der Nullen in σ gerade ist und -1 sonst. Kurz: Für geeignete Zahlen $A_\sigma, B_\sigma \in \mathbb{Z}$, $v_\sigma \in \{-1, +1\}$ ist

$$\psi_\sigma(k) = A_\sigma m + B_\sigma + v_\sigma 2^s k.$$

Dabei haben wir v_σ schon identifiziert: Es ist $v_\sigma = (-1)^{N(\sigma)}$, wobei $N(\sigma)$:=„Anzahl der Nullen in σ".

Wir werden zunächst *Rekursionsformeln* für A_σ, B_σ und v_σ beweisen und danach *die Länge des zu einem beliebigen k gehörigen Zykels* angeben können.

Lemma 8.1: *(i)* $A_0 = 1$, $A_1 = -1$, $B_0 = -1$, $B_1 = 0$, $v_0 = -1$, $v_1 = 0$.
(ii) $A_{0\sigma} = 1 - 2A_\sigma$, $A_{1\sigma} = 2A_\sigma - 1$.
(iii) $B_{0\sigma} = -1 - 2B_\sigma$, $B_{1\sigma} = 2B_\sigma$.
(iv) $v_{0\sigma} = -v_\sigma$, $v_{1\sigma} = v_\sigma$.
Dabei bedeutet, z.B., 0σ dasjenige Element aus $\{0,1\}^{1+s}$, für das die ersten (von rechts gezählten) Komponenten diejenigen von σ sind und die letzte gleich 0 ist.

Beweis: (i) ergibt sich direkt aus den Formeln für ψ_0 und ψ_1. Die Werte von $A_{0\sigma}$ in (ii) erhält man wie folgt. Nach Definition gilt doch $\psi_\sigma(k) = A_\sigma m + B_\sigma + v_\sigma 2^s k$. Dann ist

$$\begin{aligned}
\psi_{0\sigma}(k) &= \psi_0\big(\psi_\sigma(k)\big) \\
&= m - 1 - 2\psi_\sigma(k) \\
&= m - 1 - 2(A_\sigma m + B_\sigma + v_\sigma 2^s k) \\
&= (1 - 2A_\sigma)m - 2B_\sigma - 1 - v_\sigma 2^{s+1} k.
\end{aligned}$$

Der Faktor vor dem m, also die Zahl $A_{0\sigma}$, ist folglich $1 - 2A_\sigma$, und das beweist den ersten Teil von (ii). Ganz analog ergeben sich der zweite Teil und die Formeln in (iii) und (iv). □

Es wird sinnvoll sein, eine weitere Definition einzuführen: C_σ soll die Zahl $1 - v_\sigma 2^s$ bezeichnen. Offensichtlich ist genau dann $\psi_\sigma(k) = k$, wenn $C_\sigma k = A_\sigma m + B_\sigma$ gilt.

Das wird gleich wichtig werden, wenn wir den von k erzeugten Zykel analysieren wollen. Dazu werden wir die folgenden Tatsachen benötigen:

Lemma 8.2: *Für alle* $\sigma = (\sigma_s, \ldots, \sigma_1)$ *gilt:*

(i) $C_\sigma = A_\sigma - 2B_\sigma$.

(ii) $\psi_\sigma(k) = k$ *gilt genau dann, wenn* $C_\sigma(2k+1) = A_\sigma(2m+1)$ *ist.*

(iii) A_σ *und* C_σ *haben stets das gleiche Vorzeichen. Genauer gilt: Ist* $N(\sigma)$ *gerade, so sind beide Zahlen negativ, und andernfalls sind sie positiv.*

(iv) Es sei $\sigma_1 = 0$ *und* $s \geq 2$. *Dann ist* $|A_\sigma| \leq 2^{s-1} - 1$.

(v) Im Fall $\sigma_1 = 1$ *und* $s \geq 2$ *ist* $|A_\sigma| \geq 2^{s-1} + 1$.

(vi) Durchläuft σ *alle Elemente aus* $\{0,1\}^s$, *so durchläuft* A_σ *alle ungeraden Zahlen* l *zwischen* -2^s *und* 2^s. *Da die Anzahl dieser Zahlen gleich* 2^s *ist, gibt es zu jedem derartigen* l *genau ein* $\sigma \in \{0,1\}^s$ *mit* $A_\sigma = l$.

Beweis: (i) Wir beweisen das durch Induktion nach der Länge s von σ. Die Aussage ist für $s = 1$ richtig, denn wegen 2.1(i) ist $A_0 - 2B_0 = 3 = 1 + 2^1 = 1 - v_0 2^1 = C_0$ sowie $A_1 - 2B_1 = -1 = 1 - 2^1 = 1 - v_1 2^1 = C_1$.

Wir nehmen nun an, dass für σ der Länge s alles bewiesen ist. Wir zeigen, dass die Gleichung dann auch für 0σ und 1σ gilt. Das folgt aus Lemma 8.1 (ii)-(iv):

$$\begin{aligned} A_{0\sigma} - 2B_{0\sigma} &= (1 - 2A_\sigma) - 2(-1 - 2B_\sigma) \\ &= 3 - 2(A_\sigma - 2B_\sigma) \\ &= 3 - 2C_\sigma \\ &= 3 - 2(1 - v_\sigma 2^s) \\ &= 1 + v_\sigma 2^{s+1} \\ &= 1 - v_{0\sigma} 2^{s+1} \\ &= C_{0\sigma}. \end{aligned}$$

Der Beweis für $A_{1\sigma} - 2B_{1\sigma} = C_{1\sigma}$ verläuft analog.

(ii) Angenommen, es gilt $k = \psi_\sigma(k)$. Dann ist $k = A_\sigma m + B_\sigma + v_\sigma 2^s k$, d.h. $C_\sigma k = A_\sigma m + B_\sigma$. Nach Multiplikation dieser Gleichung mit 2 und Ersetzen von $2B_\sigma$ durch $A_\sigma - C_\sigma$ folgt $C_\sigma(2k+1) = A_\sigma(2m+1)$.

Alle diese Schritte lassen sich umkehren: $C_\sigma(2k+1) = A_\sigma(2m+1)$ bedeutet

$$2C_\sigma k = 2A_\sigma m + A_\sigma - C_\sigma = 2A_\sigma m + 2B_\sigma,$$

woraus nach Teilen durch 2 die Gleichung $C_\sigma k = A_\sigma m + B_\sigma$, d.h. $\psi_\sigma(k) = k$ folgt.

(iii) Allgemein gilt: Ist $A_\sigma > 0$, so ist $B_\sigma < 0$; und ist $A_\sigma < 0$, so ist $B_\sigma > 0$. Das folgt wieder durch Induktion unter Verwendung von Lemma 8.1. (Beachte: Alle A_σ sind ungerade und folglich von 0 verschieden.) Mit (i) folgt, dass A_σ und C_σ das gleiche Vorzeichen haben. Der Zusatz ergibt sich dadurch, dass v_σ genau dann positiv ist, wenn $N(\sigma)$ gerade ist.

(iv) Die Aussage stimmt für $s = 2$, da $A_{00} = -1$ und $A_{10} = 1$ gilt. Für größere s machen wir einen Induktionsschluss unter Verwendung von 2.1(ii). Wir nehmen an, dass $|A_\sigma| \leq 2^{s-1} - 1$, wobei $s \geq 2$ und $\sigma_1 = 0$. Dann ist für beliebige $\sigma_{s+1} \in \{0,1\}$

$$|A_{\sigma_{s+1}\sigma}| = |2A_\sigma - 1| \leq 2|A_\sigma| + 1 \leq 2^s - 1.$$

(v) Für $s = 2$ folgt die Aussage aus $A_{01} = 3$ und $A_{11} = -3$. Diesmal geht der Induktionsschluss so:

$$|A_{\sigma_{s+1}\sigma}| = |2A_\sigma - 1| \geq |2A_\sigma| - 1 \geq 2^s + 1.$$

(vi) Es ist $A_0 = 1$ und $A_1 = -1$, die Aussage ist also für $s = 1$ richtig. Angenommen, sie stimmt für ein festes s. Wir zeigen, dass sie dann auch für $s + 1$ gilt. Sei dazu l eine ungerade Zahl zwischen -2^{s+1} und 2^{s+1}. Wir unterscheiden zwei Fälle:
Fall 1: $l = 1 \bmod 4.$. Dann ist $l' := (l + 1)/2$ ungerade, und l' liegt zwischen -2^s und 2^s. Nach Induktionsannahme gibt es ein σ der Länge s mit $A_\sigma = l'$. Dann ist (wegen 2.1(ii)) $l = 2l' - 1 = 2A_\sigma - 1 = A_{1\sigma}$.
Fall 2: $l = 3 \bmod 4$. Diesmal ist $l' := (l - 1)/2$ ungerade, und $-2^s < l' < 2^s$. Wähle σ mit $A_\sigma = -l'$. Dann ist $l = 2l' + 1 = 1 - 2A_\sigma = A_{0\sigma}$. □

Es folgt die wichtigste Vorbereitung. Wir werden die Ordnung von Φ dadurch bestimmen, dass wir die zugehörigen Zykellängen ausrechnen. Dazu analysieren wir im folgenden Lemma, wie man $\Phi^s(k) = k$ charakterisieren kann. Um $k = m$ brauchen wir uns nicht zu kümmern, denn wegen $\Phi(m) = m$ ist für diese Zahl alles klar.

Lemma 8.3: *Es sei* $k \in \{0, \ldots, m - 1\}$. *Die folgenden Aussagen sind äquivalent:*

(i) $\Phi^s(k) = k$.

(ii) Es gibt ein $\sigma \in \{0, 1\}^s$ *mit* $C_\sigma(2k + 1) = A_\sigma(2m + 1)$.

(iii) $2^s(2k+1) = (2k+1) \bmod (2m+1)$ *oder* $2^s(2k+1) = -(2k+1) \bmod (2m+1)$.

Beweis: „(i)⇒(ii):" Sei $\Phi^s(k) = k$. Bei der Berechnung von $\Phi(k)$, $\Phi^2(k)$,... wird ψ_0 oder ψ_1 verwendet, und die konkrete Reihenfolge erzeugt ein Element aus $\{0, 1\}^s$.

Etwas präziser sieht es so aus. Definiere $\sigma_1 := 0$, falls $2k < m$, und $\sigma_1 := 1$, falls $2k \geq m$. Betrachte dann $k_1 := \Phi(k)$ und setze $\sigma_2 := 0$, falls $2k_1 < m$ bzw. $\sigma_2 := 1$, falls $2k_1 \geq m$. Auf diese Weise erhält man $\sigma := \sigma_s \cdots \sigma_1$, und wegen $\Phi^s(k) = k$ ist $\psi_\sigma(k) = k$. Wegen Lemma 2.2(ii) heißt das $C_\sigma(2k + 1) = A_\sigma(2m + 1)$.

„(ii)⇒(i):" Dieser Beweisteil ist der entscheidende Baustein zur Analyse der Ordnung von Φ. Er besagt, dass ein σ mit $C_\sigma(2k+1) = A_\sigma(2m+1)$ genau diejenigen σ_i enthält, die man bei der Berechnung von $\Phi^s(k)$ braucht.

Wir beginnen also mit einem σ, für das $C_\sigma(2k + 1) = A_\sigma(2m + 1)$ gilt.

Behauptung 1: $\Phi(k) = \psi_{\sigma_1}(k)$. Anders ausgedrückt: Die erste (ganz rechts stehende) Komponente von σ ist die, die auch für die Berechnung von $\Phi(k)$ verwendet wird. Wir müssen also zeigen: Ist $\sigma_1 = 0$, so ist $2k < m$, und im Fall $\sigma_1 = 1$ gilt $2k > m$. Wir konzentrieren uns zunächst auf den Fall $s \geq 2$, um Lemma 8.2 (iv)(v) verwenden zu können.

Angenommen, es ist $\sigma_1 = 0$. Dann ist wegen 2.2(iv) $|A_\sigma| \leq 2^{s-1} - 1$, und folglich gilt

$$\frac{2k+1}{2m+1} = \left|\frac{A_\sigma}{C_\sigma}\right| \leq \frac{2^{s-1}-1}{2^s-1} < \frac{1}{2}.$$

Das impliziert $2k < m$.

Im Fall $\sigma_1 = 1$ wissen wir, dass $|A_\sigma| \geq 2^{s-1} + 1$ gilt. Es folgt

$$\frac{2k+1}{2m+1} = \left|\frac{A_\sigma}{C_\sigma}\right| \geq \frac{2^{s-1}+1}{2^s+1} > \frac{1}{2},$$

und daraus kann man $2k \geq m$ schließen.

Es fehlt noch eine Diskussion des Falls $s = 1$. Die Gleichung $\psi_0(k) = k$ bedeutet $k = m - 1 - 2k$, d.h. $3k = m - 1$. Und für solche k ist wirklich $2k < m$. Ist dagegen $\psi_1(k) = 2k - m = k$, so folgt $k = m$, und insbesondere ist $2k \geq m$.

Behauptung 2: Für alle $t = 1, \ldots, s$ *ist* $\Phi^t(k) = \psi_{\sigma_t \sigma_{t-1} \cdots \sigma_1}$. Der Fall $t = 1$ entspricht gerade der vorstehenden Behauptung 1. Wir erläutern die Idee für die weiteren t am Fall $t = 2$. Wir setzen (ii) voraus, wegen Lemma 8.2 (ii) heißt das $\psi_\sigma(k) = k$. Oder ausgeschrieben: $\psi_{\sigma_s} \circ \cdots \circ \psi_{\sigma_1}(k) = k$. Wir wenden auf beide Seiten dieser Gleichung ψ_{σ_1} an und erhalten

$$\psi_{\sigma_1} \circ \psi_{\sigma_s} \circ \cdots \circ \psi_{\sigma_2}\big(\psi_{\sigma_1}(k)\big) = \psi_{\sigma_1}(k).$$

Zur Abkürzung setzen wir $\tilde{\sigma} := \sigma_1 \sigma_s \cdots \sigma_2$ und $k' := \psi_{\sigma_1}(k)$. Wegen Behauptung 1 liegt k' in $\{0, \ldots, m\}$, und es gilt $\psi_{\tilde{\sigma}}(k') = k'$. Nun wenden wir noch einmal Behauptung 1 an, diesmal für $\tilde{\sigma}$ und k'. Damit ist $\psi_{\sigma_2}(k') = \Phi(k')$, und das bedeutet $\psi_{\sigma_2 \sigma_1}(k) = \Phi^2(k)$. Ganz analog werden die Fälle $t = 2, 3, \ldots, s$ behandelt.

„(ii)⇒(iii):" Wähle σ gemäß Voraussetzung. Angenommen, es ist $C_\sigma = 1 - 2^s$. Dann folgt $(1 - 2^s)(2k + 1) = A_\sigma(2m + 1)$, und insbesondere ist $(1 - 2^s)(2k + 1) = 0 \bmod (2m + 1)$. Dann ist aber auch $2^s(2k + 1) = (2k + 1) \bmod (2m + 1)$. Es könnte aber auch $C_\sigma = 1 + 2^s$ gelten, dann würde $(1 + 2^s)(2k + 1) = A_\sigma(2m + 1)$ die Gleichung $2^s(2k + 1) = -(2k + 1) \bmod (2m + 1)$ implizieren.

„(iii)⇒(ii):" Wir nehmen einmal an, dass $2^s(2k + 1) = (2k + 1) \bmod (2m + 1)$ gilt. Es gibt also ein Zahl l mit $(2^s - 1)(2k + 1) = l(2m + 1)$. Notwendig ist l ungerade, und es gilt $0 < l < 2^s$. Wähle ein $\sigma \in \{0, 1\}^s$ mit $-l = A_\sigma$ (Lemma 8.2 (vi)). Mit A_σ ist auch C_σ negativ (Lemma 8.2 (iii)), es ist also $C_\sigma = 1 - 2^s$ und folglich $C_\sigma(2k + 1) = A_\sigma(2m + 1)$.

Falls $2^s(2k + 1) = -(2k + 1) \bmod (2m + 1)$ gilt, schreiben wir $(1 + 2^s)(2k + 1)$ als $l(2m + 1)$ mit einem ungeraden l, das echt zwischen 0 und 2^s liegt. Diesmal wählen wir ein $\sigma \in \{0, 1\}^s$ mit $l = A_\sigma$. Da A_σ positiv ist, gilt $C_\sigma = 1 + 2^s$, d.h. wir erhalten $C_\sigma(2k + 1) = A_\sigma(2m + 1)$. □

Das Hauptergebnis: eine Formel für die Ordnung von Φ

Im nächsten Satz tritt die *Eulersche* φ*-Funktion* auf, die in der Zahlentheorie eine wichtige Rolle spielt. Für $n \in \mathbb{N}$ ist $\varphi(n)$ die Anzahl der zu n teilerfremden Zahlen in $\{1, 2, \ldots, n - 1\}$. So ist zum Beispiel $\varphi(6) = 2$ (nur 1 und 5 sind teilerfremd), und für Primzahlen p ist $\varphi(p) = p - 1$. Alternativ kann man $\varphi(n)$ auch als die Anzahl der multiplikativ invertierbaren Elemente im Ring $(\mathbb{Z}_n, +, \cdot)$ einführen.

Satz 8.4 *Sei* $n \in \mathbb{N}$ *und* Φ *diejenige Permutation von* $\{0, \ldots, n - 1\}$, *die dem Melkmischen entspricht. (Ab jetzt ersetzen wir* m *wieder durch* $n - 1$.*)*

(i) Bezeichne für $k \in \{0, \ldots, n - 1\}$ *mit* $\lambda_n(k)$ *die Länge des zugehörigen Zykels, also das kleinste* s, *für das* $\Phi^s(k) = k$ *gilt. Dann ist* $\lambda_n(k)$ *das kleinste* $s \in \mathbb{N}$, *für das* $2^s(2k + 1) = (2k + 1) \bmod (2n - 1)$ *oder* $2^s(2k + 1) = -(2k + 1) \bmod (2n - 1)$ *ist.*

(ii) Für alle $k \in \{0, \ldots, n - 1\}$ *ist* $\lambda_n(k)$ *ein Teiler von* $\lambda_n(0)$.

(iii) Ist $2k + 1$ *teilerfremd zu* $2n - 1$, *so ist* $\lambda_n(k) = \lambda_n(0)$.

(iv) Die Ordnung von Φ, also das kleinste s, für das Φ^s die Identität ist, stimmt mit $\lambda_n(0)$, also dem kleinsten $s \in \mathbb{N}$ mit $2^s = \pm 1 \bmod (2n-1)$, überein[3)].

(v) Die Ordnung von Φ ist ein Teiler von $\varphi(2n-1)/2$.

Beweis: (i) Das folgt sofort aus Lemma 8.3 (iii).

(ii) Es sei Δ_k die Menge aller $s \in \mathbb{Z}$, für die $2^s(2k+1) = (2k+1) \bmod (2n-1)$ oder $2^s(2k+1) = -(2k+1) \bmod (2n-1)$ gilt. Das bedeutet $2^s(2k+1) = \pm(2k+1)$ in $\mathbb{Z}_{2n-1}$. (Da 2 im Restklassenring $\mathbb{Z}_{2n-1}$ invertierbar ist, sind auch negative s zugelassen.) Δ_k ist offensichtlich eine additive Untergruppe von $\mathbb{Z}$. Wegen Lemma 8.3 (i) ist $s \in \Delta_k$ genau dann, wenn $\Phi^s(k) = k$ gilt, und daraus folgt, dass Δ_k mit $\lambda_n(k)\mathbb{Z}$ übereinstimmt.

Man beachte nun, dass sicher $\Delta_0 \subset \Delta_k$ gilt, denn aus $2^s = \pm 1 \bmod (2n-1)$ folgt $2^s(2k+1) = \pm(2k+1) \bmod (2n-1)$. Es ist also $\lambda_n(0)\mathbb{Z} \subset \lambda_n(k)\mathbb{Z}$, und das geht nur, wenn $\lambda_n(k)$ ein Teiler von $\lambda_n(0)$ ist.

(iii) In diesem Fall ist $2k+1$ im Ring $\mathbb{Z}_{2n-1}$ invertierbar. Man kann also aus $2^s(2k+1) = \pm(2k+1)$ auf $2^s = \pm 1$ schließen, und deswegen ist $\Delta_k = \Delta_0$.

(vi) Das folgt sofort aus (ii), denn die Ordnung einer Permutation ist das kleinste gemeinsame Vielfache der Zykellängen.

(v) Es gibt $\varphi(2n-1)$ Elemente in der multiplikative Gruppe $\mathbb{Z}^*_{2n-1}$ der invertierbaren Elemente von $\mathbb{Z}_{2n-1}$. Da die Untergruppe $\{-1, +1\} \subset \mathbb{Z}^*_{2n-1}$ zwei Elemente hat, besteht die Quotientengruppe $Q := \mathbb{Z}^*_{2n-1}/\{-1,+1\}$ aus $\varphi(2n-1)/2$ Elementen. Nun ist $2^s = \pm 1$ gleichwertig dazu, dass die s-te Potenz der zur 2 gehörige Klasse $[2]$ in Q gleich dem neutralen Element ist. Anders ausgedrückt: Es ist $\lambda_n(0)$ gleich der Ordnung von $[2]$ in Q. Nun muss man sich nur noch daran erinnern, dass die Ordnung eines Elements ein Teiler der Elemente-Anzahl der Gruppe ist. □

Folgerungen und offene Fragen

Abschließend wenden wir uns der Frage zu, welche maximalen und welche minimalen Ordnungen für Φ auftreten können. Die kleinsten Werte werden bei Zahlen der Form 2^{s_0} und $2^{s_0}+1$ erreicht:

Satz 8.5: *Bezeichne mit $\log_2 n$ den Zweierlogarithmus von n. Stets ist die Ordnung von Φ größer oder gleich $\lfloor \log_2 n \rfloor + 1$; dabei steht, für $x \in \mathbb{R}$, $\lfloor x \rfloor$ für die größte ganze Zahl k mit $k \leq x$.*

Genauer gilt: Ist n von der Form 2^{s_0} oder $2^{s_0}+1$ für ein $s_0 \in \mathbb{N}$, so ist die Ordnung gleich $s_0 + 1 = \lfloor \log_2 n \rfloor + 1$, und andernfalls ist sie mindestens gleich $\lfloor \log_2 n \rfloor + 3$.

Beweis: Im Fall $n = 2^{s_0}$ ist $2n - 1 = 2^{s_0+1} - 1$. Damit ist $s_0 + 1$ das kleinste s, für das $2^s = \pm 1$ in $\mathbb{Z}_{2n-1}$ gilt. Ganz analog wird der Fall $n = 2^{s_0} + 1$ behandelt.

Ist n nicht von dieser Form, so liegt n echt zwischen $2^{s_0} + 1$ und 2^{s_0+1}, wobei $s_0 = \lfloor \log_2 n \rfloor$. Damit ist $2^{s_0+1} + 1 < 2n - 1 < 2^{s_0+2} - 1$. Deswegen ist keine der Zahlen $2^1, 2^2, \ldots, 2^{s_0+1}, 2^{s_0+2}$ kongruent $+1$ oder -1 modulo $2n-1$, und das beweist

---

[3)] Für das Melkmischen besagt das übrigens: Sobald die am Anfang oberste Karte wieder oben liegt, ist die Originalreihenfolge wiederhergestellt.

die Behauptung. (Es ist möglich, dass die Ordnung gleich $s_0 + 3$ ist. So gehört zu $n = 11$ etwa die Ordnung 6, und im Fall $n = 22$ hat Φ die Ordnung 7.) □

Die Frage nach den n mit maximaler Ordnung ist weit schwieriger zu beantworten. Wir beginnen mit einer Charakterisierung:

Satz 8.6: *Die folgenden Aussagen sind äquivalent:*

(i) Die Ordnung von Φ ist maximal, also gleich $n - 1$.

(ii) $2n - 1$ ist eine Primzahl, und $s = n - 1$ ist die kleinste natürliche Zahl, für die $2^s = 1$ oder $2^s = -1$ im Körper $\mathbb{Z}_{2n-1}$ gilt.

Beweis: Wir setzen zunächst (i) voraus. Wäre $2n - 1$ *keine* Primzahl, so wüssten wir, dass $\varphi(2n - 1) < 2n - 2$ gilt. Da die Ordnung von Φ ein Teiler von $\varphi(2n - 1)/2$ ist, wäre sie im Widerspruch zur Voraussetzung kleiner als $n - 1$. Dass $2^s = \pm 1$ erst für $s = n - 1$ gelten kann, folgt aus Satz 8.4 (iv). Mit diesem Teil des Satzes ist auch klar, dass (i) aus (ii) folgt. □

Wenn man die Ordnungen mit dem Computer ausrechnen lässt, so zeigt sich, dass bis zur Größenordnung einiger Millionen etwa 7 Prozent der Zahlen maximale Ordnung haben. Man kann sich fragen, ob das unendlich oft vorkommt. Die Antwort ist offen, wir können nur die folgenden zwei Teilergebnisse präsentieren:

Satz 8.7: *Es sei p eine Sophie-Germain-Primzahl, d.h. p und $2p + 1$ sind Primzahlen. Dann hat Φ für $n = p + 1$ maximale Ordnung.*

Beweis: Sei p eine derartige Primzahl und $n := p + 1$. Dann ist $\mathbb{Z}_{2n-1} = \mathbb{Z}_{2p+1}$ ein Körper, und $\phi(2n - 1)/2 = p$. Die Ordnung von Φ ist ein Teiler von p und sicherlich nicht gleich 1. Sie ist also gleich $p = n - 1$ und folglich maximal. □

Zum Beispiel ist 11 eine Sophie-Germain-Primzahl, und das erklärt, warum die Ordnung von Φ für $n = 12$ maximal ist (vgl. die Tabelle auf Seite 88). Es ist unbekannt, ob es unendlich viele Sophie-Germain-Primzahlen gibt, und deswegen bleibt die Frage offen, ob maximale Ordnung unendlich oft vorkommt.

Für den folgenden Satz ist an einen wichtigen Begriff aus der Zahlentheorie zu erinnern. Ist k ein beliebiges invertierbares Element in einem Restklassenring $\mathbb{Z}_n$, so sind auch alle Potenzen invertierbar. Die Zahlen $k, k^2, k^3, \ldots$ werden also gewisse Elemente der $\mathbb{Z}_n^*$ durchlaufen, und da diese Gruppe endlich ist, wird irgendwann $k^s = k$ sein. In gewissen Fällen ist es so, dass *alle* Elemente aus $\mathbb{Z}_n^*$ durch Potenzen von k erzeugt werden. Dann heißt k eine *Primitivwurzel* modulo n.

Als Beispiel betrachte man die $\mathbb{Z}_7^*$. Die Potenzen der 3 sind $3, 2, 6, 4, 5, 1, 3$: Alle Elemente der $\mathbb{Z}_7^*$ werden getroffen, 3 ist also eine Primitivwurzel. Die Potenzen der 4 dagegen sind $4, 2, 1$. Die Gruppe wird nicht erzeugt, und folglich ist 4 keine Primitivwurzel.

Satz 8.7: *Die Primzahl p sei als $p = 2n - 1$ geschrieben, und die Zahl 2 sei Primitivwurzel für p. Dann hat Φ für dieses n maximale Ordnung.*

Beweis: Nach Voraussetzung ist ist die Ordnung der 2 in der multiplikativen Gruppe $\mathbb{Z}_p^*$ gleich $p - 1$. Erstmalig für $s = p - 1$ wird also $2^s = 1$. Dann kann es aber kein

$s < (p-1)/2$ mit $2^s \in \{-1,+1\} = 1$ geben, denn das würde $2^{2s} = 1$ mit $2s < p-1$ implizieren.

Wir müssen zeigen, dass erstmals für $s = n-1$ die Gleichung $2^s = \pm 1$ in $\mathbb{Z}_{2n-1} = \mathbb{Z}_p$ erfüllt ist. Da $n-1 = (p-1)/2$ gilt, folgt das aus der vorstehenden Beobachtung.□

Beispiele, bei denen 2 Primitivwurzel für die Primzahl $2n-1$ ist, sind $n = 6, 7, 10, 15, 19, 27, \ldots$, doch leider weiß man nicht, ob es unendlich viele p gibt, für die 2 Primitivwurzel ist. Dieses Problem hängt mit der berühmten *Artin-Vermutung* zusammen: „Jede ganze Zahl $a \neq -1$, die kein Quadrat ist, ist Primitivwurzel für unendlich viele Primzahlen p".

Für die hier betrachtete Frage würde es sogar reichen, dass 2 so etwas wie eine „halbe Primitivwurzel" ist: Die von 2 erzeugte zyklische Gruppe muss wenigstens $(p-1)/2$ Elemente enthalten. (Das ist – neben den Fällen, bei denn 2 wirklich eine Primitivwurzel ist – für $n = 12, 24, 36, 52, \ldots$, d.h. $p = 23, 47, 71, 103, \ldots$, der Fall.) Aber auch für diese abgeschwächte Form der Artin-Vermutung scheint es ein offenes Problem zu sein, ob unendlich viele p diese Eigenschaft haben.

Es ist offensichtlich, dass in einer Gruppe G die Elemente g und g^{-1} die gleiche Ordnung haben. Interessanter Weise spielt Φ^{-1}, die inverse Permutation zum Melkmischen, ebenfalls eine gewisse Rolle in der Zauberei. Man spricht vom *Mongemischen*, es ist nach dem französischen Mathematiker Gaspard Monge (1746 – 1818) benannt, der sich auch als Zauberer betätigt hat. Das Mongemischen eines aus n Karten bestehenden Kartenstapels geht im Fall von geradem n so: Karten in die linke Hand; die oberste von links nach rechts; die jetzt oberste von links *unter* die Karte in der rechten Hand; die nächste von links *auf* die Karten der rechten Hand; usw., immer abwechselnd unter und über den rechten Stapel, bis alle Karten gewandert sind. (Im Fall ungerader n wird die zweite Karte *auf* die Karte in der rechten Hand gelegt. Danach geht es wie beschrieben weiter, immer abwechselnd unter und über die Karten der rechten Hand.)

Quellen

Dieses Kapitel beruht auf meiner Arbeit „Vom Kartenmischen zur Artinvermutung", die in den Mathematischen Semesterberichten 62 (2015) veröffentlicht wurde. Der am Anfang zur Motivation der Untersuchungen beschriebene Zaubertrick steht in meinem Buch „Der mathematische Zauberstab" im Abschnitt „Das Prinzip des bekannten Abstands".

Kapitel 9

Fibonacci zaubert mit quadratischen Resten

Fibonaccizahlen sind in vielen mathematischen Teilgebieten anzutreffen, hin und wieder auch dort, wo man es nicht erwartet hätte (vgl. zum Beispiel Kapitel 12 in diesem Buch).

Leonardo Fibonacci. 1170 bis (etwa) 1240[1)].

Ausgangspunkt des vorliegenden Kapitels ist ein Zaubertrick, in dem sie – ein bisschen versteckt – auftreten. Die dem Trick zugrundeliegende Mathematik kann leicht erklärt werden. Wenn man allerdings den Hintergrund verstehen möchte, kommt man recht schnell zu etwas anspruchsvolleren Bereichen der Zahlentheorie: Es werden Eigenschaften von quadratischen Resten sein, durch die man das Verhalten der Fibonaccifolge versteht, wenn modulo einer Primzahl gerechnet wird.

Der Effekt

Ein Raster für 16 Zahlen ist vorbereitet:

Ein Zuschauer sucht sich 2 Zahlen zwischen 1 und seiner Glückszahl 7 aus und schreibt sie in die ersten beiden Felder. Fast alles ist erlaubt, nur die Wahl $7, 7$ ist nicht zulässig. Mal angenommen, er möchte mit 1 und 3 starten:

[1)]Quelle: I benefattori dellumanità, vol VI, Firenze, Ducci, 1850, Wikimedia Commons.

1	3														

Nun wird die Regel erklärt: In das jeweils nächste Feld kommt die Summe der vorhergehenden Felder. Sollte die Summe allerdings größer als 7 sein, wird 7 abgezogen.

In unserem Beispiel geht es dann so weiter:

1	3	4	7	4	4	1	5	6	4	3	7	3	3	6	2

Nun soll der Zuschauer alle Zahlen addieren,es kommt 63 heraus. Und diese Zahl steht auch auf einem Zettel, den der Zauberer aus einem verschlossenen Vorhersageumschlag zieht.

Die Mathematik im Hintergrund

Wie immer, wenn es um vergleichsweise kleine Zahlen geht, kann man einfach alle Möglichkeiten durchprobieren: Wenn man systematisch alle 48 Möglichkeiten behandelt, die ersten beiden Paare zu wählen, so ist die Summe immer 63 (Es gibt $7 \cdot 7 = 49$ Paare, die aus Elementen der Menge $\{1, 2, 3, 4, 5, 6, 7\}$ gebildet werden, aber das Paar $(7, 7)$ ist nicht zugelassen.)

Etwas eleganter ist es schon zu beobachten, dass unsere oben betrachtete Folge *periodisch* ist. Die nächsten beiden Zahlen wären nämlich 1 und 3 gewesen, es geht also wieder von vorne los. Und das bedeutet, dass 63 nicht nur beim Start mit $1, 3$ herauskommt, sondern auch beim Start mit irgendwelchen benachbarten Zahlen in dieser Folge: beim Start mit $3, 4$, mit $4, 7$ usw. Das sind 16 mögliche Anfangspaare (das letzte ist $2, 1$, das bei periodischer Fortsetzung der Folge entsteht), also schon ein Drittel der möglichen Kandidaten. Nun wird das Ganze mit einem Paar wiederholt, das noch nicht auftrat, etwa mit $6, 7$:

6	7	6	6	5	4	2	6	1	7	1	1	2	3	5	1

Auch hier ist die Summe 63, und auch diese Folge wiederholt sich nach 16 Schritten: Das beweist die Aussage für weitere 16 Paare. Und nun starten wir noch mit $2, 2$:

2	2	4	6	3	2	5	7	5	5	3	1	4	5	2	7

Und auch hier ist die Summe so wie vorhergesagt, und die noch fehlenden 16 Paare kommen vor. Damit sind wirklich alle Paare erfasst.

Der Zusammenhang zu Fibonaccizahlen ist ein bisschen versteckt. Die Fibonaccifolge $(u_n)_{n=0,1,\ldots}$ ist doch so definiert: $u_0 := 0, u_1 := 1$, und $u_{n+1} := u_{n-1} + u_n$ für $n \geq 2$. Bei unserem Zaubertrick sieht es ganz ähnlich aus. Die Regel „In das jeweils nächste Feld kommt die Summe der vorhergehenden Felder; sollte die Summe allerdings größer als 7 sein, wird 7 abgezogen" ist doch die Regel „Rechne modulo sieben" in Verkleidung. Und wirklich hätte man vorschreiben können, dass in das jeweils nächste Feld die Summe der zwei vorhergehenden Felder modulo 7 kommt. Beide Vorschriften sind sehr ähnlich: Um von der ersten zur zweiten zu kommen, muss man nur jede 7 durch eine 0 ersetzen. Und da das in allen drei Beispielfolgen genau zweimal vorkommt, wird sich die Summe um $7+7 = 14$ unterscheiden. Statt 63 würde also stets 49 vorkommen, was einige Zuschauer misstrauisch machen könnte, denn $7^2 = 49$.

Kurz: Für Zaubertricks ist die obige Regel besser, für das mathematische Verständnis die Regel $x_{n+1} := x_{n-1} + x_n \mod 7$. Doch was ist das Besondere an der Zahl 7? Darum wird es im Folgenden gehen.

Das Problem lässt sich wie folgt beschreiben. Gegeben sei eine Zahl m. Kann man dann Zahlen $\gamma \in \mathbb{N}$ und S mit der folgenden Eigenschaft finden?

- $a, b \in \{0, \dots, m-1\}$ seien ganz beliebig auswählt, nur die Wahl $a = b = 0$ ist verboten. Definiere dann $x_0 := a$, $x_1 := b$ und weiter rekursiv $x_{n+1} := (x_{n-1} + x_n) \mod m$.
- Dann ist die Summe der ersten γ Elemente dieser Folge, also die Zahl $x_0 + x_1 + \cdots + x_{\gamma-1}$, immer gleich S.

Im Zaubertrick kam ein erstes Beispiel vor: Man kann $m = 7$ und $\gamma = 16$ wählen, dann hat $S = 49$ die gewünschte Eigenschaft. Ungewöhnlich an diesem Problem ist das parallele Auftreten verschiedener algebraischer Strukturen. Bei der Definition von $x_0, x_1, \dots$ rechnen wir im Restklassenring $\mathbb{Z}_m$, die Summe der ersten γ Elemente wird aber in $\mathbb{Z}$ bestimmt.

Die Untersuchungen werden etwas einfacher sein, wenn $\mathbb{Z}_m$ bzgl. Addition und Multiplikation nicht nur ein Ring, sondern sogar ein Körper ist. Das ist bekanntlich genau dann der Fall, wenn m eine Primzahl ist. Wir werden also ab sofort eine Primzahl p fixieren und im Körper $\mathbb{Z}_p$ arbeiten. Dabei können wir uns auf ungerade Primzahlen konzentrieren, denn für $p = 2$ kann man schnell nachrechnen, dass $\gamma = 3$ und $S = 2$ geeignet sind.

Der weitere Aufbau ist wie folgt:

- Einige allgemeine Eigenschaften der Fibonaccifolge.
- Die Fibonaccifolge modulo p.
- Die Periode.
- Quadratische Reste.
- Primzahlen, bei denen man etwas über die Lösbarkeit der Gleichungen $x^2 = 5$ und $x^2 = -1$ in $\mathbb{Z}_p$ weiß.
- Das Hauptergebnis.

Eigenschaften der Fibonaccifolge

Die Fibonaccifolge sei wie oben definiert. Dann gilt:

Lemma 9.1: Bezeichne mit P und Q die Matrizen

$$P = \begin{pmatrix} 0 & 1 \\ 1 & 1 \end{pmatrix}, \quad Q = P^{-1} = \begin{pmatrix} -1 & 1 \\ 1 & 0 \end{pmatrix}.$$

(i) Es ist $P^n = \begin{pmatrix} u_{n-1} & u_n \\ u_n & u_{n+1} \end{pmatrix}$, $Q^n = (-1)^n \begin{pmatrix} u_{n+1} & -u_n \\ -u_n & u_{n-1} \end{pmatrix}$ für $n \geq 0$.

(ii) Es seien r und s die Lösungen der quadratischen Gleichung $x^2 - x - 1$:

$$r = \frac{1+\sqrt{5}}{2}, \quad s = \frac{1-\sqrt{5}}{2}.$$

Dann ist $u_n = (r^n - s^n)/\sqrt{5}$.

(iii) Für alle $n \geq 1$ gilt

$$u_n = \left(\binom{n}{1} + 5\binom{n}{3} + 5^2\binom{n}{5} + \cdots \right) \Big/ 2^{n-1};$$

man beachte, dass das für jedes n eine endliche Summe ist, denn $\binom{n}{m} = 0$ für $n < m$.

Beweis: (i) und (ii) können leicht durch vollständige Induktion bewiesen werden, man muss sich nur an die Definition der u_n erinnern und die Gleichungen $r^2 = r + 1$, $s^2 = s + 1$ beachten.

(iii) Aus (ii) schließen wir

$$u_n = \frac{r^n - s^n}{\sqrt{5}} = \frac{(1+\sqrt{5})^n - (1-\sqrt{5})^n}{2^n\sqrt{5}}.$$

Wenn man in dieser Gleichung die bekannte Formel

$$(x+y)^n = x^n + \binom{n}{1}x^{n-1}y + \binom{n}{2}x^{n-2}y^2 + \cdots + \binom{n}{n-1}x^1y^{n-1} + y^n$$

ausnutzt, so werden nur die Binomialkoeffizienten $\binom{n}{j}$ mit *ungeradem* j überleben. Man muss dann nur noch die verbleibenden Summanden vereinfachen. □

Die Fibonaccifolge modulo p

Sei p eine ungerade Primzahl, wir wollen die Potenzen von P und Q modulo p berechnen[2)].

Achtung: Ab jetzt wird bis auf Widerruf ausschließlich in $\mathbb{Z}_p$ gerechnet!

Lemma 9.2: Es sei $n \in \mathbb{N}$, und es gebe ein $c \in \mathbb{Z}_p$, so dass P^n das c-fache der Einheitsmatrix Id ist.

(i) Falls $c = 1$ oder $c = -1$ $(= p - 1)$ gilt, so ist n eine gerade Zahl. Wir schreiben $n = 2l$.

(ii) Angenommen, es ist $c = 1$, d.h. $P^n =$ Id; wegen (i) ist $n = 2l$. Falls l gerade ist, so ist P^l die Matrix Id oder die Matrix −Id. Ist dagegen l ungerade, so hat P^l die Form $\begin{pmatrix} r & -2r \\ -2r & -r \end{pmatrix}$, wobei $r \in \mathbb{Z}_p$ ein Element mit $5r^2 = 1 \bmod p$ ist.

(iii) Auch im Fall $c = -1$ können wir n wegen (i) als $2l$ schreiben. Ist l ungerade, so hat P^l die Form $r \cdot$ Id mit einem $r \in \mathbb{Z}_p$, für das $r^2 = -1$ gilt. Ist l gerade, so gilt $P^l = \begin{pmatrix} r & -2r \\ -2r & -r \end{pmatrix}$ mit einem $r \in \mathbb{Z}_p$, das der Bedingung $5r^2 = -1$ genügt.

[2)] Dazu sind alle 4 Einträge der jeweiligen Matrixpotenz modulo p zu bestimmen.

(iv) $n = 2l$ sei gerade, und $P^n = c \cdot \mathrm{Id}$, Dann ist $c = 1$ oder $c = -1$.

Beweis: (i) Angenommen, n wäre ungerade, also $n = 2l+1$. Die Gleichung $P^{2l+1} = c{\cdot}\mathrm{Id}$ impliziert (wenn wir sie mit Q^{l+1} multiplizieren und beachten, dass $PQ = \mathrm{Id}$ gilt) $P^l = c \cdot Q^{l+1}$. Wegen Lemma 9.1(ii) wäre dann

$$\begin{pmatrix} u_{l-1} & u_l \\ u_l & u_{l+1} \end{pmatrix} = c(-1)^{l+1} \begin{pmatrix} u_{l+2} & -u_{l+1} \\ -u_{l+1} & u_l \end{pmatrix}.$$

Daraus würde $u_l = c(-1)^{l+2}u_{l+1}$ und $u_{l+1} = c(-1)^{l+1}u_l$ folgen, d.h. $u_l = (-1)^{2l+3}c^2u_l = -u_l$. Es wäre also $u_l = u_{l+1} = 0$. (An dieser Stelle haben wir ausgenutzt, dass $p > 2$ ist, denn wir haben aus $2u_l = 0$ auf $u_l = 0$ geschlossen. Unter unseren Voraussetzungen geht das, denn $2 \neq 0$ in $\mathbb{Z}_p$.) Das kann aber nicht sein, denn aus $u_l = u_{l+1} = 0$ würde $u_k = 0$ for $k \geq l$ folgen, ein Widerspruch zur Gleichung $P^n = c \cdot Id$.

(ii) Aus $P^{2l} = \mathrm{Id}$ folgt (nach Multiplikation dieser Gleichung mit Q^l) $P^l = Q^l$, und Lemma 9.1(i) impliziert $u_l = (-1)^{l+1}u_l$ und $u_{l+1} = (-1)^l u_{l-1}$. Wenn l gerade ist, folgt daraus $u_l = 0$ sowie $u_{l+1} = u_{l-1}$, die Matrix P^l ist also ein Vielfaches der Identität: $P^l = d{\cdot}\mathrm{Id}$. Das Quadrat dieser Matrix, $d^2{\cdot}\mathrm{Id}$, ist gleich Id nach Voraussetzung. Es gilt also $d^2 = 1$ in $\mathbb{Z}_p$. Doch $\mathbb{Z}_p$ ist nullteilerfrei, wegen $0 = d^2 - 1 = (d-1)(d+1)$ muss also $d = 1$ oder $d = -1$ gelten.

Wir nehmen nun an, dass l ungerade ist. Dann muss $u_{l+1} = -u_{l-1}$ sein, also $u_l = (u_{l+1} - u_{l-1}) = -2u_{l-1}$. Mit $r := u_{l-1}$ hat P^l also die Form $\begin{pmatrix} r & -2r \\ -2r & -r \end{pmatrix}$. Die Gleichung $5r^2 = 1$ folgt aus

$$(P^l)^2 = \begin{pmatrix} r & -2r \\ -2r & -r \end{pmatrix}^2 = \begin{pmatrix} 5r^2 & 0 \\ 0r & 5r^2 \end{pmatrix} = \mathrm{Id}.$$

(iii) Diese Aussagen beweist man ganz analog.

(iv) Die Voraussetzung impliziert $P^l = cQ^l$, und daraus schließen wir $u_l = c(-1)^{l+1}u_l$ sowie $u_{l-1} = c(-1)^l u_{l+1}$. Da $\mathbb{Z}_p$ nullteilerfrei ist, können wir im Fall $u_l \neq 0$ folgern, dass $1 = c(-1)^{l+1}$, also $c = (-1)^{l+1} \in \{-1, 1\}$, gelten muss. Sollte $u_l = 0$ gelten, so folgte $u_{l+1} = u_{l-1}$, also $u_{l+1} = c(-1)^l u_{l+1}$. Dabei kann u_{l+1} nicht Null sein, denn das würde (zusammen mit $u_l = 0$) $0 = u_l = u_{l+1} = u_{l+2} = \cdots$ implizieren, ein Widerspruch zu $P^{2l} = \mathrm{Id}$. Wieder kann man also kürzen, in diesem Fall ist $c = (-1)^l$. □

Die Periode

Es sei $\gamma = \gamma(p)$ die kleinste natürliche Zahl m mit der Eigenschaft $P^m = \mathrm{Id}$. (Achtung, wir rechnen modulo p.) γ ist gerade die Ordnung von P in der Gruppe der invertierbaren Matrizen mit Einträgen in $\mathbb{Z}_p$.

Aus Lemma 9.1 (i) folgt sofort, dass $(u_n \bmod p)$ γ-periodisch ist und dass γ die kleinste natürliche Zahl m ist, für die $u_{n+m} = u_n \bmod p$ für alle n gilt. Lemma 9.2 (i) garantiert, dass γ eine gerade Zahl ist. Dieses γ ist unser Kandidat für das γ aus dem oben beschriebenen Problem. Jetzt müssen wir „nur" noch herausbekommen, für welche p die Summe der ersten γ Elemente in der Folge $x_0 = a, x_1 = b, \ldots, x_{i+1} := x_{i-1} + x_i, \ldots$ immer die gleiche ist, egal, wie $(a, b) \neq (0, 0)$ gewählt waren.

Weiter oben, auf der zweiten Seite dieses Kapitels, haben wir schon ausgerechnet, dass die Periode im Fall $p = 7$ gleich 16 ist.

Quadratische Reste

In Lemma 9.2 spielten doch Zahlen eine Rolle, die gewisse quadratische Gleichungen in $\mathbb{Z}_p$ lösen: In Lemma 9.2 (ii) tauchte ein r mit $5r^2 = 1$ auf, und in Lemma 9.2 (iii) wurde unter gewissen Voraussetzungen ein r mit $r^2 = -1$ gefunden.

In $\mathbb{Z}$ sind diese Gleichungen sicher nicht lösbar, denn $\pm 1/\sqrt{5}$ ist irrational und alle Quadrate sind nicht negativ. In $\mathbb{Z}_p$ kann das aber durchaus vorkommen. So ist $5 \cdot 3^2 = 45 = 1$ in $\mathbb{Z}_{11}$, und es gilt $6^2 = -1$ in $\mathbb{Z}_{37}$. Die Gleichungen müssen aber *nicht immer* lösbar sein. Zum Beispiel findet man kein $r \in \mathbb{Z}_7$ mit $5 \cdot r^2 = 1$ und auch kein $r \in \mathbb{Z}_7$ mit $r^2 = -1$. Doch wann geht es, und wann geht es nicht?

Es handelt sich um ein altehrwürdiges Problem der Zahlentheorie, erste tiefliegende Ergebnisse stammen von Leonhard Euler (1707 bis 1783) und Carl Friedrich Gauß (1777 bis 1855).

Euler und Gauß[3)] .

Hier die zugehörige Definition: Eine Zahl $b \in \mathbb{Z}_p$ heißt *quadratischer Rest modulo* p, wenn es ein $a \in \mathbb{Z}_p$ mit $a^2 = b$ (in $\mathbb{Z}_p$) gibt. In diesem Fall schreibt man $\left(\frac{b}{p}\right) = 1$, und wenn es kein derartiges a gibt, wird das durch $\left(\frac{b}{p}\right) = -1$ ausgedrückt. Aus typographischen Gründen werden wir im Folgenden allerdings $(b \,|\, p) = 1$ bzw. $(b \,|\, p) = -1$ schreiben. Wir haben zum Beispiel schon bemerkt, dass $(-1 \,|\, 37) = 1$ und $(-1 \,|\, 7) = -1$ gilt.

Sind x, y invertierbare Elemente in $\mathbb{Z}_p$, so stimmt doch (wie in allen Körpern) $(1/x)(1/y)$ mit $1/(xy)$ überein. Damit folgt aus $x^2 = 1/5$, dass $(1/x)^2 = 5$ gilt. (Beachte, dass 5 in $\mathbb{Z}_p$ für $p > 5$ invertierbar ist.) Kurz: Die Frage nach der Existenz eines r mit $5 \cdot r^2 = 1$ ist gleichwertig zur Frage, ob $(5 \,|\, p) = 1$ ist. Fortschritte bei der Lösung unseres Problems hängen wegen Lemma 9.2 also damit zusammen, ob $(5 \,|\, p)$ bzw. $(-1 \,|\, p)$ plus oder minus Eins ist.

Die folgenden Tatsachen übernehmen wir als Bausteine. Beweise findet man in Büchern über Zahlentheorie.

- $(a \,|\, p) = a^{(p-1)/2} \bmod p$ für alle ungeraden Primzahlen p und $a \neq 0$ in $\mathbb{Z}_p$.

---

3) Quellen: Gemälde von Gottlieb Biermann, Universität Göttingen (Sternwarte Göttingen), Foto: A. Wittmann (Gauß); Foto: Georgios Kollidas / stock.adobe.com (Euler)

- Die Primzahlen p mit $(5\,|\,p) = -1$ sind genau die Primzahlen p mit $p = 3 \bmod 10$ oder $p = 7 \bmod 10$, also $p = 3, 7, 13, 17, 23, 37, \ldots$. Folglich gilt $(5\,|\,p) = 1$ genau dann, wenn $p = 1 \bmod 10$ oder $p = 9 \bmod 10$, also $p = 11, 19, 29, 31, 41, \ldots$.
- Für eine ungerade Primzahl p gilt $(-1\,|\,p) = -1$ genau dann, wenn $p = 3 \bmod 4$, und $(-1\,|\,p) = 1$ ist genau dann richtig, wenn $p = 1 \bmod 4$.
- $(5\,|\,p) = -1$ und gleichzeitig $(-1\,|\,p) = -1$ (d.h. $p = 3, 7 \bmod 10$ und $p = 3 \bmod 4$) gilt genau dann, wenn $p = 3 \bmod 20$ oder $p = 7 \bmod 20$. (Ähnliche Charakterisierungen lassen sich leicht für alle Fälle $(5\,|\,p) = \pm 1$ und $(-1\,|\,p) = \pm 1$ finden.)
- Ist p eine Primzahl, so gilt $a^{p-1} = 1$ für alle $a \in \{1, \ldots, p-1\}$. (Das ist der so genannte „kleine Satz von Fermat".)

Bemerkungen: 1. Dass $a^{(p-1)/2}$ in $\{-1, 1\}$ liegt, folgt leicht aus dem kleinen Satz von Fermat, denn $\mathbb{Z}_p$ ist als Körper nullteilerfrei, und mit $x := a^{(p-1)/2}$ gilt $(x-1)(x+1) = x^2 - 1 = x^{p-1} - 1 = 0$. Damit ist allerdings noch nicht gezeigt, dass diese Zahl mit $(a\,|\,p)$ übereinstimmt.

2. Zur Illustration kann man sich noch einmal unsere Beispiele ansehen: Es ist $5^5 = 1$ in $\mathbb{Z}_{11}$ und deswegen gilt $(5\,|\,11) = 1$; und diese Aussage folgt auch daraus, dass 11 weder 3 noch 7 modulo 10 ist. Und so weiter.

Primzahlen, für die $(5\,|\,p) = (-1\,|\,p) = -1$ gilt

Wir konzentrieren unsere Untersuchungen nun auf Primzahlen, für die die Gleichungen $x^2 = 5$ und $x^2 = -1$ in $\mathbb{Z}_p$ nicht lösbar sind. Das sind, wie schon erwähnt, die Primzahlen p, für die $p = 3 \bmod 20$ oder $p = 7 \bmod 20$ gilt: $7, 23, 43, 47, \ldots$.

Lemma 9.3: *p sei eine ungerade Primzahl mit $(5\,|\,p) = -1$. Dann gilt $P^{p+1} = -$ Id $\bmod p$, und es folgt, dass γ ein Teiler von $2(p+1)$ ist.*

Beweis: Wenn wir die Darstellung der Fibonaccizahlen in Lemma 9.1 (iv) mit 2^{n-1} multiplizieren, erhalten wir

$$2^{n-1} u_n = \binom{n}{1} + 5\binom{n}{3} + 5^2\binom{n}{5} + \cdots,$$

und diese Gleichung enthält nur ganze Zahlen. Wir betrachten sie modulo p für die speziellen Werte $n = p$ und $n = p + 1$.

Sei zunächst $n = p$. Die linke Seite ist gleich $u_p \bmod p$. Dabei wird erstens der kleine Satz von Fermat ausgenutzt ($2 \neq 0$, also $2^{n-1} = 1$ in $\mathbb{Z}_p$), und zweitens ist wichtig, dass die Abbildung $x \mapsto x \bmod p$ multiplikativ ist.

Für die Berechnung der rechten Seite ist die Beobachtung wichtig, dass alle $\binom{p}{k}$ mit $0 < k < p$ den Faktor p enthalten: Weil p eine Primzahl ist, kürzt sich p bei der Berechnung von $\binom{n}{k} = p(p-1)\cdots(p-k+1)/k!$ nicht weg[4].

Das bedeutet, dass alle Summanden auf der rechten Seite mit Ausnahme des letzten 0 in $\mathbb{Z}_p$ sind. Dieser letzte ist gleich $5^{(p-1)/2}\binom{p}{p}$, wobei der erste Faktor gleich $(5\,|\,p)$ und folglich gleich -1 ist; der zweite ist Eins. Deswegen gilt $u_p = -1 \bmod p$.

---

[4] Diese Tatsache war auch in den Kapiteln 5, 6 und 7 wichtig.

Und jetzt werten wir die Gleichung für $n = p + 1$ aus. Modulo p ist die linke Seite gleich $2u_{p+1} \bmod p$, denn $2^{n-1} = 1$. Die Analyse der rechten Seite ist etwas komplizierter. Es gibt die gleiche Anzahl von Summanden wie im Fall $n = p$, diesmal sind es die Summanden $5^{(k-1)/2}\binom{p+1}{k}$ für $k = 1, 3, 5, \ldots, p$. Für $k = 1$ steht $p + 1 = 1$ da, und für $k = p$ erhalten wir $(p + 1)5^{(p-1)/2} = -1$. (Dabei haben wir wieder ausgenutzt, dass $5^{(p-1)/2} = (5 \,|\, p) = -1$ nach Voraussetzung gilt.) Bei der Berechnung der noch ausstehenden Binomialkoeffizienten

$$\binom{p+1}{k} = \frac{(p+1)!}{(p+1-k)\,k!}$$

steht im Zähler stets ein p, das sich nicht wegkürzt (denn p ist Primzahl). Stets ist also p als Faktor enthalten, und deswegen sind alle diese Summanden 0 in $\mathbb{Z}_p$. Zusammen heißt das: $2u_{p+1} = 1 - 1 = 0$. Und da 2 invertierbar ist, folgt $u_{p+1} = 0$.

Nun muss man sich nur noch an Lemma 9.1 (i) erinnern. Danach ist $P^{p+1} = -\mathrm{Id}$. Es folgt $P^{2(p+1)} = \mathrm{Id}$, die Zahl $2(p + 1)$ liegt also in $\{k \mid P^k = \mathrm{Id}\}$. Diese Menge besteht aber aus den ganzzahligen Vielfachen von γ, und das beweist den Zusatz. □

Bemerkung: Im Fall $(5 \,|\, p) = -1$ kommt es oft vor, dass wirklich $\gamma = 2(p + 1)$ ist. Dann wollen wir sagen, dass p *maximale Periode* hat.

Es gibt allerdings auch Beispiele, für die γ kleiner ist. Das kleinste derartige p ist $p = 47$ mit $\gamma = 32$.

Die Periode γ kann sogar *viel* kleiner sein als möglich. Für $p = 967$ etwa sagt unser Satz nur voraus, dass γ ein Teiler von $2(p + 1) = 1936$ ist. Es gilt aber $\gamma = 176$.

Nach Definition ist γ die kleinste Zahl m mit $P^m = \mathrm{Id}$. Es ist also $P^\gamma = \mathrm{Id}$, und nach Lemma 9.2 (i) ist γ eine gerade Zahl. Was kann man über $P^{\gamma/2}$ sagen? Manchmal wird diese Potenz von P gleich $-\mathrm{Id}$ sein, das ist aber nicht notwendig der Fall. Wir behaupten:

Lemma 9.4: *(i) Es gilt $P^{\gamma/2} = -\mathrm{Id}$ genau dann, wenn $\gamma \bmod 4 = 0$.*
(ii) Es sei $(5 \,|\, p) = -1$. Dann ist $P^{\gamma/2} = -\mathrm{Id}$.

Beweis: (i) Wenn $P^{\gamma/2} = -\mathrm{Id}$ gilt, so ist $\gamma/2$ wegen Lemma 9.2 (i) gerade, und deswegen wird γ durch 4 teilbar sein. Nun gehen wir umgekehrt von $P^\gamma = \mathrm{Id}$ aus. γ ist gerade, und $\gamma/2$ könnte gerade oder ungerade sein. Ist es gerade, so gilt $\gamma = 0 \bmod 4$. Könnte es ungerade sein? Für diesen Fall sagt Lemma 9.2 (iii) voraus, dass man $P^{\gamma/2}$ als $\begin{pmatrix} r & -2r \\ -2r & -r \end{pmatrix}$ schreiben kann, wobei r die Bedingung $5r^2 = -1$ erfüllt. Insbesondere ist $P^\gamma/2$ *nicht* die Abbildung $-\mathrm{Id}$, dieser Fall scheidet also aus.

(ii) Wir wissen, dass $P^\gamma = \mathrm{Id}$ gilt und dass γ eine gerade Zahl ist. Nach Lemma 9.2 (ii) sind drei Fälle möglich:

- $\gamma/2$ ist gerade, und $P^{\gamma/2} = \mathrm{Id}$.
- $\gamma/2$ ist gerade, und $P^{\gamma/2} = -\mathrm{Id}$.
- $\gamma/2$ ist ungerade, in diesem Fall ist $P^{\gamma/2} = \begin{pmatrix} r & -2r \\ -2r & -r \end{pmatrix}$ mit einem r, für das $5r^2 = 1$ gilt.

Fall 1 scheidet aus, denn γ sollte ja der kleinste Exponent m sein, für den $P^m = \text{Id}$ gilt. Fall 3 ist auch nicht möglich, denn dann wäre – wie weiter oben auf Seite 102 schon begründet – $(5\,|\,p) = 1$. Bleibt Fall 2, und damit ist alles gezeigt. □

Als letzte Vorbereitung kümmern wir uns um Nullen. Wie sieht zum Beispiel die übliche Fibonaccifolge $0, 1, 1, 2, \ldots$ modulo 7 aus, wenn uns die ersten 16 Elemente – also die Elemente in einer Periode – interessieren? Wir erhalten

$$0, 1, 1, 2, 3, 5, 1, 6, 0, 6, 6, 5, 4, 2, 6, 1.$$

Es sind also *zwei* Nullen, und dieses Ergebnis erhalten wir immer für die hier interessierenden Primzahlen:

Lemma 9.5: *Sei ν die Anzahl der Nullen in den ersten γ Elementen der Fibonaccifolge modulo p. Falls $(5\,|\,p) = (-1\,|\,p) = -1$ gilt, so ist $\nu = 2$.*

Beweis: Im vorstehenden Beweis haben wir gesehen, dass $\gamma/2$ gerade ist und dass $P^{\gamma/2} = -\text{Id}$ gilt. Nun ist (Lemma 9.1 (i)) $P^{\gamma/2} = \begin{pmatrix} u_{\gamma/2-1} & u_{\gamma/2} \\ u_{\gamma/2} & u_{\gamma/2+1} \end{pmatrix}$, d.h., $u_{\gamma/2} = 0$. In der Folge $(u_i)_{i=0}^{\gamma-1}$ kommen also mindestens zwei Nullen vor.

Können es mehr sein? Wir betrachten die Menge aller $k \in \mathbb{Z}$, für die P^k ein Vielfaches der Identität ist. Das ist eine additive Untergruppe von $\mathbb{Z}$, sie hat damit die Form $k_0 \cdot \mathbb{Z}$ für ein geeignetes $k_0 \in \mathbb{N}$. Die Zahl $\gamma/2$ gehört dazu, es ist also $\gamma/2 = k \cdot k_0$ für ein geeignetes $k \in \mathbb{N}$. Wir unterscheiden drei Fälle:

- $k = 1$, also $k = k_0$. Dann folgt die Behauptung: Gäbe es ein $0 < l < \gamma/2$ mit $u_l = 0$, so wäre P^l wegen Lemma 9.1 (i) diagonal und sogar ein Vielfaches von Id. (Denn $u_{l+1} = u_l + u_{l-1} = u_{l-1}$.) Das geht aber nicht, da k_0 das kleinste derartige l ist. Damit gibt es keine weiteren Nullen zwischen u_0 und $u_{\gamma/2}$. Und auch keine zwischen $u_{\gamma/2}$ und $u_{\gamma-1}$, denn andernfalls wäre mit $P^{\gamma/2}$ und P^l (wobei $\gamma/2 < l < \gamma$) auch $P^{l'}$ ein Vielfaches von Id, wenn man $l' := l - \gamma/2$ setzt. Und $0 < l' < \gamma/2$, ein Widerspruch.

- $k = 2$, also $2k_0 = \gamma/2$. Wäre k_0 ungerade, so würde aus Lemma 9.2 (iii) folgen, dass $P^{k_0} = r\,\text{Id}$, wobei $r^2 = -1$. Solche r gibt es aber wegen $(-1\,|\,p) = -1$ nicht. k_0 muss also gerade sein, doch dann hätte (wieder wegen Lemma 9.2 (iii)) P^{k_0} die Form $\begin{pmatrix} r & -2r \\ -2r & -r \end{pmatrix}$ mit einem r, für das $5r^2 = -1$ gilt. Das geht aber nicht, denn P^{k_0} sollte ja diagonal sein.

- $k > 2$. Diesmal kommt Lemma 9.2 (iv) ins Spiel. Danach ist (mit $l := 2k_0$) die Matrix P^{2l} gleich Id oder $-$Id, also $P^{4l} = \text{Id}$. Das kann aber nicht sein, denn $4l < 2k \cdot k_0 = \gamma$ im Widerspruch zur Definition von γ.

Damit ist das Lemma bewiesen. □

Das Hauptergebnis

Nach diesen Vorbereitungen können wir den Grund dafür angeben, warum bei dem einleitend beschriebenen Zaubertrick die Summe über die ersten 16 Elemente der Folge

$x_0 := a, x_1 := b$ und $x_{n+1} := x_{n-1} + x_n \bmod 7$ für beliebige $a, b \in \mathbb{Z}_7$ mit $(a, b) \neq (0, 0)$ immer gleich 49 war: Es liegt an $(5 \,|\, 7) = (-1 \,|\, 7) = -1$ und der Tatsache, dass für $p = 7$ die Periodenlänge so groß wie möglich ist:

Satz 9.6: *Sei p eine Primzahl mit $(5 \,|\, p) = (-1 \,|\, p) = -1$, d.h., es gilt $p = 3 \bmod 20$ oder $b = 7 \bmod 20$. Wie oben bezeichnen wir mit γ die Periode der Fibonaccifolge modulo p. Wir setzen voraus, dass diese Periode maximal, also gleich $2(p+1)$ ist.*

Sind dann $a, b \in \mathbb{Z}_p$ mit $(a, b) \neq (0, 0)$ beliebig und definiert man $x_0 := a, x_1 := b$ und $x_{n+1} := x_{n-1} + x_n \bmod 7$ für $n \geq 1$, so ist

$$x_0 + x_1 + \cdots + x_{\gamma-1} = p\Big(\frac{\gamma}{2} - 1\Big) = p^2.$$

Beweis: Der Spaltenvektor mit den Komponenten x_n, x_{n+1} soll als $(x_n, x_{n+1})^\perp$ geschrieben werden. Es gilt dann $(x_n, x_{n+1})^\perp = P^n(a, b)^\perp$, wie man durch vollständige Induktion leicht einsehen kann. Wegen Lemma 9.4 ist $P^{\gamma/2} = -\mathrm{Id}$, und das bedeutet, dass sich die Folge der x_n nach der halben Periodenlänge mit negativem Vorzeichen wiederholt: $x_{\gamma/2+n} = -x_n$[5].

Jetzt wollen wir die Summe über die $x_0 + x_1 + \cdots + x_{\gamma-1}$ berechnen, aber nicht modulo p, sondern als Summe in $\mathbb{N}$. Wir sortieren sie um und schreiben sie als

$$(x_0 + x_{\gamma/2}) + (x_1 + x_{\gamma/2+1}) + \cdots + (x_{\gamma/2-1} + x_{\gamma-1}).$$

Ein typischer Summand ist $(x_t + x_{\gamma/2+t})$. Wir betrachten zwei Fälle. Erstens könnte $x_t = 0$ gelten. Dann ist auch $x_{\gamma/2+t} = -x_t$ gleich 0. Im Fall $x_t \neq 0$ müssen wir beachten, dass $-x_t$ in $\mathbb{Z}_p$ auszurechnen ist, und da ist $-x_t = p - x_t$. Kurz: Der Summand zum Index t ist in diesem Fall gleich $x_t + (p - x_t) = p$.

Damit wissen wir, dass $x_0 + x_1 + \cdots + x_{\gamma-1}$ gleich „p mal ($\gamma/2$ minus Anzahl der Nullen in $x_0, \ldots, x_{\gamma/2}$)“ ist, und wir müssen nur noch die Anzahl dieser Nullen bestimmen. Wir werden zeigen, dass es stets genau eine Null gibt, und damit wäre der Beweis dann vollständig geführt.

Sei Δ die (p^2-1)-elementige Menge $\mathbb{Z}_p \times \mathbb{Z}_p \setminus \{(0,0)^\perp\}$, und $\Phi : \Delta \to \Delta$ sei durch $(x, y)^\perp \mapsto P(x, y)^\perp$ definiert. Φ ist bijektiv, da P invertierbar ist, und Φ induziert für jedes $(x, y)^\perp$ einen „Spaziergang“: $(x, y)^\perp, \Phi\big((x, y)^\perp\big), \Phi^2\big((x, y)^\perp\big), \ldots$. Die Menge der Elemente von Δ, die dabei getroffen werden, heißt der *Orbit* von $(x, y)^\perp$.

Am Wichtigsten ist der bei $(0, 1)^\perp$ startende Orbit. Nach Definition von γ trifft er γ $(= 2(p+1))$ Punkte in Δ. Genau 2 dieser Punkte gehören zu $\{0\} \times \mathbb{Z}_p$, das ist eine Umformulierung von Lemma 9.5. Einer dieser Punkte ist $(0, 1)^\perp$, der andere soll mit $(0, \alpha)^\perp$ bezeichnet werden. Es ist $\alpha \neq 1$, denn andernfalls wäre die Periode nur halb so groß wie in Wirklichkeit.

Sei $c \in \mathbb{Z}_p$ eine Zahl, die von 1 und α verschieden ist. Der Orbit durch $(0, c)^\perp$ ist das c-fache des Orbits durch $(0, 1)^\perp$. Auch er hat also die Länge γ, und er trifft $\{0\} \times \mathbb{Z}_p$ ebenfalls zwei Mal (nämlich bei $(0, c)^\perp$) und bei $(0, \alpha c)^\perp$. Falls mit diesen beiden Orbits noch nicht alle Punkte aus $\{0\} \times \mathbb{Z}_p$ getroffen sind, starten wir erneut

[5] Das kann man auch gut an dem Beispiel vor Lemma 9.5 sehen: Die zweite Hälfte der Folge ist $0, 6, 6, 5, 4, 2, 6, 1$, und dass ist genau das Negative (in $\mathbb{Z}_7$ gerechnet) von $0, 1, 1, 2, 3, 5, 1, 6$.

mit einem $(0,c')^\perp$. Wieder werden γ Punkte von Δ getroffen, davon 2 bisher nicht getroffene in $\{0\} \times \mathbb{Z}_p$. Das können wir so oft wiederholen, bis $\{0\} \times \mathbb{Z}_p$ ausgeschöpft ist, insgesamt haben wir damit $(p-1)/2$ Orbits erzeugt. Da verschiedene Orbits disjunkt sind, wurden insgesamt $2(p+1)(p-1)/2 = p^2 - 1$ Punkte von Δ getroffen. Das sind aber *alle* Punkte in Δ!

Es folgt: Startet ein Orbit bei irgendeinem $(a,b)^\perp$, so stimmt er mit einem der schon erzeugten überein. Insbesondere trifft er zwei Mal $\{0\} \times \mathbb{Z}_p$, in der halben Perioden kommt es also zu einem Treffer in dieser Menge. Und das bedeutet, dass $x_0, \ldots, x_{\gamma/2-1}$ genau eine Null enthält, unabhängig von a, b. □

Ergänzungen

1. Es scheint keine Regel zu geben, wann eine Primzahl p mit $p \mod 20 \in \{3,7\}$ maximale Periode hat. Das muss man im Einzelfall immer direkt nachprüfen. Die ersten Beispiele sind

$$7, 23, 43, 67, 83, 103, 127, 163, 167, 223, 227, 283, \ldots$$

2. Es lässt sich – mit höherem technischen Aufwand – noch wesentlich mehr sagen:

- Falls die Periode nicht maximal ist, kann man nicht wie im vorigen Beweis argumentieren. Richtig bleibt allerdings (und das haben wir mitbewiesen): Gibt es Nullen in $x_0, \ldots, x_{\gamma-1}$, so ist

$$x_0 + \cdots + x_{\gamma-1} = p\left(\frac{\gamma}{2} - 1\right).$$

  Gibt es dagegen keine Nullen, so ist die Summe gleich $p\gamma/2$.

- Auch in anderen Fällen kann man recht präzise Aussagen über $x_0 + \cdots + x_{\gamma-1}$ machen. Keine Ergebnisse liegen allerdings vor, wenn $p \mod 20 \in \{1,9\}$ und gleichzeitig $\gamma \mod 4 = 2$. Ein Beispiel ist $p = 29$, das die Periode 14 hat. Mögliche Werte für $x_0 + \cdots + x_{13}$ bei verschiedenen a, b sind hier $116, 145, 174, 203, 232, 261$.

Beweise fndet man in meiner Arbeit „Fibonacci goes Magic".

Der Zaubertrick

Leider sind alle Beispiele, bei denen p größer als 7 ist, sehr rechenintensiv, und ich empfehle nicht wirklich, sie in einer Zaubervorführung einzusetzen. Rein theoretisch könnte man aber zum Beispiel so vorgehen, wenn man mit $p = 43$ arbeitet:

- Ein Zuschauer sucht sich zwei Zahlen a, b in $\{0, \ldots, 42\}$. Die Wahl $(a,b) = (0,0)$ ist allerdings verboten.
- Man definiert die Folge (x_n) durch $x_0 := a, x_1 := b$, $x_{n+1} := x_{n-1} + x_n$.
- Der Zuschauer soll die ersten 88 Folgenglieder aufsummieren.
- Die große Überraschung: Seine Zahl, die $1849 (= 43^2)$, steht schon auf einem Vorhersagezettel, den der Zauberer aus der Tasche zieht. Und das, obwohl der Zuschauer die Wahl unter 1848 verschiedenen Paaren (a,b) hatte!

Varianten

Für Laien, denen man das modulo-Rechnen ersparen möchte, kann man die Regel auch so formulieren: „Addiere die beiden jeweils letzten Folgenglieder. Und wenn die Summe größer als p ist, ziehe p ab". Und am Anfang werden $a, b \in \{1, \dots, p\}$ gewählt, wobei (p, p) verboten ist. Die Summe wird dann etwas aber anders sein: Wo eben noch eine Null stand, steht jetzt p. Das kommt unter den Voraussetzungen von Satz 9.6 in der Periode zwei Mal vor, und deswegen ist die korrigierte Summe gleich $p^2 + 2p = p(p+2)$. So kam die $63 = 7(7 + 2)$ ganz am Anfang zustande.

Quellen

Dieses Kapitel beruht auf der Arbeit „Fibonacci goes Magic", die in der Zeitschrift „Elemente der Mathematik", Heft 68 (2013), erschienen ist.

Kapitel 10

Australisches Ausgeben, auch für Fortgeschrittene

Es handelt sich um eine ganze Trickfamilie. Die meisten Varianten beruhen auf einer der beiden nachstehenden Arten des Ausgebens:

- Man hat einen Kartenstapel in der linken Hand. Dann wird immer wieder die folgende Aktion durchgeführt: Eine Karte auf den Tisch, eine unter den Stapel.

  Das wird so lange gemacht, bis in der Hand nur noch eine Karte übrig ist. Wir wollen dieses Verfahren das australische *down-under*-Ausgeben nennen.

- Beim australischen *under-down*-Ausgeben ist es umgekehrt: Immer wieder eine Karte unter den Stapel, eine auf den Tisch. So lange, bis nur noch eine Karte übrig ist.

Im Englischen heißt es übrigens „down-under-shuffle" und „under-down-shuffle", also „Mischen" statt „Ausgeben". Das ist eigentlich nicht gerechtfertigt, da es gar nicht wirklich um Mischvorgänge geht, bei denen etwas Zufälliges passiert, denn alles ist völlig deterministisch.

Es gibt auch noch eine etwas kompliziertere Variante. Da hält man einen Kartenstapel bildoben, und auf jeder Karte steht eine Zahl. (Man könnte zum Beispiel den jeweiligen Kartenwert nehmen, dann muss man aber festlegen, wie Bube, Dame, König und Ass zählen). Jetzt wird so ausgegeben:

- Man schaut sich den Wert der obersten Karte an. So viele Karten wandern einzeln von oben unter den Stapel. Die nächste kommt auf den Tisch. Das wird so lange wiederholt, bis nur noch eine einzige Karte übrig ist.

- Diese Art des Ausgebens soll in diesem Kapitel *australisch-II-ausgeben* genannt werden.

(Zwei Beispiele: Haben die Karten etwa – von oben nach unten – die Werte $(3,4,5,2)$, so passiert folgendes: Im ersten Stapel entsteht zunächst der Stapel $(2,3,4,5)$, die 2

kommt auf den Tisch. Damit ist $(3,4,5)$ entstanden. Im nächsten Schritt reproduziert sich der Stapel, und die 3 wird entfernt. Wir sind also bei $(4,5)$ angelangt. Auch dieser Stapel reproduziert sich: Die 4 wandert auf den Tisch, die 5 ist diejenige Karte, die übrig bleibt.

Und $(3,3,4,2,1)$ würde sich so entwickeln:

$$(3,3,4,2,1) \to (1,3,3,4) \to (3,4,1) \to (4,1) \to (1).$$

Die „einfache" australische under-down-Variante entspricht offensichtlich einem Stapel, der nur mit Einsen beschriftet ist.)

Der Effekt

Im Zusammenhang mit den verschiedenen Varianten des australischen Ausgebens gibt es viele effektvolle Zaubertricks, die weiter unten ausführlich besprochen werden. Hier einige Beispiele:

- Ein Zuschauer mischt einen Kartenstapel sehr sorgfältig. Er wird kurz mit der Bildseite nach oben gezeigt, es sieht völlig durcheinander aus. Der Stapel wird wieder umgedreht, der Zuschauer sucht sich eine Zahl: So viele Karten werden nun zu einem neuen Stapel heruntergezählt. Der Zauberer schreibt eine Prognose auf einen Zettel, der in einen Briefumschlag kommt. Dann wird australisch ausgegeben, und die letzte Karte, die übrig bleibt, stimmt mit der Prognose überein.
- Ein kleiner Kartenstapel wird gemischt, und ein Zuschauer merkt sich die unterste Karte. Nach einem magischen Spruch – es wird „EINSTEIN" buchstabiert, und bei jedem der acht Buchstaben wandert eine Karte unter den Stapel – wird australisch ausgegeben. Die letzte Karte ist diejenige, die sich der Zuschauer gemerkt hat.
- Beim unter Zauberern und Zuschauern sehr beliebten „Wegwerftrick" von Woody Aragon können beliebig viele Zuschauer mitmachen. Karten werden zerrissen, einige Hälften untereinander getauscht, und hin und wieder wird auch etwas weggeworfen. Das Mirakel: Am Ende hat jeder zwei Kartenhälften vor sich zu liegen, die zusammenpassen.
- Einige Karten können (fast) beliebig bildoben zusammengelegt werden. Es folgt australisch-II-Ausgeben. Die Karte, die übrig bleibt, wurde vom Zauberer richtig vorausgesagt.

Die Mathematik im Hintergrund

Grundlage aller Tricks, bei denen down-under- oder under-down-Ausgeben eingesetzt wird, ist der folgende

Satz 10.1: *Gegeben sei ein Kartenstapel aus n Karten, die mit $1, 2, \ldots, n$ von oben nach unten durchnummeriert sind. Man suche eine möglichst große Zweierpotenz 2^s mit $2^s \leq n$ und schreibe n als $2^s + k$.*

(i) Beim under-down-Ausgeben bleibt die Karte mit der Nummer $2k+1$ übrig.

(ii) Beim down-under-Ausgeben ist es die Karte mit der Nummer $2k$. Im Fall $k = 0$ ist die 0-te Karte als unterste Karte des Stapels zu interpretieren.

Beweis: (i) Wir beweisen durch Induktion nach n. Die Aussage stimmt für $n = 1$, denn da ist man ohne Ausgeben schon fertig, es bleibt die erste Karte übrig. Es ist $k = 0$ (denn $1 = 2^0 + 0$), und wie behauptet ist $2k + 1 = 1$.

Nun nehmen wir an, dass die Formel für ein festes n schon gezeigt ist. n sei als $n = 2^s + k$ geschrieben. Wir unterscheiden zwei Fälle:

Fall 1: $n + 1 < 2^{s+1}$. Dann lautet die für den Satz relevante Darstellung von $n + 1$: $n + 1 = 2^s + (k + 1)$, das neue k ist also $k + 1$, und es ist zu begründen, dass Karte Nummer $2(k+1)+1 = 2k+3$ übrig bleibt. Dazu verfolgen wir die ersten beiden Schritte: Eine Karte unter den Stapel, eine auf den Tisch. Die oberste Karte des Stapels, den wir jetzt in der Hand halten, ist Karte Nummer 3 des Originalstapels, und der neue Stapel hat n Karten. Aufgrund der Induktionsannahme bleibt Karte Nummer $2k + 1$ übrig, wenn wir den neuen Stapel ab Eins nummerieren. Relativ zur Nummerierung des Stapels aus $n + 1$ Karten sind wir 2 Zähler weiter (neue Nummerierung 1 entspricht alter Nummerierung 3 usw.[1)]). Kurz: Es überlebt Karte Nummer $2k+3$ wie behauptet.

Fall 2: $n + 1 = 2^{s+1}$. Die Darstellung von n lautete also $n = 2^s + (2^s - 1)$, das zu n gehörige k ist damit $2^s - 1$, und folglich wird beim australischen under-down-Ausgeben des n-Stapels nach Induktionsannahme Karte Nummer $2(2^s - 1) + 1 = 2^{s+1} - 1 = n$, also die letzte Karte übrig bleiben.

Mit dem $(n + 1)$-Stapel machen wir einen under- und einen down-Schritt. Wieder haben wir n Karten, wieder fängt die Nummerierung bei der 3 an: dann Karte 4 usw., die letzte Karte ist die ehemals oberste Karte. Karte 1 wird also übrig bleiben, und $1 = 2k' + 1$, wenn man mit k' das zu $n + 1$ gehörige k bezeichnet: Das ist 0, denn $n + 1 = 2^{s+1} = 2^{s+1} + 0$.

(ii) Wir wollen das Ergebnis auf (i) zurückführen, denn *down-under* kann doch dadurch realisiert werden, dass man die erste Karte auf den Tisch legt und dann ein *under-down*-Ausgeben durchführt. Wieder schreiben wir $n = 2^s + k$.

Fall 1: $k > 0$. Dann ist die richtige Darstellung von $n-1$ gleich $2^s + (k-1)$. Wir führen mit dem n-Stapel einen *under*-Schritt durch und folgern aus (i), dass beim under-down-Ausgeben im neuen Stapel Karte Nummer $2(k-1)+1$ übrig bleibt. Die Nummerierung ist aber um 1 weiter: Die neue oberste Karte ist Karte 2 des Originalstapels usw. Zusammen heißt das: Karte $2(k - 1) + 1 + 1 = 2k$ (Originalnummerierung) wird überleben.

Fall 2: $k = 0$. In diesem Fall müssen wir $n - 1$ als $n - 1 = 2^{s-1} + (2^{s-1} - 1)$ darstellen. Deswegen wird nach under-down-Ausgeben Karte $2(2^{s-1} - 1) + 1$ des $(n - 1)$-Stapel übrig bleiben, wenn wir ihn ab 1 nummerieren. Dem entspricht Karte $2(2^{s-1} - 1) + 1 + 1 = 2^s$ in der Originalnummerierung, es wird also, wie behauptet, die letzte Karte übrig bleiben. □

Wir wollen nun das australisch-II-Ausgeben analysieren (*den „advanced Australian shuffle“*). Formal ist der Ausgangspunkt so einer Ausgebeaktion ein n-Tupel $(a_1, \ldots, a_n)$

[1)] Mit Ausnahme der letzten Karte, das ist die ehemals erste Karte.

von Zahlen, also ein Element des $\mathbb{N}_0^n$. Wir lassen ausdrücklich auch die 0 zu: Diese Karte wird verschwinden, wenn sie oben auf dem Stapel liegt[2)]. Und es kann sein – wenn etwa $a_1 > n$ gilt –, dass bei diesem Ausgeben eine Karte mehrfach unter den Stapel wandert, bevor wieder eine unter den Tisch gelegt wird.

Bei den obigen Beispielen hatten wir den Ablauf so dargestellt:

$$(3,3,4,2,1) \rightarrow (1,3,3,4) \rightarrow (3,4,1) \rightarrow (4,1) \rightarrow (1).$$

Das ist erstens sehr schwerfällig, und zweitens wird manchmal nicht klar, welche Karte denn nun wirklich übrigbleibt. Wie ist es zum Beipiel bei $(1,2,3,4,1)$? Da bleibt eine 1 übrig, aber ist es nun die erste oder die letzte? Man könnte mit Indizes arbeiten, etwa so:

$$(1_1,2,3,4,1_2) \rightarrow (3,4,1_2,1_1) \rightarrow (3,4,1_2) \rightarrow (4,1_2) \rightarrow (1_2).$$

Daraus sieht man: Es ist die zweite 1. Die Zwischenschritte sind eigentlich entbehrlich, und deswegen vereinbaren wir, dass wir die Zahl, die übrig bleibt, einfach unterstreichen. So kann man die vorige Rechnung durch $(1,2,3,4,\underline{1})$ zusammenfassen. Das ist platzsparend, und die Mehrdeutigkeit (welche 1?) ist auch verschwunden.

Es scheint völlig unvorhersehbar zu sein, welche Zahl unterstrichen wird. Teil (i) von Satz 10.1 kann zwar so umformuliert werden, dass bei $(1,1,\ldots,1)$ (mit n Einsen) die 1 an der Stelle $2k+1$ zu unterstreichen ist, wobei $n = 2^s + k$ mit einem größtmöglichen s. Aber schon für $(2,2,\ldots,2)$ (n Zweien) ist bisher keine übersichtliche Formel bekannt, mit der man vorhersagen kann, welche der Zweien übrig bleiben wird.

Für die Zauberei sind solche Folgen interessant, bei denen die gleiche Zahl auch dann unterstrichen wird, wenn ein Zuschauer die Karten „ein bisschen durcheinander" gebracht hat: Dann kann man nämlich eine Prognose abgeben. Je nachdem, wie weitgehend man das Durcheinanderbringen zulässt, ergeben sich verschiedene „Güteeigenschaften". Wir beginnen mit

Definition 10.2: *Eine Folge $(a_1,\ldots,a_n) \in \mathbb{N}_0^n$ heißt eine* gute Folge, *wenn in allen zyklischen Translationen das gleiche Element unterstrichen wird, also in $(a_1,\ldots,a_n)$, in $(a_2,\ldots,a_n,a_1)$, in $(a_3,\ldots,a_n,a_1,a_2)$ usw.*

Ist das der Fall, so wird das in allen Translationen zu unterstreichende Element mit einem „$*$" gekennzeichnet.

Als Illustration betrachten wir die Folge $(3,4,5^*,4)$. (Dafür könnte man natürlich auch $(4,5^*,4,3)$ oder $(5^*,4,3,4)$ oder $(4,3,4,5^*)$ schreiben.) Wirklich gilt nämlich

$$(3,4,\underline{5},4), \;(4,\underline{5},4,3), \;(\underline{5},4,3,4), \;(4,3,4,\underline{5}).$$

Übersetzt in einen ersten Zaubertrick heißt das: Ein Zuschauer bekommt einen Kartenstapel, wobei die Karten die Werte $3,4,5,4$ haben. Er darf beliebig oft abheben und dann australisch-II-ausgeben. In einem Umschlag steht die Prognose, dass die 5 als letzte Karte übrig geblieben sein wird.

Im folgenden Lemma stellen wir einige einfache Eigenschaften guter Folgen zusammen:

[2)] Außer wenn sie als allerletzte Karte übrig bleibt

Lemma 10.3:*(i) Sei λ_n das kleinste gemeinsame Vielfache der Zahlen $1, 2, \ldots, n$. Sind dann $(a_1, \ldots, a_n), (b_1, \ldots, b_n) \in \mathbb{N}_0^n$ mit $a_i = b_i \bmod \lambda_n$ (alle i), so ist $(a_1, \ldots, a_n)$ genau dann eine gute Folge, wenn $(b_1, \ldots, b_n)$ eine ist. Das Element mit dem $*$ steht in diesem Fall in beiden Folgen an der gleichen Position.*
Folglich reicht es, Folgen $(a_1, \ldots, a_n)$ mit $0 \leq a_i < \lambda_n$ (alle i) zu untersuchen.

(ii) Es gibt beliebig lange gute Folgen. Genauer: Sei $\alpha \in \mathbb{N}$ so, dass $\alpha \neq 0 \bmod j$ für $j = 2, \ldots, n$. Dann ist $(0, \ldots, 0, \alpha)$ eine gute Folge mit $(0, \ldots, 0, \alpha^*)$. Umgekehrt: Falls $\alpha = 0 \bmod j$ für ein $j \in \{2, \ldots, n\}$, so ist $(0, \ldots, \alpha)$ keine gute Folge.

(iii) Angenommen, es gibt ein $k_0 \in \{2, \ldots, n\}$ mit

$$(a_1, \ldots, a_n) = (a_{k_0}, \ldots, a_n, a_1, \ldots, a_{k_0 - 1}),$$

d.h., die Folge hat eine nichttriviale Translationssymmetrie. Dann ist $(a_1, \ldots, a_n)$ keine gute Folge.

Insbesondere gibt es keine gute Folge der Form $(a, a, \ldots, a)$, und die Anzahl der guten Folgen in $\{0, \ldots, \lambda_n - 1\}^n$ ist immer durch n teilbar.

(iv) Sei $(a_1, \ldots, a_n)$ eine gute Folge mit dem $*$ bei a_k. Dann ist $a_k \bmod n \neq 0$, und es ist nicht möglich, dass gleichzeitig $a_k \bmod (n-1) = 0$ und $a_k \bmod n = n-1$ gilt.

Beweis: (i) und der erste Teil von (ii) sind leicht einzusehen. Für den zweiten Teil nehme man an, dass $\alpha \bmod j = 0$ für ein $j \geq 2$ gilt. Dann würde α verschwinden, wenn man die zyklische Translation $(0, \ldots, \alpha, 0, \ldots, 0)$ (mit $j-1$ Nullen nach dem α betrachtet.)

Für den Beweis von (iii) nehmen wir an, dass die Folge gut ist, und das k-te Element von $(a_1, \ldots, a_n)$ soll den $*$ haben; zunächst sei $k_0 \leq k$. Das impliziert, dass das Element mit der Nummer k von $(a_1, \ldots, a_n)$ und das Element mit der Nummer $(k - k_0 + 1)$ von $(a_{k_0}, \ldots, a_n, a_1, \ldots, a_{k_0 - 1})$ unterstrichen sind. Das sind aber verschiedene Elemente, denn $k_0 \neq 1$, ein Widerspruch zur Tatsache, dass bei guten Folgen immer nur ein einziges Element unterstrichen sein kann. Im Fall $k < k_0$ argumentiert man ähnlich.

Den Zusatz kann man so einsehen: Wie eben gezeigt, sind für eine gute Folge $(a_1, \ldots, a_n)$ alle n Translationen verschieden. Führt man also unter diesen Folgen eine Äquivalenzrelation durch „$(a_1, \ldots, a_n)$ äquivalent zu $(b_1, \ldots, b_n)$ genau dann, wenn $(a_1, \ldots, a_n)$ eine Translation von $(b_1, \ldots, b_n)$ ist" ein, so ist die Anzahl der guten Folgen gleich n mal der Anzahl der Äquivalenzklassen.

Es fehlt noch der Beweis von (iv). O.B.d.A. sei $k = 1$. Im Fall $a_1 \bmod n = 0$ (bzw. $a_1 \bmod (n-1) = 0$ und $a_1 \bmod n = n-1$) würde a_1 im ersten (bzw. im zweiten) Schritt des Ausgebens verschwinden, so dass a_1 keinen $*$ haben könnte. □

Es folgen weitere *Beispiele*:

Der Fall $n = 2$. Es ist $\lambda_2 = 2$, so dass wir wegen Lemma 2.1(i) nur $2^2 = 4$ Folgen untersuchen müssen. Zwei sind gut, nämlich $(0, 1^*)$ und $(1^*, 0)$. Dabei ist die eine eine Translation der anderen, es gibt also im Wesentlichen nur eine gute Folge (a_1, a_2).

Der Fall $n = 3$. Wegen $\lambda_3 = 6$ gibt es $6^3 = 216$ Kandidaten. Die folgenden 20 Folgen sind gut:

$(0, 0, 1^*), (0, 0, 5^*), (0, 1^*, 1), (0, 1^*, 3), (0, 1^*, 4), (0, 2, 1^*), (0, 2, 4^*),$
$(0, 2, 5^*), (0, 5^*, 1), (0, 5^*, 3), (0, 5^*, 4), (1^*, 1, 2), (1, 2, 5^*), (1^*, 3, 2),$
$(1, 3, 5^*), (1^*, 4, 2), (2, 4^*, 3), (2, 5^*, 3), (2, 5^*, 4), (3, 5^*, 4).$

Jedes Beispiel erzeugt durch Translation zwei weitere gute Folgen, so dass es insgesamt 60 gute Folgen in $\{0,1,2,3,4,5\}^3$ gibt. (Hier ist in jeder Klasse nur das Element aufgeführt, das in der lexikografischen Ordnung das kleinste ist.)

Der Fall $n = 4$. Es ist $\lambda_4 = 12$, wir haben also $12^4 = 20.736$ Folgen (a_1, a_2, a_3, a_4) zu untersuchen. Mit Computerhilfe zeigt sich, dass 3924 (oder 18.92 Prozent) von ihnen gute Folgen sind. Hier sind einige Beispiele (das zweite wurde schon erwähnt).

$$(3,1^*,1,4),(4,5^*,4,3),(2^*,1,3,2),(3,5^*,4,7),(4,6,5^*,5),(8,8,10^*,10).$$

Für größere n wächst die Anzahl der zu untersuchenden Kandidaten rasant: $60^5 = 777.600.000$ für $n = 5$, $60^6 = 46.656.000.000$ für $n = 6$, $420^7 \approx 2.30 \cdot 10^{18}$ für $n = 7$, usw. Deswegen haben wir den Prozentsatz der guten Folgen stochastisch ermittelt: „Sehr oft" wurden n Zufallszahlen $a_1, \ldots, a_n$ in $\{0, \ldots, \lambda_n - 1\}$ erzeugt, und dann wurde geprüft, ob $(a_1, \ldots, a_n)$ eine gute Folge ist. So entstand die folgende Tabelle:

n	Prozentsatz der guten $(a_1, \ldots, a_n)$ $(0 \leq a_i < \lambda_n)$
2	50 %
3	$60/216 \approx 27.7$ %
4	$3924/20763 \approx 18.92$ %
5	≈ 9.9 %
6	≈ 5.5 %
7	≈ 2.8 %
8	≈ 1.4 %
9	≈ 0.7 %
10	≈ 0.3 %

Als Ergänzung folgen einige konkrete (mit Computerhilfe gefundene) Beispiele. Wir haben Folgen ausgesucht, bei denen die a_i nicht zu groß und nicht Null sind.

n=5: $(5,2,8,3,7^*),(5,3,8,7^*,6),(6,5,8,3,1^*),(1,4,3,4,1^*),(3,3^*,2,1,8)$

n=6: $(9,5,2,6,2,1^*),(3,9^*,8,1,6,4),(8,1,8,3,2,9^*),(4,9,9^*,8,5,5)$

n=7: $(4,6,9^*,3,1,7,8),(1^*,2,2,6,7,5,4),(10,2,1^*,8,2,1,2),(:2,3^*,2,6,6,4,7)$

n=8: $(7,3,9,7,3,2,3^*,2),(1^*,9,4,1,6,6,4,6),(2,1^*,3,9,9,7,6,3)$

n=9: $(5,4,7,6,13^*,9,1,7),(6,1,4,1^*,2,1,3,7,1),(9,1,7,7,4,2,3^*,9,9)$

n=10: $(3^*,6,9,2,1,7,6,5,3,2),(2,2,1,6,6,4,3,8,4^*,5),(3,7,6,8,6,6,2,1^*,6,1)$

In meiner Arbeit „The Advanced Australian Shuffle" (Math. Semesterberichte 63, 2016, 201 –211) werden Eigenschaften von guten Folgen systematisch untersucht. Insbesondere wird gezeigt, dass beliebig lange gute Folgen existieren. Die Konstruktionen sind allerdings recht technisch, deswegen werden sie hier nicht aufgenommen.

Manchmal bleibt die Zielkarte nicht nur bei allen zyklischen Translationen, sondern zusätzlich auch bei allen Spiegelungen erhalten:

Definition 10.4: *Eine Folge* $(a_1, \ldots, a_n) \in \mathbb{N}_0^n$ *heißt eine* sehr gute Folge, *wenn in allen zyklischen Translationen und in allen Spiegelungen dieser Translationen das gleiche Element unterstrichen wird.*

*Ist das der Fall, so wird das gemeinsame zu unterstreichende Element mit „**“ gekennzeichnet.*

Es ist zu betonen, dass für eine sehr gute Folge die Ausgangsfolge und ihre Spiegelung gute Folgen sind, dass die Umkehrung allerdings nicht gilt. So gilt zum Beispiel $(1^*, 7, 4, 3, 4)$ und $(4, 3, 4, 7^*, 1)$, aber $(1, 7, 4, 3, 4)$ ist keine sehr gute Folge.

Es folgen einige Beispiele, die mit Computerhilfe gefunden wurden:

n=3: $(0, 0, 1^{**}), (0, 0, 5^{**})$. (Tatsächlich gibt es keine weiteren sehr guten Folgen in $\{0, 1, 2, 3, 4, 5\}^3$.)

n=4: $(10, 1, 4, 11^{**})$, $(2, 5^{**}, 8, 9)$, $(6, 5^{**}, 2, 7)$, $(5^{**}, 8, 3, 4)$.

n=5: $(4, 1, 2, 11^{**}, 2)$, $(7^{**}, 2, 4, 4, 12)$, $(4, 2, 9^{**}, 2, 4)$, $(2, 4, 6, 2, 1^{**})$.

n=6: $(2, 12, 4, 6, 12, 1^{**})$, $(3, 1, 6, 12, 10, 11^{**})$, $(9^{**}, 4, 1, 8, 1, 4)$.

n=7: $(2, 11^{**}, 3, 6, 6, 9, 7)$, $(10, 1, 7, 6, 5, 11^{**}, 2)$, $(5, 6, 12, 9, 7, 14, 11^{**})$, .

n=8: $(1, 6, 1, 8, 12, 11^{**}, 10, 8)$, $(4, 6, 11^{**}, 4, 3, 6, 6, 4)$, $(1, 10, 3, 3, 17^{**}, 14, 12, 20)$.

n=9: $(17, 16, 1, 9, 10, 4, 2, 11^{**}, 14)$, $(10, 9, 7, 1, 4, 18, 17^{**}, 6, 15)$.

n=10: $(5, 4, 7, 19, 2, 18, 3, 2, 17^{**}, 8)$, $(8, 23^{**}, 2, 25, 6, 2, 1, 18, 15, 25)$.

Auch zu sehr guten Folgen findet man in der schon vor wenigen Zeilen genannten Publikation „The Advanced Australian Shuffle“ systematische Untersuchungen. Man weiß zum Beispiel, dass beliebig lange Beispiele existieren, es sind aber noch viele Fragen offen. (So fällt etwa auf, dass die sehr guten Folgen in unseren Beispielen immer vergleichsweise „große“ Zahlen enthalten. Muss das so sein?)

Der Zaubertrick

Wie schon zu Beginn des Kapitels erwähnt, geht es beim australischen Mischen um eine ganze Trickfamilie. Hier folgen einige Vorschläge, unsere Ergebnisse umzusetzen.

1. Man lässt einen Stapel von etwa 20 Karten bildunten gut mischen und bringt unauffällig die oberste Karte in Erfahrung. (Zum Beispiel dadurch, dass man sich die *unterste* Karte bei der Übergabe des Spiels heimlich ansieht und dann den Stapel einzeln auf den Tisch umblättert: „Wie viele Karten sind es eigentlich?“. Oder dann, wenn der Stapel dem Publikum grob aufgefächert kurz gezeigt wird: Es soll sehen, dass der Stapel gut gemischt ist.) Ein Zuschauer nennt eine Zahl n, etwa zwischen 10 und 20. Der Zauberer muss nun schnell und im Kopf rechnen: Für welches k ist $n = 2^s + k$ mit einem möglichst großen s? Und danach kommt es darauf an, die (bekannte) oberste Karte an die $(2k + 1)$-te Stelle eines Stapels aus n Karten zu bringen.

Zum Beispiel so: Der Zauberer hält das gemischte Spiel in der linken Hand und zählt eine nach der anderen in die rechte. Dabei kommt die jeweils nächste auf die schon heruntergezählten. Das machte er bis zur Karte $2k + 1$, auf diese Weise liegt die bekannte an der richtigen Stelle von oben. Jetzt spielt der Zauberer den Vergesslichen, er fragt: „Wie war noch einmal Ihre Zahl?“ Und er zählt weiter bis zur Nummer n, diesmal kommen die neuen Karten allerdings *unter* den Stapel. Nun lässt er australisch under-down ausgeben. Wie er das Wissen, dass er die übrig gebliebene Karte kennt, nun ausspielt, ist seiner Phantasie überlassen.

2. Die folgende Variante findet man (ohne Begründung) im Buch „Super Light“ von Roberto Giobbi, bei ihm heißt sie der „Einsteintrick“. Ein Zuschauer sucht sich n

Karten aus einem Spiel, legt sie zusammen und merkt sich die unterste Karte. (n soll zwischen 4 und 7 liegen, jeweils einschließlich; der Zauberer kennt n nicht). Später soll down-under ausgegeben werden: Wie lässt sich erreichen, dass die Zuschauerkarte als letzte übrig bleibt?

Da n zwischen 4 und 7 liegt, ist das für das australische Ausgeben relevante k gleich $n-4$. Folglich ist $2k$ gleich $2n-8$, und man muss erreichen, dass die unterste Karte an die $(2n-8)$-te Stelle kommt.

Zurzeit liegt sie an der n-ten Stelle. Einmaliges (bzw. zweimaliges usw.) Herunterzählen einer Karte unter den Stapel würde sie an die $(n-1)$-te (bzw. $(n-2)$-te usw.) Stelle bringen. Um sie richtig zu positionieren, muss man also x-mal eine Karte von oben nach unten legen, wobei x der Gleichung $2n-8=n-x$ genügt.

Diese Gleichung ist leicht zu lösen, es ist $x=8-n$. Doch leider ist n unbekannt! Glücklicherweise überführt das Herunterzählen von n Karten einen aus n Karten bestehenden Stapel in den Originalzustand, und deswegen kann man statt x Mal auch $n+x$ Mal (also 8 Mal) eine Karte von oben nach unten befördern. Giobbi empfiehlt an dieser Stelle, das Wort EINSTEIN zu verwenden und für jeden Buchstaben eine Karte von oben nach unten zu legen. So ist man sicher, dass die down-under-Aktion die richtige Karte überleben lässt.

Als naheliegende Variante bietet sich noch an, mehrere Zuschauer gleichzeitig zu beschäftigen.

3. Auch beim „Wegwerftrick" von Woody Aragon können mehrere Zuschauer mitmachen[3]. Zunächst bekommen alle, die dabei sind, vier beliebige Spielkarten ausgehändigt, die werden von den Zuschauern gemischt und bildunten zu einem Stapel zusammengelegt. Jeder reißt seinen Stapel in der Mitte durch, und der eine Teilstapel wird als Ganzes auf den anderen gelegt. Nun liegt für jede der acht halben Karten die Partnerkarte vier Karten in der zyklischen Ordnung weiter, und diese Eigenschaft bleibt erhalten, wenn man den – nun aus 8 Halbkarten bestehenden – Stapel vorsichtig einige Male abheben lässt.

Der zerrissene Stapel von unten. Erläuterungen im Text.

(Im vorstehenden Bild sieht man die Situation verkehrt herum, also bildoben. Linkes Bild: So könnte der Stapel nach mehrmaligem Abheben aussehen.) Die drei oberen

[3]Man kann sogar *alle* Zuschauer aktiv werden lassen.

Halbkarten werden vom Zuschauer „irgendwo in die Mitte" gesteckt. Dadurch ist garantiert, dass die erste und achte Karte Partnerkarten sind (im Bild rechts). Die oberste wird (immer noch verdeckt) auf dem Tisch beiseitegelegt. Der Zuschauer darf die Karten nun fast beliebig manipulieren: einige Karte von oben einzeln oder als Ganzes in die Mitte, oberste Karten mit dem Nachbarn tauschen, wenn der Trick von mehreren Zuschauern gleichzeitig durchgeführt wird usw. Wichtig ist nur, dass die unterste Karte unten bleibt und jeder nach den Mischaktionen sieben Karten hat. Nun kann der Trick mit under-down-Ausgeben abgeschlossen werden. Es ist doch $7 = 2^2 + 3$, also wird die $(2 \cdot 3 + 1)$-te, also die letzte Karte (die Partnerkarte zur Tischkarte) übrig bleiben.

Viel lustiger wird es natürlich, wenn „under-down" durch „under-wegwerfen" ersetzt wird. Auf Kommando stecken alle die oberste Karte unter den Stapel und werfen dann die nächste Halbkarte hinter sich. Und das so oft, bis nur noch eine einzige übrig bleibt. Das große Wunder: Diese Karte passt bei allen genau zu der Karte, die sie vorher auf den Tisch gelegt haben. Und dass, obwohl so viele Zufälle im Spiel waren: Mischen, abheben, drei in die Mitte, tauschen mit dem Nachbarn, usw.

Es ist allgemein richtig, dass bei Kartenanzahlen der Form $2^s - 1$ die under-down-Aktion die letzte Karte liefert, denn in diesem Fall ist das k gleich $2^{s-1} - 1$, es bleibt also die Karte mit der Nummer $2(2^{s-1} - 1) + 1 = 2^s - 1$ übrig. Deswegen kann man den gleichen Trick auch mit 8 Karten beginnen lassen, dann müssen im zweiten Schritt nicht nur drei, sondern 7 Karten in die Mitte wandern. Doch in diesem Fall würde erstens das Durchreißen für viele zu schwierig sein und zweitens würde der Abschluss (under-down mit 15 Karten) vielleicht die Geduld der Zuschauer überfordern.

Mit minimalen Variationen kann der Wegwerftrick mit einer beliebigen Kartenanzahl vorgeführt werden. Wir beschreiben die Idee für drei Karten, die Änderungen für andere Kartenanzahlen findet man weiter unten, wo erklärt wird, was an den Stellen A, B, C, D zu ändern ist.

Zuerst werden die Karten durchgerissen, übereinandergelegt und mehrfach abgehoben. Die jeweilige Partnerkarten liegen drei Karten weiter. Zwei (A) Karten kommen irgendwo in die Mitte, die oberste verdeckt auf den Tisch. Es sind also fünf Karten (B) übrig, die unterste ist die Partnerkarte zur Tischkarte. Jetzt beliebig oft die obersten durcheinanderbringen, die unterste muss unbedingt unten bleiben. Sich entscheiden: down-under oder under-down. Dann rechnen: welche bleibt übrig? Wegen $5 = 2^2 + 1$ sind das die zweite bei down-under bzw. die dritte bei under-down (C). Die unterste Karte an diese Stelle bringen: zwei (down-under) bzw. drei (under-down) einzeln von unten nach oben (D): Nun liegt die Zielkarte richtig. Abschließen mit der gewählten Art des australischen Ausgebens.

Für andere Kartenanzahlen gelten die folgenden Modifikationen:

5 Karten: A: 4 Karten. B: 9 Karten. C: die zweite bzw. die dritte. D: 2 bzw. 3 einzeln nach oben.

6 Karten: A: 5 Karten. B: 11 Karten. C: die sechste bzw. die siebente. D: 6 bzw. 7 Karten einzeln von unten nach oben.

4. Wir kommen nun zum australisch-II-Ausgeben. In der Originalversion von Miller bekommt ein Zuschauer vier Karten, von jeder Kartenfarbe eine. Die soll er so zusammenlegen, dass sich rote und schwarze Karten abwechseln und dann daraus – mit den Karten bildoben – einen kleinen Stapel bilden.

(Der Zauberer hat sich dabei abgewendet.)

Eine zulässige Reihenfolge für ♣, ♠, ♥, ♦.

Nun die Anweisung: Lege so viele Karten einzeln von oben unter den Stapel, wie es der Anzahl der Buchstaben in der Kartenfarbe entspricht: 4 für Herz und Karo, 3 für Pik und 5 für Kreuz. Die nächste Karte wird beiseite gelegt. Das Ganze wird so oft wiederholt, bis nur noch eine einzige Karte übrig bleibt. Das ist natürlich eine Verkleidung des australisch-II-Ausgebens mit Karten, die die Werte $4, 4, 3, 6$ haben, wobei nur zyklische Translationen von $4, 3, 4, 5$ zugelassen sind. Da wir schon wissen, dass $4, 3, 4, 5^*$ gilt, heißt das: Der Zauberer weiß ganz sicher, dass die ♣-Karte übrig bleiben wird.

5. Man suche sich aus den oben aufgeführten Beispielen eine gute oder sehr gute Folge aus, etwa $2, 4, 6, 2, 1^{**}$. Diese Zahlen schreibt man auf Blankokarten oder stellt sie durch Spielkarten dar, wobei – zum Beispiel – Bube, Dame, König, Ass als $2, 3, 4, 1$ zählen.

Dieser kleine Kartenstapel kann beliebig oft abgehoben werden, im Fall einer sehr guten Folge kann man die Ordnung auch invertieren, indem man die Karten einzeln auf den Tisch blättert. Die Karte mit den zwei Sternchen wird beim australisch-II-Ausgeben übrig bleiben.

6. Die drei Zahlen $7, 1, 2$ haben die Eigenschaft, dass sie in dieser und in der invertierten Ordung gute Folgen ergeben: $7^*, 1, 2$ und $2, 1^*, 7$. Drei Karten, die diese Zahlen darstellen, werden in dieser Reihenfolge nebeneinander auf den Tisch gelegt, und dann wird mit einem oder zwei Würfeln eine Zufallszahl k erzeugt.

Der Zauberer wendet sich ab, und ein Zuschauer kann k Mal je zwei Karten vertauschen. Der Zauberer weiß: Wenn k gerade bzw. ungerade ist, so liegt jetzt eine zyklische Translation von $7, 2, 1$ bzw. $2, 1, 7$ auf dem Tisch. Wenn man sie richtig zusammenlegt (rechte Karte nach unten, mittlere drauf, linke nach oben), bleibt beim australisch-II-Ausgeben also die 7 bzw. die 1 übrig. Entsprechende Vorhersagen sind vorbereitet und werden vor dem Ausgeben auf dem Tisch platziert.

Hier sind weitere Beispiele: $6, 7^*, 1$ und $1^*, 7, 6$; $7, 8, 1^*$ und $1, 8, 7^*$; $6, 1^*, 7$ und $7^*, 1, 6$.

7. Die Folge $6, 5^{**}, 6, 4$ kann zweifach verwendet werden. Karten wie im nachstehenden Bild werden vorbereitet.

Eine Realisierung der Folge $6, 5^{**}, 6, 4$.

Ein Zuschauer soll sie irgendwie ordnen, als einzige Bedingung sollen sich rote und schwarze Karten abwechseln. Dann wird die ♦5 beim australisch-II-Ausgeben übrig bleiben.

Legt man statt der aufgedruckten Zahlen die Längen der Kartenfarben (Kreuz, Pik, Herz, Karo) zugrunde, so ist es die Folge $3, 4, 5, 4$ in Verkleidung. Folglich wird die zur 5 gehörige Karte, also die ♣6, das australisch-II-Ausgeben überleben, wenn die Karten vorher beliebig so zusammengelegt wurden, dass sich rot und schwarz abwechseln.

Quellen

Wer sich für weitere Varianten der „elementaren" Version des australischen Mischens interessiert, sollte sich Kapitel 2.2 in meinem Buch „Der mathematische Zauberstab" ansehen. Die „Fortgeschrittenenvariante" ist 2016 publiziert worden: „The Advanced Australian Shuffle", Math. Semesterberichte 63, 201 – 211. Ausgangspunkt dieser Arbeit ist ein Trick, der vom Zauberer Werner Miller aus Österreich publiziert wurde, der sich in seinem Artikel in der Zauberzeitschrift „Aladin" auf den Amerikaner Jim Steinmeyer beruft.

Kapitel 11

Ein Esel lese nie: Palindrome

Palindrome sind Worte oder Sätze, bei denen es egal ist, ob man sie von vorn oder von hinten liest:

Otto; Radar; ein Esel lese nie; Regine, wette weniger;...

Dabei nimmt man es mit der Groß/Kleinschreibung und den Leerzeichen nicht so genau. Die Definition ist für alle Sprachen mit Alphabet sinnvoll („Red rum, Sir, is murder"), bei uns wird es um Kartenpalindrome gehen[1)].

Der Effekt

Wie bei anderen Tricks in diesem Buch geht es auch bei Palindromen um eine ganze Trickfamilie. Hier zwei erste Beispiele für mögliche Effekte (mehr dazu weiter unten):

1. Ein Zuschauer wählt einige Kartenpaare aus einem Kartenspiel aus. Es wird ein Stapel gebildet, der mehrfach durcheinandergebracht wird. Trotzdem kann der Zauberer nach und nach alle Pärchen wieder präsentieren.

2. Ein Kartenstapel wird mit der Bildseite nach oben kurz leicht aufgefächert gezeigt: Er sieht unauffällig aus. Der Stapel wird umgedreht, und dann schließen sich viele Mischoperationen durch die Zuschauer an. Die Karten werden zwischen dem Zauberer und einem Zuschauer aufgeteilt, und es gelingt dem Zauberer, sämtliche Karten des Zuschauers zu nennen.

Die Mathematik im Hintergrund

Gegenstand der Untersuchungen sind n Pärchen. Für Zaubertricks gibt es viele Möglichkeiten, das Wort „Pärchen" zu interpretieren, wenn man mit Karten arbeitet. Zum Beispiel:

- Dame und König der gleichen Kartenfarbe;
- zwei schwarze (oder rote) Karten mit dem gleichen Kartenwert;
- zwei Karten der gleichen Kartenfarbe, für die die Summe der Zahlenwerte 12 ist.

[1)]Wer sich weiter über das Thema „Palindrome" informieren möchte, sollte `http://de.wikipedia.org/wiki/Palindrom` ansteuern.

Für unsere Analyse schreiben wir die Pärchen als p_i, p_i^*, wobei i von 1 bis n läuft. Dabei ist die Festsetzung, welcher der zwei Kandidaten p_i und welcher p_i^* genannt wird, völlig willkürlich. Mit M werden wir die Menge $\{p_1, p_1^*, \ldots, p_n, p_n^*\}$ bezeichnen. Wir werden, um Sonderfälle zu vermeiden, annehmen, dass M aus $2n$ Elementen besteht, d.h., dass die Elemente unterscheidbar sind.

Nun wollen wir formalisieren, was es bedeutet, einen aus den Elementen aus M bestehenden Stapel durcheinanderzubringen. Jedes „Durcheinanderbringen" kann doch durch eine bijektive Abbildung $\phi : \{1, \ldots, 2n\} \to M$ beschrieben werden; dabei ist $\phi(i)$ (für $i = 1, \ldots, 2n$) diejenige Karte, die an der i-ten Stelle von oben liegt. Manchmal wird es bequem sein, ϕ als geordnetes $2n$-Tupel zu notieren, also etwa $\phi = (p_1, p_2^*, p_3, p_1^*, p_2, p_3^*)$ statt $\phi(1) = p_1, \phi(2) = p_2^*, \ldots$ im Fall $n = 3$.

Mit Δ werden wir die Menge aller dieser ϕ bezeichnen. Δ hat offensichtlich $(2n)!$ Elemente.

Uns interessieren besonders diejenigen Fälle, bei denen die beiden äußersten Karten, die zweite zusammen mit der vorletzten, usw. zusammengehören:

Definition 11.1: *Ein $\phi \in \Delta$ heißt* palindromisch, *wenn die Tupel $(\phi(1), \phi(2n))$, und $(\phi(2), \phi(2n-1))$, ..., und $(\phi(n), \phi(n+1))$ jeweils ein Pärchen sind. Formal: Zu jedem $i \in \{1, \ldots, n\}$ gibt es ein $j \in \{1, \ldots, n\}$, so dass $\{\phi(i), \phi(2n-i+1)\} = \{p_j, p_j^*\}$ gilt. Mit Δ_{pal} werden wir die Menge der palindromischen ϕ bezeichnen.*

So sind etwa im Fall $n = 3$ die Permutationen $(p_1, p_3^*, p_2, p_2^*, p_3, p_1^*)$ und $(p_3, p_2, p_1, p_1^*, p_2^*, p_3^*)$ palindromisch, und das gilt auch für das folgende Kartenbeispiel. (Dabei bedeutet „Pärchen", dass beide Karten rot oder beide schwarz bei gleichem Kartenwert sind.)

Jedes $\phi \in \Delta$ steht für eine spezielle Reihenfolge der Elemente von M. „Mischen" bedeutet dann, eine weitere Permutation anzuwenden. So kann man das präzisieren:

Definition 11.2: *Sei π eine Permutation der Zahlen von 1 bis $2n$, d.h., π ist eine bijektive Abbildung auf $\{1, \ldots, 2n\}$. Dann induziert π durch $T_\pi(\phi) := \phi \circ \pi$ eine Abbildung $T_\pi : \Delta \to \Delta$. Wir werden π* palindromisch *(und T_π eine* palindromische Transformation*) nennen, wenn $T_\pi(\Delta_{pal}) \subset \Delta_{pal}$ gilt, wenn also durch die mit Hilfe von π beschriebene Art des Mischens Palindrome in Palindrome überführt werden.*

Uns werden vier Fragen interessieren:

- Wie erzeugt man einen palindromischen Stapel?
- Welche T_π sind palindromisch?
- Durch welche „konkreten" Mischarten entstehen palindromische T_π?

- Wie kann man die Tatsache, dass ein Stapel palindromisch ist, wirkungsvoll für einen Zaubertrick nutzen?

Wie erzeugt man einen palindromischen Stapel?

Das ist leicht zu beantworten. Entweder der Zauberer bereitet den Stapel heimlich selbst vor, oder er lässt einen Zuschauer mithelfen. Der wählt n Pärchen $p_1, p_1^*, \ldots, p_n, p_{n^*}$ gemäß seiner Interpretation von „Pärchen" aus und legt sie bildunten übereinander. Auf diese Weise ist ein Stapel $p_n, p_n^*, p_{n-1}, p_{n-1}^*, \ldots, p_1, p_1^*$ entstanden[2]. Den verteilt man einzeln auf zwei Teilstapel ($(p_1, \ldots, p_n)$ und $(p_1^*, \ldots, p_n^*)$), indem abwechselnd immer links und rechts eine Karte abgelegt wird. Danach wird einer der Teilstapel auf den anderen gelegt. So entsteht der Stapel $(p_1, \ldots, p_n, p_1^*, \ldots, p_n^*)$ oder $(p_1^*, \ldots, p_n^*, p_1, \ldots, p_n)$. Von dem blättert man n Karten einzeln auf den Tisch und legt den Rest drauf: Damit ist ein palindromischer Stapel erzeugt worden, nämlich $(p_1^*, \ldots, p_n^*, p_n, \ldots, p_1)$ oder $(p_1, \ldots, p_n, p_n^*, \ldots, p_1^*)$.

Welche T_π sind palindromisch?

Die Antwort steht in

Satz 11.3: *(i) Sei ν ein Element der S_n (der Menge der Permutationen von n Elementen). Unter $\nu' \in S_{2n}$ verstehen wir die Permutation, die ein $i \in \{1, \ldots, n\}$ auf $\nu(i)$ und ein $i \in \{n+1, \ldots, 2n\}$ auf $2n - \nu(j) + 1$ abbildet; dabei ist $j := 2n - i + 1$. Anders ausgedrückt: Die erste Hälfte von $\{1, \ldots, 2n\}$ wird gemäß ν, die zweite Hälfte spiegelbildlich dazu permutiert. Dann ist ν' palindromisch.*

(ii) Es sei $\sigma \in \{-1, 1\}^n$. Mit σ'' bezeichen wir das folgende Element aus S_{2n}: Ein $i \in \{1, \ldots, 2n\}$ wird auf sich selbst bzw. auf $2n - i + 1$ abgebildet, je nachdem, ob $\sigma(i) = 1$ oder $= -1$ ist. Auch σ'' ist palindromisch.

(iii) Alle $\sigma'' \circ \nu'$ sind palindromisch.

(iv) Sei $\pi \in S_{2n}$ palindromisch. Dann gibt es eindeutig bestimmte ν, σ mit $\pi = \sigma'' \circ \nu'$.

(v) Es gibt $2^n n!$ palindromische π.

(vi) Ein $\pi \in S_{2n}$ ist genau dann palindromisch, wenn $\pi(i) + \pi(2n - i + 1) = 2n + 1$ für alle $i \in \{1, \ldots, n\}$ gilt.

Beweis: (i) Es sei $\phi \in \Delta_{\mathsf{pal}}$. Es ist zu zeigen, dass $\phi \circ \nu'$ ebenfalls palindromisch ist. Sei dazu $i \in \{1, \ldots, n\}$. Unter ν' werden i und $2n - i + 1$ auf $\nu(i)$ und $2n - \nu(i) + 1$ abgebildet, und nach Voraussetzung gibt es ein j mit $\{\phi(\nu(i)), \phi(2n - \nu(i) + 1)\} = \{p_j, p_j^*\}$. Das beweist die Behauptung.

(ii) kann analog bewiesen werden.

(iii) Die palindromischen Permutationen bilden offensichtlich eine Untergruppe der Permutationen von $2n$ Elementen.

(iv) π sei palindromisch, ϕ das Element $(p_1, \ldots, p_n, p_n^*, \ldots, p_1^*)$ aus Δ_{pal} und $i \in \{1, \ldots, n\}$. Nach Voraussetzung ist $(x_1, \ldots, x_{2n}) := \phi \circ \pi \in \Delta_{\mathsf{pal}}$, es gibt also ein $j \in \{1, \ldots, n\}$, so dass $\{x_i, x_{2n-i}\}$ mit $\{p_j, p_j^*\}$ übereinstimmt. Dabei ist j eindeutig bestimmt, denn alle Elemente in M sollten verschieden sein. Setze $\nu(i) := j$ und $\sigma(i) = 1$ bzw. $= -1$, je nachdem, ob $(x_i, x_{2n-i+1}) = (p_j, p_j^*)$ oder $(x_i, x_{2n-i+1}) = (p_j^*, p_j)$

[2] Die oberste Karte des Stapels ist also p_n, die unterste p_1^*.

gilt. Dann ist $\pi = \sigma'' \circ \nu'$, und ν und σ sind aufgrund der Konstruktion eindeutig bestimmt.

(v) Aufgrund von (iv) gibt es genauso viele palindromische π, wie es Paare (ν, σ) gibt. Da die Anzahl der Elemente in S_n bzw. $\{-1,1\}^n$ gleich $n!$ bzw. 2^n ist, folgt die Behauptung.

(vi) Hat π die Form ν', so ist die Bedingung sicher erfüllt, denn für $i \in \{1,\dots,n\}$ ist das j zu $2n-i+1$ aus Satz 11.3(i) gleich i, d.h.

$$\nu'(i) + \nu'(2n-i+1) = \nu(i) + 2n - \nu(j) + 1 = \nu(i) + 2n - \nu(i) + 1 = 2n+1.$$

Bei Anwendung von σ'' bleibt die Bedingung ebenfalls erfüllt, denn es vertauschen ja nur einige Einträge an den Stellen i und $2n-i+1$ ihre Position. Wegen Teil (v) zeigt das, dass die Bedingung in (vi) für alle palindromischen π erfüllt ist.

Es ist noch die Umkehrung zu zeigen. Für $\pi \in S_{2n}$ soll $\pi(i)+\pi(2n-i+1) = 2n+1$ für die $i \in \{1,\dots,n\}$ gelten, und es ist zu zeigen, dass π palindromisch ist. Definiere $\sigma \in \{-1,1\}^n$ durch $\sigma(i) = 1$, falls $\pi(i) \leq n$ und als $\sigma(i) = -1$ sonst. Dann ist $\hat{\pi} := \sigma'' \circ \pi$ eine Permutation von der Form ν', da die Elemente von $\{1,\dots,n\}$ untereinander und die aus $\{n+1,\dots,2n\}$ spiegelbildlich dazu permutiert werden. Es ist also $\sigma'' \circ \pi = \nu$, also auch (wegen $(\sigma'')^2 = \mathrm{Id}$) $\pi = \sigma'' \circ \nu$. Teil (iii) impliziert, dass π palindromisch ist. □

Durch welche „konkreten" Mischarten entstehen palindromische T_π ?

Wenn man die theoretischen Ergebnisse für Zaubertricks nutzen möchte, so müssen die zum Einsatz kommenden Mischverfahren „natürlich" sein. Wir besprechen vier Beispiele und zeigen dann, dass man mit ihnen im Prinzip alle palindromischen Transformationen erzeugen kann.

Beispiel 1: Blättere die Karten des Stapels einzeln auf den Tisch, die Reihenfolge wird also invertiert. Dazu gehört die Permutation $(1,\dots,2n) \mapsto (2n,\dots,1)$. Sie ist palindromisch, da sie die Bedingung (vi) des vorigen Satzes offensichtlich erfüllt.

Beispiel 2: Wähle ein $k \in \{n+1,\dots,2n-1\}$ und mische den palindromischen Stapel wie folgt:

– k Karten werden einzeln auf den Tisch geblättert, der Rest wird als Ganzes draufgelegt.

– Das Verfahren wird noch einmal wiederholt.

Auch diese Transformation ist palindromisch. Zum Beweis analysieren wir die zugehörige Permutation. Der erste Schritt ist durch die Permutation

$$(k+1,\dots,2n,k,k-1,\dots,1)$$

beschrieben, und wendet man das zweimal an, wird daraus

$$\pi = (2n-k, 2n-k-1, \dots, 1, 2n-k+1, 2n-k+2, \dots, k-1, k, 2n, 2n-1, \dots, k+2, k+1).$$

Von links gibt es also absteigend die $2n-k$ Elemente $2n-k,\dots,1$ und von rechts – von hinten gelesen – die $2n-k$ Elemente $k+1, k+2, 2n$. Das bedeutet, dass $\pi(i) + \pi(2n-i+1) = n$ für $i = 1,\dots,2n-k$ gilt.

Ist $i = (2n-k)+j$ für $1 \leq j \leq k-n$ (also $2n-k < i \leq n$), so ist $\pi(i) = 2n-k+j$ und $\pi(2n-i+1) = k-(j-1)$. Auch dann gilt also $\pi(i)+\pi(2n-i+1) = 2n+1$, und wieder folgt die Behauptung aus Teil (vi) des vorigen Satzes.

Beispiel 3: Blättere n Karten einzeln auf den Tisch und lege den Rest als Ganzes oben drauf. Hebe dann eine beliebige Anzahl Karten ab, der Reststapel wird draufgelegt. Dann noch einmal der erste Schritt: Die Hälfte der Karten einzeln auf den Tisch, Rest drauf.

Wir behaupten, dass wieder eine palindromische Permutation entsteht. Angenommen, es werden k Karten abgehoben. Wir wollen annehmen, dass $k \leq n$ gilt, für $k > n$ ist der Beweis analog.

Es passiert doch Folgendes. Im ersten Schritt erhält man

$$(n+1, n+2, \ldots, 2n, n, n-1, \ldots, 1),$$

im zweiten dann

$$(n+k+1, n+k+2, \ldots, 2n, n, n-1, \ldots, 1, n+1, \ldots, n+k)$$

und im dritten schließlich

$$\pi := (n-k, n-k-1 \ldots, 1, n+1, \ldots, n+k, n-k-1,$$
$$n-k, \ldots, n-1, n, 2n, 2n-1, \ldots, n+k+2, n+k+1).$$

Die ersten $n-k$ Einträge von links sind $n-k, n-k-1, \ldots, 1$ und von rechts – rückwärts gelesen – $n+k+1, n+k+2, \ldots, n+k+(n-k)(= 2n)$. Für $1 \leq i \leq n-k$ gilt folglich $\pi(i)+\pi(2n-i+1) = 2n+1$. Die nächsten k Einträge sind links $n+1, \ldots, n+k$ und von rechts (wieder rückwärts) $n, n-1, \ldots, n-k+1$. Auch dafür ist die Bedingung aus Satz 11.3 (vi) also erfüllt.

Beispiel 4: Es sei m ein Teiler von $2n$ wir schreiben $2n = k \cdot m$. Mische dann wie folgt:

- Die Karten werden zu m Teilstapeln von links nach rechts ausgegeben: einzeln m Karten von links nach rechts auf den Tisch, dann die nächsten m Karten einzeln oben drauf. Und so weiter. Das ergibt m Stapel mit je k Karten.

- Lege die Stapel wieder zusammen: Der rechte kommt nach unten, darauf der zweite von rechts, usw., und ganz oben der linke[3].

Wir behaupten, dass auch das eine palindromische Transformation ist.

Für den Beweis schauen wir uns die beiden Teilschritte genauer an. Die von 1 bis $2n$ durchnummerierten Elemente liegen nach dem Aufteilen auf m Teilstapel so:

$(k-1)m+1$	$(k-1)m+2$	$\ldots$	$km-1$	km
$\ldots$	$\ldots$	$\ldots$	$\ldots$	$\ldots$
$m+1$	$m+2$	$\ldots$	$2m-1$	$2m$
1	2	$\ldots$	$m-1$	m

[3]Man kann auch in der anderen Richtung zusammenlegen: siehe unten.

Nun werden sie wie beschrieben zusammengelegt. Die ersten k Karten sind $(k-1)m+1, (k-2)m+1, \ldots, m+1, 1$, die nächsten $(k-1)m+2, (k-2)m+2, \ldots, m+2, 2$ usw. Am Ende liegen die Karten $km, (k-1)m, \ldots, 2m, m$.

Nun betrachten wir die i-te Karte von links (also von oben) für ein $i \leq n$, es soll die Karte Nummer j im ehemals r-ten Teilstapel sein. Da steht der Eintrag $(k-j)m+r$. Zählen wir von rechts (r-tes k-Päckchen, darin die j-te Karte), so finden wir $jm-r+1$. Und wieder ist die Bedingung aus Satz 11.3 (vi) erfüllt:

$$(k-j)m+r \quad + \quad jm-r+1 = km+1 = 2n+1.$$

Als *Variante* kann man im zweiten Schritt auch *in einer anderen Reihenfolge zusammenlegen*: Der linke kommt nach unten, darauf der zweite von links, usw., und ganz oben der rechte. Diesmal ist – von links gezählt – der j-te Eintrag im r-ten k-Päckchen gleich $(k-j+1)m-r+1$, und wenn man die entsprechende Anzahl von rechts (also von unten) zählt, findet man $(j-1)m+r$. Wirklich ist wieder

$$(k-j+1)m-r+1 \quad + \quad (j-1)m+r = km+1 = 2n+1.$$

> *Wir fassen zusammen:* Es gibt eine Reihe von Verfahren, die aus einem palindromischen Stapel wieder einen machen. Die kann man in beliebiger Reihenfolge so oft wie gewünscht anwenden, die Palindrom-Eigenschaft wird erhalten bleiben.

Doch welche Transformationen können durch diese Mischverfahren realisiert werden? Kann man auf diese Weise *alle* palindromischen Permutationen erhalten? Da wir beim Zaubern immer nur an Pärchen interessiert sind, ist es egal, welche σ'' bei den Permutationen $\pi = \sigma'' \circ \nu'$ auftreten. Der folgende Satz garantiert, dass man mit unseren Beispielen alles, was möglich ist, auch wirklich erzeugen kann[4].

Satz 11.4: *Sei $\nu \in S_n$. Dann kann man die palindromische Permutation ν' dadurch konstruieren, dass man endlich oft das in Beispiel 2 beschriebene Mischverfahren anwendet.*

Beweis: Wir setzen im zweiten Mischverfahren $l := 2n - k \in \{1, \ldots, n\}$. Dann ist die dadurch erzeugte Permutation ν_l', wo $\nu_l := (l, \ldots, 1, l+1, \ldots, n)$. (Es werden also die obersten l Karten als Ganzes umgedreht.) Für ein $l \in \{2, \ldots, n-1\}$ betrachten wir die Hintereinanderausführung der vier Permutationen $\nu_l, \nu_{l+1}, \nu_l, \nu_{l-1}$:

$$\begin{aligned}
\nu_l &= (l, \ldots, 1, l+1, \ldots, n) \\
\nu_{l+1} \circ \nu_l &= (l+1, 1, 2, \ldots, l-1, l, l+2, \ldots, n) \\
\nu_l \circ \nu_{l+1} \circ \nu_l &= (l-1, l-2, \ldots, 1, l+1, l, l+2, \ldots, n) \\
\nu_{l-1} \circ \nu_l \circ \nu_{l+1} \circ \nu_l &= (1, 2, \ldots, l-1, l+1, l, l+2, \ldots, n).
\end{aligned}$$

[4] Er ist allerdings von eher theoretischem Interesse, denn für ein spezielles ν müsste man eventuell sehr oft mit unseren Verfahren mischen, um es zu realisieren.

Die Einträge l und $l+1$ haben also ihre Plätze getauscht. Dass 1 und 2 ihre Plätze tauschen, ist sogar leichter durch ν_2 zu erreichen. Kurz: Alle Vertauschungen von zwei benachbarten Elementen in $1, \ldots, n$ können erzeugt werden. Folglich sind auch alle Transpositionen (Vertauschungen von zwei beliebigen Elementen) realisierbar. Damit ist die Behauptung bewiesen, denn man weiß, dass jedes $\nu \in S_n$ als Produkt von Transpositionen geschrieben werden kann. □

Bemerkung: Da wir, wie schon bemerkt, nur an Pärchen interessiert sind, haben wir nicht weiter untersucht, ob mit unseren Verfahren auch Permutationen $\sigma'' \circ \nu'$ mit beliebigen vorgegeben σ erzeugt werden können. Es ist auch offen, wie reichhaltig die Menge der durch Verfahren 3 und 4 konstruierbaren π ist. (Verfahren 1 ist zu sich selbst invers und liefert deswegen neben der Identität nur eine einzige Permutation.)

Interessant wäre auch zu wissen, mit welcher Minimalzahl von Mischverfahren aus den Beispielen 1 bis 4 man auskommt, um ein vorgegebenes ν' zu erhalten. (Oder, bei vorgegebenem ν, die Permutation $\sigma'' \circ \nu'$ für irgendein σ.)

Der Zaubertrick

Bei den auf palindromischen sortierten Karten beruhenden Tricks handelt es sich, wie schon zu Beginn des Kapitels betont, um eine ganze Trickfamilie. Wir stellen vier Beispiele ausführlich vor.

1. Der erste Trick ist ein Klassiker, man könnte ihn die „Heiratsvermittlung" nennen. Es geht um vier Pärchen, und zwar Dame und König einer Kartenfarbe. Die sind heimlich palindromisch vorbereitet, und zwar so, dass es bei flüchtigem Aufblättern unauffällig aussieht. Also *nicht* etwa alle Damen oben und dann in gespiegelter Farb-Reihenfolge die Könige, sondern Dame und Könige durcheinander unter Berücksichtigung der Palindrombedingung. Etwa so:

Das vorbereitete Blatt, von unten gesehen.

Das Spiel wird nun so wie im mathematischen Teil beschrieben vom Zauberer und den Zuschauern „durcheinander" gebracht. Falls Beispiel 2 dabei ist, kann man die fragliche Zahl k auch durch die Buchstabenanzahl des Vor- oder Nachnamens eines Zuschauers erzeugen lassen: wichtig ist nur, dass die Anzahl zwischen 5 und 8 liegt. Fällt etwa der Name „Martin", so werden – für jeden Buchstaben eine – die Karten zu einem neuen Stapel auf den Tisch gezählt und der Rest wird draufgepackt. (Wichtig: das muss *zweimal* gemacht werden.) Das kann man beliebig oft wiederholen.

Damit ist ein Palindromspiel erzeugt, was allerdings die Zuschauer nicht ahnen. Wenn wir von den acht Karten drei einzeln unter den Stapel herunterzählen, wird oben ein Pärchen liegen. Das kann man entweder durch lautes Zählen begleiten („Eins-zwei-drei"), angemessener wäre jedoch, dabei (zum Beispiel) die drei Wörter „Sim Sala

Bim“ oder „König sucht Königin“ zu sagen. Dann werden die obersten zwei Karten aufgedeckt: ein Pärchen!

Übrigens ist bei einem Stapel aus 8 Karten das Herunterzählen von 3 Karten (immer eine von oben unter den Stapel) gleichwertig zum Herunterzählen von 11 Karten, denn nach 8 Herunterzählschritten ist der gleiche Stapel entstanden wie vorher. Das kann man sich so zunutze machen, dass man sich als Alternative ein 11-buchstabiges Wort sucht und für jeden Buchstaben eine von oben unter den Stapel legt: etwa A-B-R-A-K-A-D-A-B-R-A.

Übrig bleibt ein Reststapel aus 6 Karten. Es sind nun zwei (oder $2+6=8$) Karten einzeln von oben unter den Stapel zu befördern, z. B. mit „H-E-I-R-A-T-E-N“. Die beiden oberen Karten werden aufgedeckt, es ist garantiert ein Pärchen. Von den 4 restlichen Karten muss eine unter den Stapel (einfach laut „FINALE!“ sagen) oder auch 5 („M-A-G-I-E“), oben liegt ein Pärchen, das aufgedeckt wird. Und dass die verbleibenden zwei Karten zusammenpassen, ist dann auch keine große Überraschung.

2. Palindromisch bedeutet doch auch, dass man die zweite Partnerkarte kennt, wenn man eine von beiden sieht. Zur Illustration wollen wir annehmen, dass Paare aus zwei Karten des gleichen Werts bestehen, die beide schwarz oder beide rot sind. Zu einem Herz König gehört ein Karo König, zu einer Pik acht die Kreuz acht usw.

„Paar“ bedeutet: beide rot oder beide schwarz bei gleichem Kartenwert.

Man kann es natürlich auch viel raffinierter machen: Die Summe der Zahlenwerte ergibt 14, beide Karten sind schwarz oder beide rot, aber nicht von der gleichen Kartenfarbe (also z.B. nicht beide Pik); zu einer ♥7 gehört also eine ♦7.

... die etwas raffiniertere Variante.

Das Spiel ist also palindromisch gelegt, und es wird flüchtig grob aufgeblättert: Auf den ersten Blick ist nichts Verdächtiges zu sehen. Dann wird durch mehrfaches „Mischen“ – so wie im mathematischen Teil beschrieben – ein scheinbares Durcheinander angerichtet. Am Ende gibt es jedenfalls einen Stapel, der garantiert palindromisch ist. Zum Weitermachen gibt es zwei Möglichkeiten:

Fortsetzung 1: Die Karten werden mit der Bildseite nach unten auf dem Tisch von links nach rechts aufgefächert. Ein Zuschauer soll eine Karte ziehen, und die soll er sich ansehen (und dann behalten), ohne dass der Zauberer sie sieht. Der Zauberer zieht die Partnerkarte: Hatte der Zuschauer etwa die dritte von links gewählt, zieht der Zauberer die dritte von rechts. Damit das immer funktioniert, man also den Abstand sicher schätzen kann, sollte die Kartenanzahl nicht zu groß sein, also höchstens etwa zehn. Das kann er offen machen, er kann aber auch ein „Zaubertuch" über die Karten breiten und die richtige ertasten. Klar, dass er mit Hilfe seiner Karte die Zuschauerkarte identifizieren kann.

Die Karten, die auf dem Tisch übrig geblieben sind, sind immer noch palindromisch. Man kann das Ganze also immer wieder wiederholen, bis alle Karten einmal drangekommen sind.

Fortsetzung 2: Diesmal blättern wir die Hälfte der Karten bildunten einzeln auf den Tisch, diesen Teilstapel bekommt der Zuschauer. Der Zauberer behält den Rest. Die obersten Karten der beiden Stapel bilden ein Pärchen, auch die jeweils zweiten, die jeweils dritten usw. Die Stapel werden nebeneinandergelegt, und durch Zauberkraft werden „Informationen zwischen den Karten übertragen".

Die Stapel von Zauberer und Zuschauer, von unten gesehen.

Augenutzt wird das so: Zauberer und Zuschauer nehmen die oberste Karte ihrer Stapel auf. Der Zauber strengt sich sehr an und ist dann in der Lage, die Karte des Zuschauers zu nennen. Mit den nächsten beiden Karten geht es genau so, usw. Hier könnte man auch eine „Lügendetektorvariante" einbauen: Der Zuschauer sagt, was er hat, er darf aber lügen. Und der Zauberer weiß immer, ob das der Fall ist oder nicht.

3. Bei dieser Variante kombinieren wir Palindrome mit dem australischen Mischen aus Kapitel 10. Auf irgendeine Weise – selber vorbereitet oder mit Hilfe der Zuschauer – ist ein Stapel entstanden, der 6 Pärchen enthält, zum Beispiel je zwei rote und je zwei schwarze Buben, Damen, Könige. Sie sollen palindromisch gelegt sein.

Nun können einige der oben beschriebenen Mischmethoden angewandt werden: so lange, bis alle überzeugt sind, dass das Spiel völlig chaotisch aussieht. Nur der Zauberer weiß allerdings, dass der Stapel immer noch palindromisch ist. Er zählt 6 Karten einzeln zu einem neuen Stapel herunter und legt die restlichen Karten drauf. Nun ist der jeweilige Partner immer 6 Karten weiter. Legt man jetzt insbesondere die oberste Karte aufgedeckt auf den Tisch, so liegt die Partnerkarte an Position 6 – also genau in der Mitte – des Reststapels aus 11 Karten. Nun ist $11 = 2^3 + 3$, und $6 = 2 \cdot 3$. Deswegen kann man diese Karte mit einem australischen down-under-Ausgeben effektvoll präsentieren: eine Karte auf den Tisch, eine unter den Stapel, eine auf den Tisch, eine unter den Stapel, usw. Es wurde in Kapitel 10 begründet, dass die letzte Karte in der Hand die Karte mit der ursprünglichen Position 6 sein wird. Und das ist dann – Finale! – die Partnerkarte zu der auf dem Tisch liegenden.

4. Man kann das Pärchenfinden um ein weiteres Zufallsverfahren erweitern, um die Wirkung noch zu steigern. Mal angenommen, wir haben einen Palindromstapel aus $2n$ Karten erzeugt. Wir teilen ihn genau in der Mitte und legen die beiden Teilstapel mit der Bildseite nach unten nebeneinander auf den Tisch. Wenn wir die Karten durchnummerieren, so liegen also links (von oben nach unten) die Karten $1, 2, 3, \ldots n$ und rechts die Karten $n^*, (n-1)^*$, $2^*, 1^*$; dabei bezeichnet k^* die Partnerkarte zur Karte mit der Nummer k.

Nun sollen insgesamt $n-1$ Karten in den beiden Stapeln einzeln von oben nach unten gelegt werden, wobei die Zuschauer jeweils entscheiden dürfen, ob das links oder rechts gemacht wird. Mal angenommen, die Zuschauer haben sich entschieden, dass im linken Stapel k und im rechten $n-1-k$ Karten bewegt wurden. Links sieht es dann so aus: $k+1, k+2, \ldots, n, 1, 2, \ldots, k$. Und wie ist es rechts? Wenn *eine* Karte von oben nach unten kommt, ist die oberste $(n-1)^*$, bei zweien $(n-2)^*$, allgemein $(n-s)^*$ bei s Karten. In unserem Fall ist $s = n-1-k$, die oberste Karte ist also $\big(n-(n-1-k)\big)^* = (k+1)^*$. Auf den beiden Stapeln liegen also oben Partnerkarten! Man kann sie gleich als Partner präsentieren oder sie erst einmal verdeckt ablegen, um sich die Überraschung für später aufzuheben.

Bemerkenswerter Weise sind die Reststapel aus jeweils $n-1$ Karten wieder bestens vorbereitet, sie liegen also so, als wenn sie aus einem Palindromstapel durch Aufteilen entstanden wären. Zur Begündung schauen wir uns einmal die s-te Karte von oben im linken Stapel an: Die erste Karte ist nun (nach Wegnehmen der obersten Karten von beiden Stapeln) Karte $k+2$, die zweite $k+3$ usw.; die s-te ist also die Karte $k+s+1$ (wobei wir erst einmal annehmen, dass $k+s+1$ nicht größer als n ist). Und was ist im rechten Stapel die s-te von unten? Die (mittlerweile entfernte) hatten wir schon als $(k+1)^*$ identifiziert. Von unten liegen folglich die Karten in der Reihenfolge $(k+2)^*, (k+3)^*, \ldots$. Die s-te ist also $(k+s+1)^*$, und damit ist die Palindrombedingung erfüllt. (Für die s mit $k+s+1 > n$ kann man ganz ähnlich argumentieren.)

Das bedeutet, dass wir das Ganze mit den neuen Stapeln noch einmal machen können, dabei muss allerdings n durch $n-1$ ersetzt werden: Wir lassen $n-2$ Karten einzeln völlig beliebig in den Stapeln von oben nach unten legen. Dann wird oben ein Pärchen liegen, und wenn wir es wegnehmen, kann sofort die nächste Runde beginnen: $n-3$ Karten runter usw.

Als konkretes Beispiel betrachten wir den Fall $n = 4$, und wir wollen annehmen, dass wir mit einem Palindromstapel aus Damen und Königen starten. Ein dreibuchstabiges Wort würde nun reichen, den gleichen Zweck erfüllt ein siebenbuchstabiges: Bei einem der Stapel wurde dann mindestens viermal eine Karte nach unten gelegt, und dann sieht er haargenau so aus wie vorher. Wie wäre es also mit „KÖNIGIN"? Oben liegt dann ein Paar, das legen wir erst einmal bildunten zur Seite. Jetzt haben beide Reststapel drei Karten, also sind zwei (oder fünf, oder acht oder . . .) Karten zu bewegen, um den gewünschten Zweck zu erfüllen. Wir wollen das Wort „SUCHT" mit fünf Buchstaben verwenden. Damit ist noch ein Pärchen entstanden, wir legen die jeweils oberste Karte der Stapel als Pärchen beiseite.

Die Reststapel sind auf je zwei Karten zusammengeschmolzen. Es würde reichen, eine einzige von oben nach unten zu legen. Es können aber auch drei oder fünf oder noch mehr sein, die Anzahl muss nur ungerade sein. Das Wort „KÖNIG" würde zum Abschluss gut passen. Die obersten werden zur Seite gelegt und die letzten beiden werden als Pärchen präsentiert. Das wäre schon sehr bemerkenswert, aber wirklich spektakulär wird es, wenn nun die bisher verdeckt liegenden Kartenpaare auch noch als Dame-König-Pärchen gezeigt werden.

Varianten

Wir haben unsere Verfahren mit gewöhnlichen Spielkarten illustriert. Wichtig ist aber eigentlich nur, dass es sich um Karten handelt (um unsere Mischverfahren anwenden zu können) und dass „Pärchen" identifizierbar sind. Man könnte also auch Paare von Bildern verwenden, etwa Bilder von Paaren, die bei der Feier zu erwarten sind, auf der der Trick vorgeführt werden soll, oder berühmte Paare aus der Geschichte (Romeo und Julia, Caesar und Kleopatra usw.).

Quellen

Ich habe den „Klassiker" (Trick 1) durch das Buch von Pedro Alegría ("Magia por principios") kennen gelernt und einige weitere Beispiele im Buch von Diaconis und Graham gefunden. Der mathematisch-theoretische Hintergrund wurde für dieses Buch entwickelt.

Kapitel 12

Die mysteriöse Zahl 1089 und die Fibonaccizahlen

In diesem Kapitel geht es um Arithmetik, dem Rechnen mit Zahlen. Üblicherweise hat man damit während des Mathematikstudiums wenig zu tun, und viele sind fest davon überzeugt, die wichtigsten Fakten schon während der Grundschulzeit kennen gelernt zu haben. Im Prinzip reicht es auch für unsere Untersuchungen zu wissen, wie man n-stellige Zahlen schriftlich addiert und subtrahiert, die Einzelheiten sind jedoch überraschend kompliziert. Am Bemerkenswertesten ist aber wohl, dass hier – an einer Stelle, an der es niemand erwartet hätte – die *Fibonaccizahlen* auftreten.

Der Effekt

In der Standardvariante[1)] beginnt der Trick damit, dass sich jemand eine dreistellige Zahl ausdenkt (die letzte Ziffer soll kleiner als die erste sein). Dann werden die folgenden Rechnungen vorgenommen:

- Die Zahl wird spiegelverkehrt noch einmal hingeschrieben. Hieß die ursprüngliche Zahl abc, so heißt die neue cba.
- Aufgrund der Bedingung „letzte Ziffer kleiner als erste Ziffer" ist die gespiegelte Zahl kleiner als die Originalzahl. Die Differenz abc minus cba wird also eine positive, höchstens dreistellige Zahl sein. Wir nennen sie def.
- Auch die wird gespiegelt (Ergebnis fed[2)]), und diesmal werden Zahl und gespiegelte Zahl *addiert*; es wird also def plus fed gebildet.

> Hier ein Beispiel: Ist $abc = 452$ so ist $def = 452 - 254 = 198$. es folgt $def + fed = 198 + 891 = 1089$.

[1)]Sie ist wirklich unter Zauberern wohlbekannt. GOOGLE bietet fast 400.000 Links zum Stichwort „1089 trick" an.

[2)]Achtung: Die Zahl muss als dreistellige Zahl gespiegelt werden. Ist etwa $def = 99$, so müsste man mit $fed = 990$ weitermachen.

Die große Überraschung: Der Zauberer kennt das Ergebnis! Unabhängig von der Wahl der Ausgangszahl abc kommt *immer* die Zahl 1089 heraus.

Die Mathematik im Hintergrund

Wir schreiben die Zahl, um die es geht, als abc, wobei a eine Ziffer zwischen 1 und 9 ist und für b und c alle Ziffern zwischen 0 und 9 möglich sind. Laut Schulsubtraktions-Verfahren kommt bei der Berechnung von abc minus bca eine (höchstens) dreistellige Zahl def heraus, wobei $d = a - (c+1)$, $e = 9$ und $f = (10 + c) - a$.

Addieren wir nun def zu fed, so ergibt sich wirklich 1089. Das liegt daran, dass die Zahlen a und c in der Rechnung mit positivem und negativem Vorzeichen auftreten und sich daher wegheben.

Doch was passiert, wenn man statt mit dreistelligen Zahlen mit Zahlen beliebiger Länge arbeitet? Wir fixieren eine natürliche Zahl $n \geq 2$, und wir werden mit n-stelligen Zahlen $a = a_1 a_2 \ldots a_n$ arbeiten, wobei $a_i \in \{0, \ldots, 9\}$ für alle i und $a_1 > a_n$ gelten soll. Dann berechnen wir $a_1 \ldots a_n - a_n \ldots a_1$ und schreiben diese positive Zahl als $b_1 \ldots b_n$. Schließlich ermitteln wir noch $b_1 \ldots b_n + b_n \ldots b_1$, diese Zahl wird $\phi_n(a)$ genannt werden.

Als Beispiel betrachten wir im Fall $n = 6$ die Zahl $a = 242141$. Dann ist $b_1 \ldots b_6 = 242141 - 141242 = 100899$, und folglich erhalten wir $\phi_6(a) = 100899 + 998001 = 1098900$. Im Fall $n = 4$ und $a = 8007$ rechnen wir so: $8007 - 7008 = 0999$, and $0999 + 9990 = 10989$; es ist also stets (wie im Fall $n = 3$) die Zahl $b_1 \ldots b_n$ als n-stellige Zahl zu betrachten. Falls erforderlich, sind vorn Nullen aufzufüllen, wenn man von $b_1 \ldots b_n$ zu $b_n \cdots b_1$ übergeht.

Ausgangspunkt unserer Überlegungen war die Tatsache, dass alle $\phi_3(a_1 a_2 a_3)$ gleich 1089 sind, wenn $a_1 a_2 a_3$ alle dreistelligen Zahlen durchläuft, für die $a_1 > a_3$ gilt. Es ist nun *nicht* so, dass auch für größere n alle $\phi_n(a_1 \cdots a_n)$ übereinstimmen. Wir werden aber beweisen, dass es stets überraschend wenige Zahlen im Bildbereich von ϕ_n gibt und dass – völlig unerwartet – Fibonaccizahlen für die Analyse eine wichtige Rolle spielen.

Wir werden eine *weitere Verallgemeinerung* gleich mitbehandeln. Bisher haben wir uns doch auf Zahlendarstellungen im Dezimalsystem beschränkt, aber man kann sich natürlich fragen, was bei anderen Zahlsystemen passieren wird. Wie sieht es zum Beispiel aus, wenn Zahlen im Dual- oder im Hexadezimalsystem dargestellt werden?

Für das Folgende sei $B \in \{2, 3, \ldots\}$ fest gewählt, wir werden Zahlen in der B-adischen Darstellung betrachten. (Die Fälle $B = 2$ bzw. $B = 10$ entsprechen dem Dualsystem bzw. dem Dezimalsystem. Wer mag, kann sich immer $B = 10$ vorstellen und damit im Dezimalsystem bleiben.)

Hier sind die ersten wichtigen Definitionen:

- $I_{B,n} = \{0, \ldots, B-1\}^n$ bezeichnet die Menge der B-adischen Entwicklungen der Zahlen m mit $0 \leq m \leq B^n - 1$. Wir werden die Elemente aus $I_{B,n}$ als $(a_1 \ldots a_n)_B$ schreiben. So steht zum Beispiel $(20045)_{10}$ „wirklich"für die Zahl 20045, wohingegen $(10011)_2$ die Dualzahldarstellung der Zahl 19 ist.

- Wir schreiben $I^*_{B,n}$ für die Teilmenge der $(a_1 \dots a_n)_B \in I_{B,n}$, für die $a_1 > a_n$ gilt.
- Die Abbildung $\rho_{B,n} : I_{B,n} \to I_{B,n}$ kehrt die Reihenfolge um: $\rho_{B,n} : (a_1 \dots a_n)_B \mapsto (a_n \dots a_1)_B$.
- $\delta_{B,n} : I^*_{B,n} \to I_{B,n}$ bildet ein $(a_1 \dots a_n)_B \in I^*_{B,n}$ auf die B-adische Darstellung der Differenz $(a_1 \dots a_n)_B$ minus $\rho_{B,n}\big((a_1 \dots a_n)_B\big)$ ab.
- $\sigma_{B,n} : I_{B,n} \to I_{B,n+1}$ ist so definiert: Aus einem $(b_1 \dots b_n)_B \in I_{B,n}$ wird die B-adische Entwicklung der Summe aus $(b_1 \dots b_n)_B$ und $\rho_{B,n}\big((b_1 \dots b_n)_B\big)$; dabei kann es vorkommen, dass die Summe $n+1$ B-adische Ziffern hat.
  Hier ein Beispiel: $\sigma_3\big((243)_5\big) = (243)_5 + (342)_5 = (1140)_5$.
- Schließlich wird $\phi_{B,n} : I^*_{B,n} \to I_{B,n+1}$ durch $\phi_{B,n} := \sigma_{B,n} \circ \delta_{B,n}$ definiert. (Damit ist $\phi_{10,n}$ die Abbildung ϕ_n, die weiter oben eingeführt wurde.)

Das sind zugegebenermaßen ziemlich technische Definitionen, aber dieser Aufwand ist notwendig, um die hier betrachtete Verallgemeinerung des 1089-Tricks mathematisch exakt untersuchen zu können.

Wie viele verschiedene Elemente können im Bild von $\phi_{B,n}$ auftreten? Hier ist unser Hauptergebnis:

Theorem: *Je nachdem, ob die Zahl $n \geq 2$ gerade oder ungerade ist, schreiben wir sie als $2r$ oder als $2r+1$. Die Folge $F_1, F_2, F_3, \dots$ bezeichnet die übliche Fibonacci-Folge $1, 1, 2, 3, 5, \dots$. Dann gilt:*

Es gibt genau F_{2r} verschiedene Zahlen, die als $\phi_{B,n}\big((a_1 \cdots a_n)_B\big)$ auftreten können, wenn $(a_1 \cdots a_n)_B$ alle Elemente aus $I^*_{B,n}$ durchläuft: genau eine Zahl für $n=2$ und für $n=3$ (diese Ergebnis entspricht dem Originaltrick), im Fall $n=4$ und $n=5$ sind $3 = F_4$ verschiedene Zahlen zu erwarten usw.

Dieses Ergebnis hat zwei unmittelbare Konsequenzen:

- Die Anzahl der möglichen $\phi_{B,n}\big((a_1 \cdots a_n)_B\big)$ hängt nicht von B ab.
- Diese Anzahl ist winzig im Vergleich zur Anzahl der Elemente in $I^*_{B,n}$. Für gerade n ist der Anteil von der Größenordnung $F_n/B^n \approx (\varphi/B)^n$, wobei wir mit $\varphi = (1+\sqrt{5})/2 = 1.618\dots$ den goldenen Schnitt bezeichnet haben.

Der Beweis wird sich als überraschend kompliziert herausstellen, er hängt von einer sorgfältigen Analyse des Übergangs von $(a_1 \cdots a_n)_B \in I^*_{B,n}$ zu $\phi_{B,n}\big((a_1 \cdots a_n)_B\big)$ ab.

Erste Erinnerung: schriftliche Subtraktion

Es wird viele überraschen, dass Techniken aus der Grundschulzeit hier noch einmal präzisiert werden, aber das ist erforderlich, um eine für das Folgende wichtige Definition erklären zu können.

Überträge beim Rechnen werden gleich eine wichtige Rolle spielen, wir werden drei Varianten kennen lernen (die t_k, die u_k und die v_k).

Seien $e = (e_1 \cdots e_n)_B$ und $d = (d_1 \cdots d_n)_B$ in $I_{B,n}$ mit $e > d$ vorgelegt. Wie berechnet man $e - d$ in B-adischer Entwicklung? Man arbeitet sich bekanntlich von hinten nach vorn vor, wobei es bei der Berechnung der k-ten Ziffer manchmal erforderlich sein kann, einen Übertrag bei der $(k-1)$-ten Ziffer zu machen. (Dabei gibt es unterschiedliche Strategien: In Deutschland addiert man eine 1 zu d_{k-1}, in den USA dagegegen borgt man eine 1 von e_{k-1}.)

Die erste Familie von Überträgen $t_{n+1}, t_n, t_{n-1}, \ldots, t_1$ ist wie folgt definiert: $t_{n+1} := 0$, und $t_k := 0$ falls $e_k \geq d_k + t_{k+1}$ bzw. $t_k := 1$ andernfalls. Dann ist die k-te Ziffer von $e-d$ in B-adischer Entwicklung gleich $Bt_k + e_k - (d_k + t_{k+1}) \in \{0, 1, \ldots, B-1\}$ $(k = n, n-1, \ldots, 1)$. Für die Folge $t_1 \cdots t_n$ werden wir $C(e, d)$ schreiben.

Hier sind zwei Beispiele im Dezimalsystem, um die Definition zu illustrieren: Die Differenz $(5553)_{10} - (1223)_{10}$ führt zu $t_1 t_2 t_3 t_4 = 0000$, d.h. $C\big((5553)_{10}, (1223)_{10}\big) = 0000$. Und im Fall $(555370)_{10} - (499999)_{10}$ ergibt sich $C\big((555370)_{10}, (499999)_{10}\big) = 011111$.

Von besonderem Interesse werden die $t_1 \ldots t_n$ sein, wenn wir die Differenz $\delta_{B,n}(a) = a - \rho_{B,n}(a)$ für $a = (a_1 \cdots a_n)_B \in I^*_{B,n}$ berechnen wollen.

Mit $\tau_{B,n} : I^*_{B,n} \to \{0,1\}^n$ werden wir die Abbildung bezeichnen, die einem $a = (a_1 \cdots a_n)_B \in I^*_{B,n}$ die Folge $C\big((a_1 \cdots a_n)_B, (a_n \cdots a_1)_B\big)$ zuordnet. (So dass, zum Beispiel, $\tau_{10,7}\big((4555552)_{10}\big) = 0111111$.) Die Bildmenge von $\tau_{B,n}$, d.h. die Menge

$$\{\tau_{B,n}(a) \mid a \in I^*_{B,n}\}\tau_{B,n} \subset \{0,1\}^n,$$

wird mit $T_{B,n}$ bezeichnet werden.

Unsere *Strategie für den Beweis des Theorems* wird dann so aussehen: Zuerst berechnen wir in Lemma 12.2 die Anzahl der Elemente in $T_{B,n}$, und dann zeigen wir in Lemma 12.3, dass es eine Bijektion zwischen $T_{B,n}$ und der Bildmenge von $\phi_{B,n}$ gibt.

Die folgenden Tatsachen sind leicht einzusehen:

Lemma 12.1 *Wir fixieren ein $a = (a_1 \cdots a_n)_B \in I^*_{B,n}$ und setzen $t_1 \ldots t_n := \tau_{B,n}(a)$.*

(i) $t_1 = 0$ und $t_n = 1$.

(ii) Im Fall $a_k > a_{n-k+1}$ ist $t_k = 0$; falls $a_k < a_{n-k+1}$ gilt, so ist $t_k = 1$; und aus $a_k = a_{n-k+1}$ folgt $t_k = t_{k+1}$ $(k = 1, \ldots, n)$.

(iii) Die k-te Ziffer von $\delta_{B,n}(a)$ ist gleich $t_k B + a_k - (a_{n-k+1} + t_{k+1})$ $(k = 1, \ldots, n)$; dabei haben wir wie bisher $t_{n+1} := 0$ gesetzt.

Wir benötigen noch weitere Definitionen, um eine Rekursionsformel für die Anzahl der Elemente von $T_{B,n}$ beweisen zu können.

1. $T^0_{B,n}$ (bzw. $T^1_{B,n}$) bezeichnet die Menge der $t_1 \cdots t_n \in T_{B,n}$ mit $t_2 = 0$ (bzw. $t_2 = 1$). Und Ψ_n (bzw. Ψ^0_n bzw. Ψ^1_n) steht für die Anzahl der Elemente in $T_{B,n}$ (bzw. in $T^0_{B,n}$ bzw. in $T^1_{B,n}$).

2. Weiter definieren wir eine Abbildung $\mu_{B,n} : I^*_{B,n} \to \{0,1\}^n$ (eine Variante von $\tau_{B,n}$) durch $a = (a_1 \cdots a_n)_B \mapsto u_1 \cdots u_n := C\big((a_1 \cdots a_n)_B, (a_n \cdots a_2 0)_B\big)$: Vor der Berechnung der Differenz von a und dem gespiegelten a wird die letzte Ziffer des gespiegelten a Null gesetzt.

Dann ist klar, dass immer $u_n = 0$ und $u_1 = 0$ gilt.

3. Die Menge $M_{B,n}$ bezeichnet die Bildmenge von $\mu_{B,n}$, und wir schreiben $M^0_{B,n}$ (bzw. $M^1_{B,n}$) für die Teilmenge der $u_1 \cdots u_n \in M_{B,n}$, für die $u_2 = 0$ (bzw. $u_2 = 1$) gilt. Schließlich kürzen wir mit Φ_n (bzw. Φ^0_n bzw. Φ^1_n) die Anzahl der Elemente von $M_{B,n}$ (bzw. $M^0_{B,n}$ bzw. $M^1_{B,n}$) ab.

Zur Illustration folgen hier einige konkrete Berechnungen. Zuerst beschränken wir uns auf den Fall, dass $n = 2r$ eine gerade Zahl ist.

1) Zuerst betrachten wir den Fall $n = 4$. Für die Berechnung von $\tau_{B,4}(a)$ für ein spezielles $a = (a_1a_2a_3a_4) \in I^*_{B,4}$ muss man nur wissen, ob $a_2 < a_3$, $a_2 = a_3$ oder $a_2 > a_3$ gilt. Deswegen reicht es zur Identifizierung aller Elemente von $T_{B,4}$, drei typische Beispiele zu untersuchen. Wir wählen $(\beta 0 \beta 0)_B$, $(\beta 000)_B$ und $(\beta\beta 00)_B$, wobei $\beta := B - 1$. In der folgenden Tabelle sind diese a zusammen mit den zugehörigen $\tau_{B,4}(a)$ zusammengestellt:

a	$(\beta 0 \beta 0)_B$	$(\beta 000)_B$	$(\beta\beta 00)_B$
$\tau_{B,4}$	0101	0111	0011

Es folgt, dass $\Psi^0_4 = 1$ (denn man findet an zwei Elementen eine „0" an zweiter Stelle), $\Psi^1_4 = 2$ (dto. für die „1") und $\Psi_4 = \Psi^0_4 + \Psi^1_4 = 3$.

Und hier ist die entsprechende Tabelle für $M_{B,4}$:

a	$(\beta 0 \beta 0)_B$	$(\beta 000)_B$	$(\beta\beta 00)_B$
$\mu_{B,4}$	0100	0000	0010

Es folgt, dass $\Phi^0_4 = 2$, $\Phi^1_4 = 1$ und $\Phi_4 = 3$.

2) Als Nächstes bestimmen wir die Werte für den Fall $n = 6$. Diesmal müssen wir 9 verschiedene $a \in I^*_{B,6}$ berücksichtigen, um alle Möglichkeiten auszuschöpfen: $a_2 <, =, > a_5$ and $a_3 <, =, > a_4$. In der Tabelle findet man unsere Wahl von a und das jeweils zugehörige $\tau_{B,6}$:

a	$(\beta 00 \beta\beta 0)_B$	$(\beta 000 \beta 0)_B$	$(\beta 0 \beta 0 \beta 0)B$	$(\beta 00 \beta 00)_B$	$(\beta 00000)_B$
$\tau_{B,6}$	011001	010001	010101	011011	011111

a	$(\beta 0 \beta 000)_B$	$(\beta\beta 0 \beta 00)_B$	$(\beta\beta 0000)_B$	$(\beta\beta\beta 000)_B$
$\tau_{B,6}$	000111	001011	001111	000111

Folglich ist $\Psi^0_6 = 3$, $\Psi^1_6 = 5$ und $\Psi_6 = 8$; beachte, dass das Muster 000111 zweimal auftritt, es darf aber nur einmal gezählt werden.

Der Bildbereich von $\mu_{B,6}$ enthält die folgenden Elemente:

a	$(\beta 00 \beta\beta 0)_B$	$(\beta 000 \beta 0)_B$	$(\beta 0 \beta 0 \beta 0)B$	$(\beta 00 \beta 00)_B$	$(\beta 00000)_B$
$\mu_{B,6}$	011000	010000	010100	011000	000000

a	$(\beta 0 \beta 000)_B$	$(\beta\beta 0 \beta 00)_B$	$(\beta\beta 0000)_B$	$(\beta\beta\beta 000)_B$
$\mu_{B,6}$	000100	001010	001110	000110

Damit ist $\Phi_6^0 = 5$, $\Phi_6^1 = 3$ und $\Phi_6 = 8$.

Lemma 12.2 *(i) Es gelten die folgenden Rekursionsformeln für $r \geq 1$:*

$$\Psi^0_{2(r+1)} = \Psi_{2r},\ \Psi^1_{2(r+1)} = \Psi^1_{2r} + \Phi_{2r},\ \Phi^0_{2(r+1)} = \Phi^0_{2r} + \Psi_{2r},\ \Phi^1_{2(r+1)} = \Phi_{2r}.$$

(ii) $\Psi_{2r} = F_{2r}$, wobei F_{2r} das $2r$-te Element der Fibonaccifolge $F_1, F_2 \ldots = 1, 1, 2, 3, 5, 8, \ldots$ bezeichnet.

(iii) Wir schreiben $n = 2r$ für gerade n und $n = 2r + 1$ für ungerade n. Dann besteht $T_{B,n}$ aus F_{2r} Elementen.

Beweis: (i) Es wird günstig sein, ein $\tilde{a} \in I^*_{B,2(r+1)}$ in der Form

$$\tilde{a} = (a_1 \alpha a_2 \cdots a_{2r-1} \alpha' a_{2r})_B$$

mit $\alpha, \alpha' \in \{0, \ldots, B-1\}$ zu schreiben (so dass, z.B., a_2 für die *dritte* Ziffer in $\tilde{a}$ steht). Seien $a := (a_1 \cdots a_{2r})_B \in I^*_{B,2r}$, $t_1 \cdots t_{2r} := \tau_{B,2r}(a)$ und $u_1 \cdots u_{2r} := \mu_{B,2r}(a)$. Aus den elementaren arithmetischen Rechenregeln folgt dann:

- Im Fall $\alpha < \alpha'$ gilt $\tau_{B,2(r+1)}(\tilde{a}) = 01u_2 \cdots u_{2r-1}01$ und $\mu_{B,2(r+1)}(\tilde{a}) = 01u_2u_3 \cdots u_{2r-1}00$;
- Im Fall $\alpha = \alpha'$ gilt $\tau_{B,2(r+1)}(\tilde{a}) = 0t_2t_2t_3 \cdots t_{2r-1}11$ und $\mu_{B,2(r+1)}(\tilde{a}) = 0u_2u_2u_3 \cdots u_{2r-1}00$;
- Im Fall $\alpha > \alpha'$ gilt $\tau_{B,2(r+1)}(\tilde{a}) = 00t_2 \cdots t_{2r-1}11$ und $\mu_{B,2(r+1)}(\tilde{a}) = 00t_2t_3 \cdots t_{2r-1}10$.

Daraus lassen sich die Rekursionsformeln leicht herleiten:

a) Wie viele Elemente hat $T^0_{B,2(r+1)}$? Sie entstehen doch nur dann, wenn $\alpha > \alpha'$ oder wenn $\alpha = \alpha'$. Zum zweiten Fall tragen nur die $\tilde{a}$ mit $t_2 = 0$ bei, aber die sind schon von den Elementen mit $\alpha > \alpha'$ erzeugt worden. Das zeigt $\Psi^0_{2(r+1)} = \Psi_{2r}$.

b) Nur die $\tilde{a}$ mit $\alpha < \alpha'$ und die $\tilde{a}$ mit $\alpha = \alpha'$ und $t_2 = 1$ tragen zu $\Psi^1_{2(r+1)}$ bei, und alle diese Muster sind verschieden, denn die vorletzte Ziffer ist 0, wenn es aus $\alpha < \alpha'$ entstand und 1 im zweiten Fall. Das zeigt, dass $\Psi^1_{2(r+1)} = \Psi^1_{2r} + \Phi_{2r}$.

c) und d) Die Rekursionsformeln für $\Phi^0_{2(r+1)}$ und $\Phi^1_{2(r+1)}$ können genauso bewiesen werden.

(ii) Aufgrund der vorstehenden konkreten Rechnungen wissen wir, dass $\Psi^0_4 = \Phi^1_4 = F_2$, $\Psi^1_4 = \Phi^0_4 = F_3$ und $\Psi_4 = \Phi_4 = F_4$. Nun muss man sich nur noch an die Rekursionsformel $F_k + F_{k+1} = F_{k+2}$ für die Fibonaccizahlen erinnern und (i) anwenden: Es ist stets $\Psi^0_{2r} = \Phi^1_{2r} = F_{2r-2}$, $\Psi^1_{2r} = \Phi^0_{2r} = F_{2r-1}$ und $\Psi_{2r} = \Phi_{2r} = F_{2r}$. Das beweist die Behauptung für $r \geq 2$; für $r = 1$ ist sie trivialerweise richtig.

(iii) Der Fall gerader $n = 2r$ entspricht der Aussage (ii), da Ψ_{2r} die Elemente von $T_{B,2r}$ zählt. Nun sei $n = 2r + 1$ ungerade. Wegen Lemma 12.1(ii) wissen wir, dass für jedes $t_1 \cdots t_n \in T_{B,n}$ die Aussage $t_{r+1} = t_{r+2}$ gilt, denn es ist $a_k = a_{n-k+1}$ für $k = r + 1$. Folglich ist $t_1 \cdots t_r t_{r+1} t_{r+2} \cdots t_n \mapsto t_1 \cdots t_r t_{r+2} \cdots t_n$ eine bijektive Abbildung zwischen $T_{B,2r+1}$ und $T_{B,2r}$. □

Zweite Erinnerung: schriftliche Addition

Die Addition von Zahlen in B-adischer Darstellung ist einfacher als die Subtraktion. Es seien $d = (d_1 \dots d_n)_B$ und $e = (e_1 \dots e_n)_B$ aus $I_{B,n}$ vorgelegt. Mit v_k bezeichnen wir den Übertrag, der bei der Berechnung der k-ten Ziffer von $d + e$ entsteht. Damit sind die $v_1, \dots, v_n, v_{n+1}$ rekursiv durch $v_{n+1} := 0$ und $v_k = 1$ im Fall $d_k + e_k + v_{k+1} \geq B$ bzw. $v_k := 0$ im Fall $d_k + e_k + v_{k+1} < B$ definiert; $k = n, n-1, \dots, 1$. Die B-adische Entwicklung von $d + e$ ist dann $v_1 c_1 \dots c_n$, wobei $c_k := v_{k+1} + d_k + e_k - v_k B$ für $k = 1, \dots, n$.

Es wird günstig sein, einen *Zwischenschritt* einzuschieben: Zuerst berechnen wir die Zahlen $R_k := d_k + e_k \in \{0, \dots, 2B-2\}$ $(k = 1, \dots, n)$, und aus diesen bestimmen wir die B-adische Entwicklung von $d + e$. So berechnen wir zum Beispiel $(34201)_5 + (44033)_5$ in zwei Schritten als

$$(34204)_5 + (44033)_5 \mapsto (7, 8, 2, 3, 7) \mapsto (133242)_5;$$

die Überträge sind diesem Beispiel $v_1 v_2 v_3 v_4 v_5 = 11001$.

Von besonderem Interesse wird für uns der Fall $d = (b_1 \cdots b_n)_B = \delta_{B,n}(a)$ und $e = (b_n \cdots b_1)_B$ für $a = (a_1 \cdots a_n)_B \in I^*_{B,n}$ sein. Sei so ein a vorgelegt. Wir wissen dann schon (Lemma 12.1 (iii)), dass die k-te Ziffer von $b = (b_1 \cdots b_n)_B := \delta_{B,n}(a)$ gleich $t_k B + a_k - (a_{n-k+1} + t_{k+1})$ ist. Folglich ist die Summe aus b_k und der k-ten Ziffer von $\rho_{B,n}(b)$ gleich

$$\begin{aligned} R_k &:= b_k + b_{n-k+1} \\ &= t_k B + a_k - (a_{n-k+1} + t_{k+1}) + t_{n-k+1} B + a_{n-k+1} - (a_k + t_{n-k+2}) \\ &= (t_k + t_{n-k+1}) B - (t_{k+1} + t_{n-k+2}). \end{aligned}$$

(Das ist eine sehr wichtige Beobachtung: Die $R_1, \dots, R_n$ hängen nur von den t_k und nicht von den a_k ab.)

Um schließlich $\phi_{B,n}(a)$ als B-adische Zahl auszurechnen, muss man sich wieder von rechts nach links durcharbeiten. Wir definieren die v_k als die Überträge, die sich bei der Berechnung von $(b_1 \cdots b_n)_B + (b_n \cdots b_1)_B$ ergeben[3]. Setzt man dann $c_k := R_k + v_{k+1} - v_k B$, so gilt $\phi_{B,n}(a) = (v_1 c_1 \dots c_n)_B$.

Hier ist ein Beispiel, wir betrachten $a = (5677321)_{10}$. Es ist $\delta_{10,7}(a) = (4439556)_{10}$ und $(R_1, \dots, R_7) = (10, 9, 8, 18, 8, 9, 10)$.Damit ist $\phi_{10,7}(a) = (10998900)_{10}$, wobei $v_1 \cdots v_7 - 1001011$.

Lemma 12.3 *(i)* $R_k = R_{n-k+1}$, *und* $R_k \in \{0, B-2, B-1, B, 2B-2\}$ *für alle* k.

(ii) Die Abbildung $t_1 \cdots t_n \mapsto (R_1, \dots, R_n)$ *(von der Menge* $T_{B,n}$ *in die Menge* $\{0, B-2, B-1, B, 2B-2\}^n$*) ist injektiv.*

(iii) Die Abbildung $(R_1, \dots, R_n) \mapsto v_1 c_1 \cdots c_n$ *(von den* $(R_1, \dots, R_n)$*, die durch die* $(a_1 \cdots a_n)_B \in I^*_{B,n}$ *erzeugt werden, nach* $I_{B,n+1}$*) ist injektiv.*

Beweis: (i) Die Symmetrie folgt sofort aus der Definition: $R_k = b_k + b_{n-k+1}$ für $k = 1, \dots, n$. Dass R_k stets in $\{0, B-2, B-1, B, 2B-2\}$ liegt, ergibt sich aus der

[3] D.h., $v_{n+1} := 0$, und $v_k = 1$ im Fall $R_k + v_{k+1} \geq B$ sowie $v_k = 0$ für $R_k + v_{k+1} < B$.

Formel $R_k = (t_k + t_{n-k+1})B - (t_{k+1} + t_{n-k+2})$ und der Tatsache, dass R_k die Summe aus zwei Elementen in $\{0, 1, \ldots, B-1\}$ ist.

(ii) Es ist zu zeigen, dass man $t_1 \cdots t_n$ aus $(R_1, \ldots, R_n)$ rekonstruieren kann. Sei $(R_1, \ldots, R_n)$ vorgegeben. Stets gilt doch $t_1 = 0 = t_{n+1}$ und $t_n = 1$, so dass

$$R_1 = (t_1 + t_n)B - (t_2 + t_{n+1}) = B - t_2.$$

Auf diese Weise haben wir schon t_1, t_2, t_n identifiziert. Die noch fehlenden t_k werden wir dadurch finden, dass wir uns rekursiv „nach innen" vorarbeiten: von t_1, t_2, t_n zu t_1, t_2, t_3, t_{n-1}, t_n, dann zu $t_1, t_2, t_3, t_4, t_{n-2}, t_{n-1}, t_n$ usw.

Angenommen, wir kennen für ein $k \geq 2$ die $t_1, \ldots, t_k, t_{n-k+2}, \ldots, t_n$. Was kann dann über t_{k+1} und t_{n-k+1} ausgesagt werden? Wir betrachten vier Fälle.

Fall 1: $t_k = t_{n-k+2} = 0$. In diesem Fall ist $R_k = (t_k + t_{n-k+1})B - (t_{k+1} + t_{n-k+2}) = t_{n-k+1}B - t_{k+1}$, und R_k ist bekannt. t_{k+1} und t_{n-k+1} können nun mit Hilfe von (i) gefunden werden: R_k ist eine der Zahlen B bzw. $B-1$ bzw. 0, und das impliziert $t_{n-k+1} = 1, t_{k+1} = 0$ bzw. $t_{n-k+1} = 1, t_{k+1} = 1$ bzw. $t_{n-k+1} = t_{k+1} = 0$.

Fall 2: $t_k = 1, t_{n-k+2} = 0$. Es ist dann $R_k = (1 + t_{n-k+1})B - t_{k+1}$. R_k ist gleich $B, B-1, 2B$ oder $2B-1$, und in jedem dieser Fälle kann man t_{k+1} und t_{n-k+1} rekonstruieren. (Ist etwa $R_k = 2B$, so ist notwendig $t_{n-k+1} = 1$ und $t_{k+1} = 0$).

Fall 3 ($t_k = 0, t_{n-k+2} = 1$) und Fall 4 ($t_k = t_{n-k+2} = 1$) können auf die gleiche Weise behandelt werden. Das beweist (ii).

(iii) Wie kann man $R_1, \ldots, R_k$ berechnen, wenn $v_1 c_1 \cdots c_n$ bekannt sind? Wir wissen, dass $R_n = B - t_2$ gilt, es ist also $R_n = B$ oder $R_n = B - 1$. Damit ist $R_n = B$ und $v_n = 1$ im Fall $c_n = 0$, und $c_n = B - 1$ impliziert $R_n = B - 1$ und $v_n = 0$. v_1 ist auch schon bekannt, wir können also unsere Rekursion mit den schon bekannten Zahlen $R_1 = R_n$ und v_1, v_n beginnen. Wie im Beweis von (ii) arbeiten wir uns von außen nach innen vor: von $1, n$ zu $1, 2, n-1, n$ usw.

Wir nehmen an, dass $R_1 (= R_n), R_2 (= R_{n-1}), \ldots, R_k (= R_{n-k+1})$ und $v_1, \ldots, v_k$, $v_{n-k+1}, \ldots, v_n$ schon rekonstruiert wurden. Wir wollen die Zahlen $R_{k+1} (= R_{n-k})$, v_{k+1} und v_{n-k} ebenfalls bestimmen. Dazu schreiben wir die B-adische Entwicklung von R_{k+1} als $(\alpha\alpha')_B$; hier ist $\alpha \in \{0, 1\}$ und $\alpha' \in \{0, B-1, B-2\}$.

Schritt 1: Zuerst ermitteln wir v_{k+1}. Zur Illustration betrachten wir den Fall $R_k = c_k = B - 1$. Dann ist notwendig v_{k+1} gleich 0, denn $v_{k+1} = 1$ würde $c_k = 0$ zur Folge haben. Entsprechend muss $v_{k+1} = 0$ in folgenden Fällen gelten: Entweder ist $R_k = c_k$, oder – in Situationen, in denen $R_k = (10)_B$ oder $R_k = (1, B-2)_B$ ist – c_k ist gleich der zweiten (von links nach rechts gezählt) B-adischen Ziffer von R_k. In allen anderen Fällen ist $v_{k+1} = 1$.

Schritt 2: Wir bestimmen α'. Wir kennen v_{n-k+1}. Wenn diese Zahl Null ist, so gilt $\alpha' = c_{n-k}$. Im Fall $v_{n-k+1} = 1$ gibt es zwei Möglichkeiten. Sollte $c_{n-k} = 0$ gelten, so erinnern wir uns daran, dass c_{n-k} gleich der zweiten Ziffer von $\alpha' + 1$ ist und dass folglich $\alpha' = B - 1$ und $v_{n-k} = 1$ gelten muss (ein Übertrag war notwendig). Ist dagegen $c_{n-k} > 0$, so können wir $\alpha' = c_{n-k} - 1$ folgern.

Schritt 3: Wie sieht α *aus?* Angenommen, es ist $c_{k+1} = \alpha'$. Das impliziert $\alpha = v_{k+1}$. Und was ist, wenn $\alpha' \neq c_{k+1}$ gilt? Im Fall $c_{k+1} = 0$ ist das nur möglich, wenn $\alpha' = B - 1$, und dann ist $\alpha = 0$ (denn $R_{k+1} < 2B - 1$). Gilt dagegen $c_{k+1} > 0$,

so muss der Übertrag (sofern es einen gab), durch α erzeugt worden sein. Es ist dann $\alpha = v_{k+1}$.
Schrit 4: v_{n-k}, noch einmal. In manchen Fällen ist v_{n-k} schon nach dem zweiten Schritt bekannt. Jetzt wissen wir aber mehr: v_{n-k} kann leicht aus α, α' und v_{n-k+1} bestimmt werden: Wenn $\alpha = 1$ oder $\alpha' + v_{n-k+1} = B$ ist, so gilt $v_{n-k} = 1$, und andernfalls ist $v_{n-k} = 0$. □

Der *Beweis des Theorems* ist nun leicht: Schreibe $n = 2r$ oder $n = 2r+1$. Aufgrund von Lemma 12.2 gibt es F_{2r} Elemente in $T_{B,n}$, und wegen Lemma 12.3 existiert eine Bijektion zwischen $T_{B,n}$ und dem Bild von $\phi_{B,n}$.

Es folgen noch einige *Beispielrechnungen und Bemerkungen*:

1. Die R_k liegen in $\{2B-2, B, B-1, B-2, 0\}$, und die k-te Ziffer des Endergebnisses ist die letze Ziffer von $R_k + v_{k+1}$. Das erklärt, warum man in der B-adischen Darstellung von $\phi_{B,n}(a)$ nur die Ziffern $\{0, 1, B-1, B-2\}$ findet.

2. Falls $n = 4$ ist, gibt es $F_4 = 3$ verschiedene Zahlen im Bild von $\phi_{B,4}$. In der nachstehenden Tabelle sind sie für den Fall $B = 10$ zusammengestellt, und die zugehörigen $t_1t_2t_3t_4$ sind auch aufgeführt. Zum Beispiel führen alle $a = (a_1a_2a_3a_4)_{10} \in I^*_{10,4}$, für die $t_1t_2t_3t_4$ gleich 0101 ist (das sind genau die a mit $a_2 < a_3$) zu $\phi_{4,10}(a) = 9999$.

$t_1t_2t_3t_4$	0101 (oder: $a_2 < a_3$)	0011 (oder: $a_2 > a_3$)	0111 (oder: $a_2 = a_3$)
	9999	10890	10989

3. Und hier ist die entsprechende Tabelle für $n = 5$:

$t_1t_2t_3t_4t_5$	00111 ($a_2 < a_4$)	01001 ($a_2 > a_4$)	01111 ($a_2 = a_4$)
	99099	109890	109989

4. Es ist leicht, die vorstehenden Tabellen für den Fall beliebiger B umzuschreiben: $1, 0, 8, 9$ sind durch $1, 0, B-2, B-1$ zu ersetzen.

Der Zaubertrick

Der Originaltrick entspricht dem Fall $n = 3$, und wegen $F_2 = 1$ kommt immer die gleiche Zahl (nämlich 1089) heraus. Man könnte nun vor dem Trick einen verschlossenen Umschlag präsentieren, in dem die „Voraussage" 1089 steht. Etwas origineller ist es, im Umschlag ein Wort zu verstecken: Das erste Substantiv auf Seite 89 im 10-ten Buch eines Bücherregals, das sich in dem Raum befindet, in dem die Zaubervorführung stattfindet.

Für $n > 3$ ist die „Zielzahl" nicht eindeutig bestimmt. Das ist aber kein wesentliches Problem. Ich illustriere die Idee an zwei Beispielen:

a) Ein Zuschauer wählt eine vierstellige Zahl $a = a_1a_2a_3a_4$ (wir arbeiten mit der Basis $B = 10$). Es müssen zwei Bedingungen erfüllt sein: $a_1 > a_4$ und $a_2 > a_3$.

Wenn man dann die üblichen Rechnungen durchführen lässt, so kann man sicher sein, dass 10890 herauskommt, denn alle derartigen a haben das gleiche $\phi_{10,4}(a)$.

Verändert man die zweite Bedingung von $a_2 > a_3$ zu $a_2 < a_3$, so ist die Zahl 9999 zu erwarten. (Und $a_2 = a_3$ führt stets auf 10989). Im Grunde könnte man die zweite Bedingung also weglassen und je nach Wahl des Zuschauers einen von drei Umschlägen mit der richtigen Vorhersage präsentieren, die vorher an verschiedenen Stellen versteckt wurden.

b) Die erste Variante aus „a" kann man auf den Fall beliebig großer n übertragen. (Für eine Zaubervorführung, bei der auch Nichtmathematiker im Publikum sitzen, sollte n allerdings nicht zu groß sein).

So könnte man vorgehen, wenn man sich für $n = 10$ entschieden hat. Ein Zuschauer wählt 5 Zahlenpaare $(x_1, y_1), \ldots, (x_5, y_5)$, wobei die x_i, y_i in $\{0, 1, \ldots, 9\}$) liegen und stets $x_k > y_k$ gilt. Sie werden auf jeweils zwei Zettel geschrieben[4)]. Diese Zahlenpaare werden zu einer 10-stelligen Zahl zusammengelegt: $a = x_1 x_2 \ldots x_5 y_5 \ldots y_1$; wir legen also die x_k nebeneinander, und die zweite Hälfte bilden die y_k in umgekehrter Reihenfolgei. Dann kann man sicher sein, dass $t_1 \ldots t_{10} = 0000011111$ ist, und es gilt garantiert $\phi_{10,4}(a) = 10999890000$.

Einen weiteren Trick, in dem Fibonaccizahlen auftreten, findet man in Kapitel 9.

Quellen

Der Originaltrick mit dreistelligen Zahlen ist in vielen Zauberbüchern zu finden. Die Verallgemeinerung ist in meiner Arbeit „The Mystery of the Number 1089 – how Fibonacci Numbers Come into Play" (Elemente der Mathematik 70, 2015, 1 - 9) veröffentlicht worden.

---

4)Alternativ kann man auch Spielkarten auswählen lassen; dabei sollen Asse als 1 und Bilder als 0 gerechnet werden.

Kapitel 13

Unmöglich!

In diesem Kapitel geht es um die geschickte – für den Zuschauer unsichtbare – Codierung von Informationen. Codierungstheorie hat sich in den letzten Jahrzehnten zu einem wichtigen Teilgebiet der diskreten Mathematik entwickelt. Die Ziele bei diesem „Verpacken von Informationen" können sehr unterschiedlich sein:

- Das Endergebnis soll möglichst wenig Speicherplatz benötigen.
- Die Ausgangsinformation soll schnell reproduzierbar sein.
- Wichtig sind auch kryptographische Aspekte: Für Unbefugte ist das Herauslesen der Ausgangsinformation schwierig bis unmöglich.
- Wenn die „verpackte" Information übertragen wird (Internet, Glasfaserkabel, ...) und sich dabei Übertragungsfehler eingeschlichen haben, so ist der Empfänger immer noch in der Lage, nach dem „Auspacken" alles Wichtige lesen zu können.

Hier einige Beispiele, die uns fast täglich begegnen:

- Die Codierung von musikalischen Informationen auf einer CD, DVD oder einem MP3-Player.
- Die Produktinformation im Barcode, die Hersteller, Preis usw. enthält.

- Die Informationskompression bei Bildern und Filmen.
- Die Verschlüsselung von e-mails und Banktransfer-Informationen, bevor sie ihre Reise durchs Internet antreten.

Codierungen werden in der Zauberei sehr vielfältig eingesetzt. Zum Beispiel kann ein Helfer im Publikum dem Zauberer durch seine Körperhaltung signalisieren (Hand am Kinn, auf dem Schoß usw.), welche Karte ein Zuschauer gerade gezogen und allen gezeigt hat. Solche „Codierungen" sollen hier natürlich nicht besprochen werden. Hier wollen wir uns um ein für die Zauberei interessantes Verfahren kümmern, das auf Mathematik beruht.

Der Effekt

Ein Zuschauer bekommt ein vollständiges Kartenspiel (zum Beispiel ein Bridgespiel, 52 Karten, ohne Joker), das er gut mischen soll. Der Zauberer hat sich abgewendet.

Der Zuschauer sucht sich 5 Karten aus dem Spiel und gibt sie der Assistentin des Zauberers. Die legt eine Karte bildunten auf den Tisch, die anderen vier werden dem Zauberer ausgehändigt. Dabei gibt es keinerlei Sichtkontakt zwischen Assistentin und Zauberer. (Die Karten könnten zum Beispiel einzeln von einem Zuschauer an den Zauberer übergeben werden.) Der Zauberer benennt daraufhin richtig die auf dem Tisch liegende Karte.

Kein Wunder, dass es bei Vorführungen oft die Zuschauerreaktion „Das ist doch unmöglich!" gab.

Die Mathematik im Hintergrund

Der Trick beruht darauf, dass eine beliebige Karte durch die Reihenfolge der Übergabe von vier Karten codiert wird. Dazu werden *drei Tatsachen* kombiniert. *Erstens* geht es um eine Eigenschaft der zyklischen Ordnung auf einer n-elementigen Menge. Diese Menge wollen wir uns in einem Kreis angeordnet vorstellen, und „b liegt k weiter als a" soll bedeuten, dass man k Schritte im Uhrzeigersinn gehen muss, um von a nach b zu kommen. Das kennen auch Nichtmathematiker für die Fälle $n = 12$ bzw. $n = 7$ vom Uhren- und Kalenderablesen: Wenn der große Zeiger auf der 11 steht, wird er 3 Stunden später auf der 2 stehen, und es ist ebenfalls klar, dass 5 Tage nach Mittwoch ein Montag sein wird.

Für uns wird die folgende Tatsache wichtig werden:

Lemma 13.1: *Die n-elementige Menge $\{1, \ldots, n\}$ sei zyklisch geordnet, und es sei k_0 der ganzzahlige Anteil von $n/2$. (So ist z.B. $k = 6$ für $n = 12$ und $n = 13$.) Sind dann i_0, j_0 verschiedene Elemente von $\{1, \ldots, n\}$, so gibt es ein $k \in \{1, \ldots, k_0\}$, so dass i_0 um k Schritte weiter liegt als j_0 oder umgekehrt.*

Beweis: Angenommen, das wäre nicht der Fall: j_0 liegt l Schritte weiter als i_0, das wiederum l' Schritte weiter als j_0 liegt; dabei sind $j, j' > k_0$. Dann bräuchte man $j + j'$ Schritte, um von i_0 wieder zurück zu i_0 zu kommen. Dafür reichen aber n Schritte, und $l + l'$ ist größer als n (was man durch Fallunterscheidung n gerade/ungerade leicht bestätigen kann). Das ist ein Widerspruch! □

Wir wollen diese Idee für Karten anwenden. In den nachstehenden Bildern sieht man Beispiele für $n = 5$ und für $n = 13$. Im Fall $n = 5$ ist $k_0 = 2$, und hat man sich unter den Herzkarten zum Beispiel die ♥2 und die ♥5 ausgesucht, so gilt wirklich: Die ♥2 liegt um 2 weiter als die ♥5. Ist dagegen $n = 13$, so ist $k_0 = 6$. Und bei zwei beliebigen Kreuzkarten im Kreis kann man eine so wählen, dass die andere höchstens 6 Schritte weiter liegt.

Eine 5-elementige und eine 13-elementige zyklisch geordnete Menge.

Nun zum *zweiten Baustein*, da geht es – nur leicht versteckt – um elementare Kombinatorik. Bekanntlich kann man k Objekte auf $k!$ Weisen in eine Reihenfolge bringen. Zum Beispiel kann man die $3! = 6$ dreibuchstabigen „Wörter"

$$BOX, BXO, OBX, OXB, XBO, XOB$$

aus den drei Buchstaben B, O, X bilden, wenn Buchstabenwiederholung nicht zugelassen ist. (So würden diese Wörte übrigens auch in einem Lexikon stehen, wenn es sinnvolle Wörter wären.)

Wir benötigen eine Variante, bei der der „Ordnungstyp" verwendet wird. Mal angenommen, wir erhalten 3 verschiedene Zahlen aus $\{1, \ldots, 20\}$. Dann wird es eine kleinste (A), eine mittlere (B) und die größte (C) geben. Es gibt die folgenden sechs Möglichkeiten

$$ABC, ACB, BAC, BCA, CAB, CBA,$$

die drei Zahlen anzuordnen, und folglich kann man damit die Zahlen $1, 2, 3, 4, 5, 6$ codieren, wenn man vereinbart, dass die Ordnung wie in einem Lexikon sein soll.

Für ein illustrierendes Beispiel nehmen wir an, dass wir die Zahlen $19, 4, 13$ erhalten haben; hier ist also $A = 4, B = 13$ und $C = 19$. Mit $BAC = 13, 4, 19$ würde man die 3 verschlüsseln, mit $CBA = 19, 13, 4$ die 6 usw. Es sollte klar sein, wie man mit 4 übergebenen Zahlen die Zahlen von 1 bis $4! = 24$, mit 5 übergebenen Zahlen die Zahlen $1, \ldots, 5! = 120$ usw. verschlüsseln kann.

Bei dem hier zu beschreibenden Zaubertrick ist es ein bisschen komplizierter. Uns werden nämlich drei Karten aus einem gewöhnlichen Kartenspiel (keine Joker) übergeben, und da ist es wichtig, vorher festgelegt zu haben, in welcher Reihenfolge sie angeordnet sind, welche also die „kleinste", die „mittlere" und die „größte" ist. Wir vereinbaren: Die Kartenfarben werden wie beim Skat sortiert: es ist ♦ vor ♥ vor ♠ vor ♣, und innerhalb der Kartenfarben gilt die Reihenfolge $2, 3, 4, 5, 6, 7, 8, 9, 10$, Bube, Dame, König, Ass. Demnach gilt z.B.

$$♦4 < ♦A < ♥10 < ♠2 < ♠K < ♣2 < ♣A.$$

Erhält man zum Beispiel ♦A, ♥10, ♠2, so kann man damit die Zahlen von 1 bis 6 codieren:

1	2	3
♦A ♥10 ♠2	♦A ♠2 ♥10	♥10 ♦A ♠2

4	5	6
♥10 ♠2 ♦A	♠2 ♦A ♥10	♠2 ♥10♦ A

Für den allgemeinen Fall sollte die Assistentin die folgende Tabelle kennen[1)]. Sie hat drei Karten bekommen, die kleinste (k), die mittlere (m) und die größte (g) in der vereinbarten Ordnung. Die Zahlen von 1 bis 6 werden dann so verschlüsselt:

1	2	3	4	5	6
kmg	kgm	mkg	mgk	gkm	gmk

Der *dritte Baustein* ist das *Schubkastenprinzip*, ein oft angewendeter Existenzsatz: Wenn man n Kugeln in m Schubkästen verteilt und man weiß, dass $n > m$ ist, so muss es eine Schublade geben, in der mindestens zwei Kugeln liegen. (Begründung: Läge jeweils nur höchstens eine Kugel drin, gäbe es höchstens m Kugeln. Das ist ein Widerspruch zur Voraussetzung $n > m$.)

Bemerkenswerter Weise wird zwar die Existenz einer doppelt belegten Schublade garantiert, der Satz ist aber *nichtkonstruktiv*: Man weiß nicht, um welche Schublade es geht.

Als einfache Anwendung denke man an die Aussage, dass es in einer Sammlung von mindestens 11 Telefonnummern zwei geben wird, die auf die gleiche Ziffer enden. Gleich wird um eine andere offensichtliche Variante gehen:

- Hat man 4 Karten aus einem Spiel bekommen, das nur ♦-, ♥- und ♠-Karten enthält, so gibt es unter diesen vier Karten eine Kartenfarbe, die zweimal auftritt.

- Unter 5 beliebigen Karten eines Skat- oder Bridgespiels (ohne Joker) kommt mindestens eine Kartenfarbe mindestens zweimal vor.

Der Zaubertrick

Wie funktioniert der Trick? Ein Zuschauer mischt ein Bridgespiel (ohne Joker) und übergibt der Assistentin 5 Karten. (Der Zauberer hat schon den Raum verlassen.)

Schritt 1: Hier wird das Schubkastenprinzip wichtig. Danach wird unter den 5 Karten (mindestens) eine Kartenfarbe (mindestens) doppelt vorkommen[2)]. Mal angenommen, es gibt zwei Karo-Karten. Das sind Karten aus $1, 2, \ldots, 10, B, D, K, A$, wir denken uns diese 13 Karten zyklisch angeordnet.

Im mathematischen Teil wurde begründet, dass eine der zwei Karten um höchstens 6 Karten weiter liegt als die andere. Die Assistentin kann also die beiden Karten so als

---

[1)] Sie kann sie auswendig lernen, es ist aber auch leicht, alle Einträge logisch herzuleiten.

[2)] Es könnten auch z.B. zwei Pik- und drei Herzkarten sein, es könnten sogar alle Karten die gleiche Kartenfarbe haben.

$K1, K2$ taufen, dass $K2$ um höchstens 6 Karten weiter liegt als $K1$. Sind die beiden Karten etwa ♦3 und ♦D, so setzt sie $K1 =$ ♦D und $K2 =$ ♦3; und ♦3 liegt um 4 Karten weiter als die ♦D.

$K2$ kommt verdeckt auf den Tisch, der Zauberer wird als erste Karte $K1$ erhalten. Damit kennt er schon die Kartenfarbe der auf dem Tisch liegenden Karte.

Schritt 2: Eine Karte liegt auf dem Tisch, eine ist schon für die Übergabe an den Zauberer reserviert. Damit sind noch 3 Karten übrig. Mit denen muss die Assistentin verschlüsseln, um wie viele Schritte man von $K1$ aus weitergehen muss, um zu $K2$ zu kommen. Sind diese Karten etwa ♦A, ♥10, ♠2, so wird sie sie – nach der ersten Karte – in der Reihenfolge ♥10 ♠2 ♦A an den Zauberer schicken. Der weiß dann: Es ist eine Karo-Karte, und sie liegt in der zyklischen Ordnung der Karo-Karten 4 Karten weiter als die ♦D. Es muss also die ♦3 sein.

Schritt 3: Der Zauberer hat die Karten erhalten, und er kennt die umgedrehte Karte aufgrund der Verschlüsselung. Wie spektakulär er dieses Wissen ausnutzt, nachdem er wieder zurückgekommen ist, bleibt seiner Kreativität überlassen.

Da das recht abstrakt ist, folgen hier weitere konkrete Beispiele.

Beispiel 1: Der Zuschauer hat sich die folgenden fünf Karten ausgesucht:

Beispiel 1: Die vom Zuschauer gewählten Karten.

Die Assistentin entscheidet sich für $K1 =$ ♥10 und $K2 =$ ♥D. (Eine andere Wahl gibt es in diesem Fall auch nicht.) $K2$ liegt 2 Schritte weiter, und 2 ist durch kgm verschlüsselt. Die ♥D wird umgedreht, und der Zauberer erhält 4 Karten in der Reihenfolge ♥10, ♦9, ♣8 und ♠3:

Beispiel 1: Diese Karten erhält der Zauberer.

Er entschlüsselt die Botschaft dann so:

- Es muss eine ♥-Karte sein, die höchstens 6 Schritte weiter liegt als die ♥10.
- Die nächsten drei Karten liegen in der Reihenfolge kgm, also sollte die 2 übermittelt werden.

- Die gesuchte Karte ist also eine ♥-Karte, die unter den ♥-Karten zwei Karten weiter liegt als die ♥10. Es ist also die ♥D!

Beispiel 2: Diesmal wurden die folgenden Karten vom Zuschauer ausgewählt:

Beispiel 2: Die Zuschauer-Karten.

Die Assistentin hat drei Möglichkeiten für die Festsetzung von $K1$ und $K2$, je nachdem, wie sie die zwei ♦-Karten aus den drei vorhandenen aussucht. Sie entscheidet sich für $K1 =$ ♦A und $K2 =$ ♦4. Die 4 liegt – zyklisch gesehen – drei weiter als das Ass, und die 3 ist durch mkg zu verschlüsseln. Die ♦4 wird also umgedreht, und der Zauberer erhält vier Karten in der folgenden Reihenfolge:

Beispiel 2: Die Zauberer-Karten.

Es ist klar, dass Zauberer und Assistentin diesen Trick gut einstudieren müssen. Erst wenn er sehr oft reibungslos geklappt hat, sollte man ihn vor einem Publikum aufführen. Das Ganze darf nicht nach intellektueller Schwerstarbeit aussehen, das gilt sowohl für das Ver- wie auch das Entschlüsseln der Botschaft

Varianten

1. Wenn man den Trick mehrfach vorführen will, kann man als Variante vereinbaren, dass die Karte, durch die die Kartenfarbe übermittelt wird, nicht als erste, sondern – zum Beispiel – als dritte geschickt wird.

2. Alle, denen der Trick zu kompliziert ist, können erst einmal mit einer einfacheren Version Erfahrungen sammeln. Dabei wählt der Zuschauer nur vier Karten aus. Um zu garantieren, dass zwei Karten die gleiche Kartenfarbe haben, dürfen dann nur drei Kartenfarben verwendet werden. Man könnte zum Beispiel alle ♣-Karten aus dem Spiel entfernen. Leider sind dann nur noch zwei Karten zum Verschlüsseln einer Zahl übrig. Sortiert man sie wieder nach Größe, können 1 durch kg und 2 durch gk übertragen werden. Damit schrumpft die Anzahl der Karten im Spiel erheblich, nur für $n \leq 5$ kann

man garantieren, dass bei zwei aus n gewählten Karten die eine um eine oder zwei Karten weiter liegt.

Kurz: Suche aus den ♦-, ♥- und ♠-Karten jeweils 5 aufeinanderfolgende Karten aus (etwa die Karten mit den Werten $2, 3, 4, 5, 6$) und arbeite dann mit diesen gut durchgemischten 15 Karten.

- Ein Zuschauer wählt 4 Karten.
- Die Assistentin sucht sich eine Kartenfarbe, von der in diesen vier Karten mindestens zwei vorkommen.
- Sie bestimmt $K1$ und $K2$ unter diesen Karten so, dass $K2$ in der zyklischen Ordnung höchstens 2 Karten weiter liegt als $K1$. Sie legt $K2$ bildunten auf den Tisch und schickt $K1$ dem Zauberer.
- Die restlichen zwei Karten bekommt auch der Zauberer, und zwar die *kleinere* zuerst, wenn $K2$ um *eine* Karte weiter liegt, und die *größere* zuerst, wenn $K2$ um *zwei* Karten weiter liegt

Aus diesen Informationen kann der Zauberer die auf dem Tisch liegende Karte eindeutig identifizieren.

Quellen

Ich habe den Trick durch den Artikel „The Best Card Trick" von Michael Kleber kennen gelernt (The Mathematical Intelligencer 24, 2002). Dort findet man auch Informationen über William Fitch Cheney, der ihn im vorigen Jahrhundert „erfunden" hat.

Weitere auf Codierung beruhende Tricks sind in meinem Buch „Der mathematische Zauberstab" in Kapitel 3 beschrieben.

Kapitel 14

Codierung mit deBruijn-Folgen

Der Effekt

Ein Kartenstapel (32 Karten) wird – bildunten – nach und nach fünf Zuschauern gegeben: Jeder darf einmal abheben. Der fünfte Zuschauer nimmt sich die oberste Karte und gibt den Stapel an den vierten Zuschauer weiter. Auch der nimmt eine Karte von oben und übergibt an Zuschauer Nummer drei. Und so weiter, bis auch der erste Zuschauer die oberste Karte des Reststapels genommen hat.

Nur die fünf Zuschauer (und eventuell das Publikum) kennen die gewählten Karten, der Zauberer hat sie nicht gesehen. Er beginnt mit ihnen eine Fragerunde, bei der scheinbar sinnlose Fragen gestellt werden: Wer von Ihnen hat im Januar Geburtstag? Bei wem ist die Hausnummer ungerade? ...
Und anschließend kann er bei allen die gewählte Karte nennen.

Die Mathematik im Hintergrund

Die Grundidee besteht darin, die Karten so vorzubereiten, dass minimale Informationen über fünf benachbarte Karten ausreichen, um sie eindeutig zu identifizieren. Als Beispiel betrachten wir die folgenden acht Karten:

Acht Karten, auch zyklisch gelegt.

Nimmt man an irgendeiner Stelle des Kreises drei benachbarte Karten im Uhrzeigersinn heraus, so ist die Farbreihenfolge (rot bzw. schwarz) von Stelle zu Stelle unterschiedlich. Beginnt man zum Beispiel oben, so erhält man rrr, ist die unterste die erste, so ergibt sich ssr, usw. Das heißt umgekehrt: Kennt der Zauberer die Farbreihenfolge, so kann er ganz genau sagen, welche der drei Karten entfernt wurden. Zum Beispiel tritt rrs nur dann auf, wenn die Karten ♥A, ♥7, ♣8 gezogen wurden, und deswegen weiß der Zauberer, dass es genau die sind, wenn er irgendwie in Erfahrung gebracht hat, dass die Farbreihenfolge rrs ist.

Statt drei Karten aus dem als Kreis ausgelegten Spiel zu ziehen, kann man einen so wie im linken Bild vorbereiteten Kartenstapel auch einmal oder mehrfach abheben lassen und dann die drei obersten Karten an drei benachbarte Zuschauer ausgeben oder von drei benachbarten Zuschauern je eine Karte von oben nehmen lassen.

Es ist Zeit für eine *Definition*. Ein achtbuchstabiges „Wort", das aus den „Buchstaben" 0 und 1 gebildet wurde, heißt eine 3-*deBruijn-Folge*, wenn jedes dreibuchstabige Wort aus 0 und 1 genau einmal vorkommt[1)]. Dabei ist das achtbuchstabige Wort zyklisch zu lesen, am hinteren Ende wird also vorne weitergelesen. Statt 0 und 1 haben wir mit den Farben r und s gearbeitet, die Idee ist aber die gleiche: Unsere de-Bruijn-Folge war 00011101.

Es gibt 8 dreibuchstabige 0-1-Wörter: 000, 001, 010, 011, 100, 101, 110, 111. Und alle sind in der Folge wiederzufinden: 000 an Position 1, die nächsten an den Positionen $2, 7, 3, 8, 6, 5, 4$. (Bei den Positionen 7 und 8 ist zu beachten, dass das Wort vorne weitergelesen werden muss.)

Jetzt sollte auch klar sein, warum bei 8 Karten drei ausgesucht werden sollten: Es gibt $2^3 = 8$ dreibuchstabige 0-1-Wörter.

Ganz analog kann man versuchen, alle 0-1-Folgen der Länge k in einem Wort der Länge 2^k wiederzufinden:

Definition 14.1: *Eine* 0-1-*Folge* B *der Länge* 2^k *heißt* k-deBruijn-Folge, *wenn alle* 0-1-*Folgen der Länge* k *als zusammenhängende Teilstrings der Länge* k *in der zyklisch geschriebenen Folge* B *auftreten.*

Hier ist zur Illustration ein Beispiel einer 4-deBruijn-Folge:

$$0000111100101101.$$

Offensichtlich ist eine zyklische Translation einer k-deBruijn-Folge wieder eine, doch es ist nicht klar, ob zu jedem k eine k-deBruijn-Folge existiert und wie man – falls die Existenz garantiert ist – wirklich eine findet. Wir studieren zunächst die Anfangsgründe der Theorie der de-Bruijn-Folgen, um Anwendungen der Ergebnisse in der Zauberei kümmern wir uns danach.

DeBruijn-Folgen: Übersetzungen in die Graphentheorie

Wir fixieren ein $k \in \mathbb{N}$ und betrachten die Menge $E := \{0, 1\}^k$ der 0-1-Folgen der Länge k. Wir fassen E als Eckenmenge eines Graphen (des k-*deBruijn-Graphen vom Typ I*) auf. Die gerichteten Kanten definieren wir so: Ist $x = x_1 \ldots x_k \in E$, so gibt es eine gerichtete Kante von x zu $x_2 \ldots x_k 0$ und eine zu $x_2 \ldots x_k 1$. (Im Fall $n = 4$ etwa gehen zum Beispiel gerichtete Kanten von 0110 nach 1100 und nach 1101). Von

[1)]Nicolaas Govert de Bruijn, 1918 – 2012, war ein niederländischer Mathematiker. Der Name wird „de Broin" ausgesprochen.

jeder Ecke gehen also zwei Kanten aus, und es kann vorkommen, dass eine Kante von x nach x führt (etwa im Fall $x = 111$). Hier ist der Graph, der zu $k = 3$ gehört:

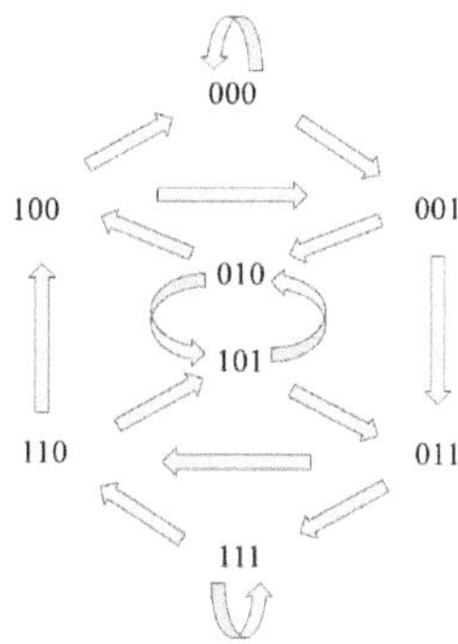

Der Typ-I-deBruijn-Graph zu $k = 3$.

Zu jeder k-deBruijn-Folge $x_1 \ldots x_{2^k}$ gehört dann ein geschlossener Weg in diesem Graphen, der jede Ecke genau einmal trifft: Starte bei $x_1 \ldots x_k$, gehe zu $x_2 \ldots x_{k+1}$ usw.; bei den letzten Schritten muss die deBruijn-Folge zyklisch aufgefasst werden.

Und umgekehrt liefert jeder derartige Weg eine deBruijn-Folge: Notiere jeweils die letzten Einträge der besuchten Ecken von der ersten bis zur vorletzten Ecke des Wegs. Da aus k aufeinander folgenden Positionen des Wegs die als nächstes besuchte Ecke rekonstruiert werden kann, liefert jeder k-Abschnitt dieses „Spaziergangs" ein anderes Element aus $\{0,1\}^k$

Kurz: Geschlossene Wege im Typ-I-k-deBruijn-Graphen, die jede Ecken genau einmal treffen, entsprechen genau den k-deBruijn-Folgen.

Als Beispiel betrachten wir die obige deBruijn-Folge 00011101. Sie entspricht dem Weg

$$000 \to 001 \to 011 \to 111 \to 110 \to 101 \to 010 \to 100 \to 000.$$

Und der geschlossen Weg

$$010 \to 101 \to 011 \to 111 \to 110 \to 100 \to 000 \to 001 \to 010$$

induziert die deBruijn-Folge 01110001.

Man nennt übrigens geschlossene Wege in einem Graphen, die jede Ecke genau einmal berühren, *Hamiltonkreise*. Leider ist es alles andere als einfach, einen Hamiltonkreis in einem vorgelegten Graphen zu finden. Deswegen ist es gut, dass man das Problem, deBruijn-Folgen zu finden, in eine besser zu behandelnde Frage über Graphen umschreiben kann.

Wieder fixieren wir ein k, und diesmal sind die Ecken des neuen Graphen (des *k-deBruijn-Graphen, Typ II*) die Punkte in $\{0,1\}^{k-1}$. Gerichtete Kanten von $x \in \{0,1\}^{k-1}$ nach $y \in \{0,1\}^{k-1}$ gibt es genau dann, wenn es ein $z = z_1 \ldots z_k \in \{0,1\}^k$ so existiert, dass $x_1 \ldots x_{k-1} = z_1 \ldots z_{k-1}$ und $y_1 \ldots, y_{k-1} = z_2 \ldots z_k$, wenn also z mit x anfängt und mit y aufhört. Von jedem x gehen folglich genau zwei Kanten hinaus (zum Beispiel von 0011 nach 0110 und nach 0111 im Fall $k = 5$), und es laufen auch zwei Kanten in jedes y hinein (zum Beispiel Kanten von 0111 und von 1111 nach 1110). Es ist hilfreich, eine verbindende Kante von x nach y mit dem jeweiligen z zu bezeichnen. Hier ist zur Illustration der 3-Typ-II-deBruijn-Graph:

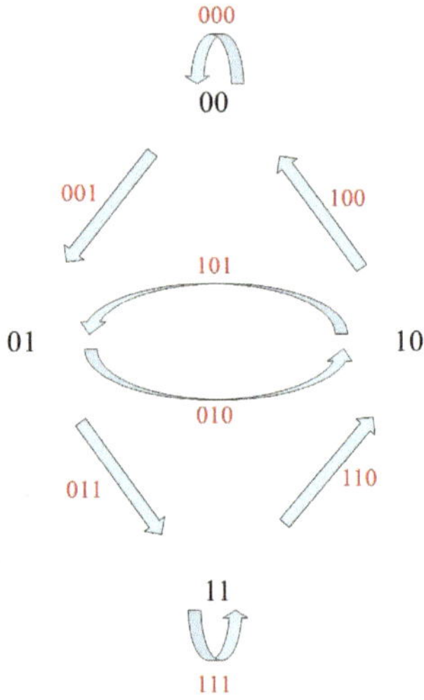

Der Typ-II-deBruijn-Graph zu $k = 3$.

Dann entsprechen k-deBruijn-Folgen den geschlossenen Wegen im Typ-II-k-deBruijn-Graphen, die jede *Kante* genau einmal berühren:

- Durchläuft man im vorstehenden Beispiel die Kanten etwa in der Reihenfolge

$$111 \to 110 \to 101 \to 010 \to 100 \to 000 \to 001 \to 011,$$

  so erzeugt das die deBruijn-Folge 10100011. (Allgemein: Schreibe die jeweils letzten Einträge der Kanten hintereinander. Aus k aufeinander folgenden Kanten lässt sich nämlich die jeweils als nächstes besuchte Ecke rekonstruieren.)

- Betrachtet man zum Beispiel die 3-deBruijn-Folge 00111010 so induziert sie den Kantenweg

$$001 \to 011 \to 111 \to 110 \to 101 \to 010 \to 100 \to 000.$$

  (Die Folge ist zyklisch fortzusetzen, um die letzten beiden Kanten zu erzeugen.)

  Allgemein: Ist die k-deBruijn-Folge $x_1 \ldots x_{2^k}$ vorgelegt, so ergänze sie zyklisch zu $y = x_1 \ldots x_{2^k} x_1 \ldots x_{2^k}$ und besuche nach und nach die Kanten $y_1 \ldots y_k$, $y_2 \ldots y_k + 1, \ldots y_{2^k} \ldots y_{2^k} + k - 1$.

Da man im Fall derartiger geschlossener Wege von *Eulerkreisen* spricht, heißt das, dass es um Eulerkreise in k-de-Bruijn-Graphen vom Typ II geht.

DeBruijn-Folgen: Existenz

Sei (E, A) ein endlicher gerichteter Graph, d.h. E (die Ecken) ist eine endliche Menge, und in der Matrix $A = (a_{x,y})_{x,y \in E}$ (der *Adjaszenzmatrix*) stehen Elemente aus $\mathbb{N}_0$: Die Zahl $a_{x,y}$ gibt an, wie viele gerichtete Kanten von x nach y gehen. (Es ist ausdrücklich der Fall $x = y$ zugelassen.) Hier die für uns wichtigen Definitionen:

- Es seien $x, y \in E$. Unter einem *Weg von x nach y* verstehen wir eine Folge $x_0, \ldots, x_r$ mit $x_0 = x$ und $x_k = y$, so dass stets $a_{x_i, x_{i+1}} > 0$ gilt[2)]. Im Fall $x = y$ heißt er *geschlossen*.

- Der Graph heißt *zusammenhängend*, wenn es für beliebige x, y mit $x \neq y$ einen Weg von x nach y gibt.

- Für $x \in E$ bezeichnen wir mit $i(x) := \sum_{y \in E} a_{y,x}$ die Anzahl der nach x einlaufenden Kanten und mit $a(x) := \sum_{y \in E} a_{x,y}$ die Anzahl der aus x auslaufenden Kanten.

- Ein *Eulerkreis* in (E, A) ist ein geschlossener Weg, der jede Kante genau einmal trifft: Für alle x, y hat die Menge $\{i \mid x_i = x,\ x_{i+1} = y\}$ genau $a_{x,y}$ Elemente.

Es gilt dann:

Satz 14. 2: *Es existiert ein Eulerkreis genau dann, wenn der Graph zusammenhängend ist und $i(x) = a(x)$ für alle $x \in E$ gilt.*

Beweis: Wenn ein Eulerkreis existiert, ist der Graph sicher zusammenhängend, und jede Ecke wird genauso oft besucht, wie sie verlassen wird.

Interessanter ist der Beweis der Umkehrung. Man beweist sie durch Induktion nach n: Das soll die Anzahl der Elemente in E sein. Im Fall $E = \{x\}$, wenn also $n = 1$ gilt, ist der Satz sicher richtig. Man muss nur einen Spaziergang von $a_{x,x}$ Schritten machen, der jede Kante einmal besucht.

Nun nehmen wir an, dass der Satz für ein festes n schon bewiesen ist und betrachten einen gerichteten zusammenhängenden Graphen (E, A) mit $n+1$ Ecken, für den stets $i(x) = a(x)$ gilt.

x_0 sei ein beliebiges Element aus E. Wir erzeugen einen neuen Graphen $(\tilde{E}, \tilde{A})$, indem wir die durch x_0 gehenden gerichteten Kanten „verkleben" und x_0 auf diese Weise aus der Eckenmenge entfernen[3)]. Genauer:

- $\tilde{E} := E \setminus x_0$.

- Es gibt $i(x_0)$ nach x_0 einlaufende Kanten und $a(x_0)$ $(= i(x_0))$ Kanten, die aus x_0 hinausführen. Es sei $k := i(x_0) - a_{x_0,x_0}$, die Kanten von x_0 nach x_0 werden also herausgerechnet. Dann gibt es k *echt* einlaufende (also nicht von x_0 nach x_0) und k *echt* hinausführende Kanten. Wähle Elemente $y_1, \ldots, y_k$ und $y'_1, \ldots, y'_k$ in $\tilde{E}$, so dass folgende Bedingungen erfüllt sind:

---

2) Man kann sich einen Weg als Spaziergang von x nach y vorstellen, der nur die Kanten in der richtigen Richtung benutzt.

3) Ein illustrierendes Beispiel zur Konstruktion findet sich direkt nach dem Beweis.

  – Die y mit $y \neq x_0$ und $a_{y,x_0} > 0$ kommen a_{y,x_0} Mal in $y_1, \ldots, y_k$ vor.
  – Die y mit $y \neq x_0$ und $a_{x_0,y} > 0$ kommen $a_{x_0,y}$ Mal in $y'_1, \ldots, y'_k$ vor.

  Wegen $i(x_0) - a_{x_0,x_0} = a(x_0) - a_{x_0,x_0}$ ist so eine Wahl möglich.

- Schreibe $\tilde{A} = (\tilde{a}_{x,y})_{x,y \in \tilde{E}}$ und definiere diese Matrix wie folgt: Für $x, y \in \tilde{E}$ ist $\tilde{a}_{x,y}$ gleich $a_{x,y}$ plus die Anzahl der j mit $x = y_j$ und $y = y'_j$.

Dann erfüllt auch $(\tilde{E}, \tilde{A})$ die Voraussetzungen des Satzes, nach Induktionsvoraussetzung gibt es also einen Eulerkreis. Der ist ohne große Mühe zu einem Eulerkreis in (E, A) zu erweitern. Wenn man sich in die neuen Kanten von den y_j zu den y'_j das x_0 eingefügt denkt, werden schon alle Kanten genau einmal berührt, die nicht direkt von x_0 nach x_0 führen. Wenn $a_{x_0,x_0} > 0$ sein sollte muss man also nur zwischendurch a_{x_0,x_0} „Ehrenrunden" in x_0 drehen. □

Es folgt ein Beispiel, um den Übergang von (E, A) zu $(\tilde{E}, \tilde{A})$ illustrieren. (E, A) sei der folgende gerichtete Graph, der offensichtlich die Bedingungen des Satzes erfüllt:

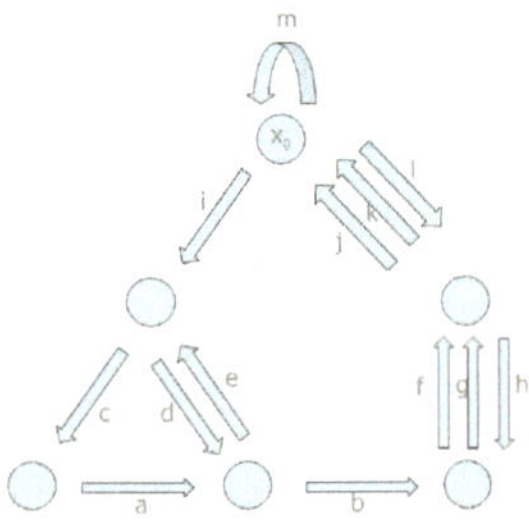

Ein gerichteter Graph (zur Illustration des vorstehenden Beweises).

Er hat $n+1 = 5$ Ecken und die 13 gerichteten Kanten, die mit Buchstaben von a bis m bezeichnet werden. Wir wählen x_0 als die oberste Ecke und erzeugen einen gerichteten Graphen mit $n = 4$ Ecken wie folgt:

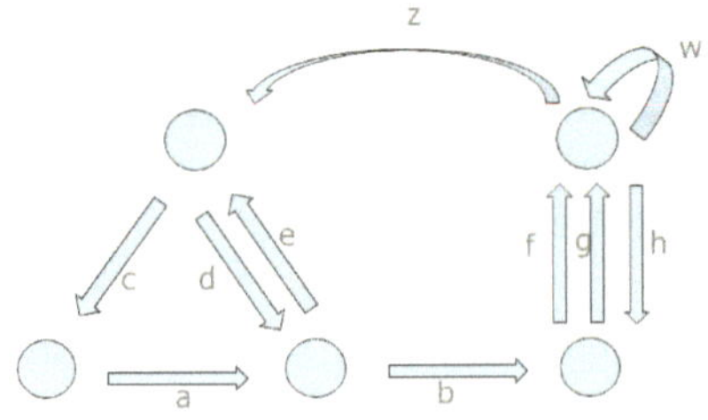

Der zugehörige Graph $(\tilde{E}, \tilde{A})$.

– Die Kante m, die von x_0 nach x_0 führt, wird vorläufig nicht berücksichtigt.

– Die Hintereinanderausführung der Kanten k und l bildet die Kante w, und die Hintereinanderausführung der Kanten i und j bildet die Kante z des neuen Graphen[4)].

[4)] Diese „Komprimierung" ist nicht eindeutig. Man hätte zum Beispiel auch i und k zusammenfassen können.

Nun wählen wir einen Eulerkreis in $(\tilde{E}, \tilde{A})$, zum Beispiel den Kantenzug

$$a - b - f - h - g - w - z - d - e - c.$$

Im Beweis existiert der nach Induktionsannahme. Das verschafft uns den Eulerkreis

$$a - b - f - h - g - k - l - j - m - i - d - e - c$$

in (E, A), indem wir w und z wieder in zwei Kanten zerlegen und m hinzufügen.

Für uns hat der vorstehende Satz die folgende wichtige Konsequenz:

Korollar 14.3: *Für jedes k gibt es k-deBruijn-Folgen.*

Beweis: Die deBruijn-Graphen vom Typ II sind zusammenhängend, in jede Ecke laufen zwei Kanten hinein und aus jeder laufen zwei hinaus. Folglich gibt es aufgrund des vorherigen Satzes einen Eulerkreis, und der induziert, wie schon bemerkt, eine k-deBruijn-Folge. □

DeBruijn-Folgen: Konkrete Konstruktionen

Sei $k \in \mathbb{N}$. Man könnte eine k-deBruijn-Folge durch Analyse des Beweises von Satz 14.2 im Typ-II-Graphen finden:

- Immer wieder Punkte entfernen, bis nur noch einer übrig ist.
- Für diesen einpunktigen Graphen einen Eulerkreis definieren.
- Alles wieder schrittweise rückgängig machen, so wie im Beweis beschrieben. So erhält man einen Eulerkreis und damit eine k-deBruijn-Folge.

Das ist natürlich sehr schwerfällig, und deswegen soll einen andere Möglichkeit beschrieben werden. Wir wollen doch $x = x_1 \ldots x_{2^k} \in \{0,1\}^{2^k}$ so finden, dass alle $\{0,1\}^k$ wiederzufinden sind, wenn man x zyklisch auffasst.

Wir konstruieren x wie folgt. Die ersten k Elemente sollen gleich 0 sein, das k-Tupel $0 \ldots 0$ soll ja enthalten sein. Wenn $x_1 \ldots x_l$ schon erzeugt sind, verfahre wie folgt:

1. Ergänze die letzten $k-1$ Elemente um 0 und stelle fest, ob dieses k-Tupel in der bereits konstruierten Folge schon enthalten ist. Wenn nein, setze $n(l+1) := 1$, andernfalls sei $n(l+1) := 0$. (Die Idee: $n(l+1) = 1$ garantiert, dass 0 als nächstes Element möglich ist.)

2. Ergänze die letzten $k-1$ Elemente um 1 und stelle fest, ob dieses k-Tupel in der bereits konstruierten Folge schon enthalten ist. Wenn nein, setze $e(l+1) := 1$, andernfalls sei $e(l+1) := 0$.

3. Es sind vier Fälle möglich:

   Fall 1: $e(l+1) = 0 \neq n(l+1)$. Nur die 0 ist als nächstes Element möglich. Definiere dann $x_{l+1} := 0$, setze also entsprechend fort. Man merke sich auch, dass es hier keine andere Wahl gab, dazu setzen wir jetzt auch $n(l+1) = 0$. („Nicht noch einmal 0 an dieser Stelle versuchen.“)

Fall 2: $e(l+1) \neq 0 = n(l+1)$. Nur die 1 kann als nächstes Element gewählt werden. Definiere dann $x_{l+1} := 0$, setze also entsprechend fort. Setze noch $e(l+1) = 0$.

Fall 3: $e(l+1) \neq 0 \neq n(l+1)$. Jetzt gibt es also zwei Möglichkeiten der Fortsetzung, nämlich: Definiere $x_{l+1} := 1$ und setze $e(l+1) = 0$; oder definiere $x_{l+1} := 0$ und setze $n(l+1) = 0$. (Damit wird dokumentiert, dass man an dieser Stelle auch eine andere Wahl gehabt hätte. Welche das ist, ist aus $e(l+1), n(l+1)$ ablesbar.)

Für die Auswahl zwischen diesen Möglichkeiten kommen verschiedene Strategien in Frage:

- Immer die 1, falls 0 und 1 möglich.
- Immer die 0, falls 0 und 1 möglich.
- 0 oder 1 nach einem Zufallsverfahren, falls 0 und 1 möglich.

Fall 4: $e(l+1) = 0 = n(l+1)$. Ist $l+1 = 2^k + k$, so ist eine deBruijn-Folge gefunden: Man muss nur die letzten $k-1$ Nullen entfernen. Andernfalls lösche alle x_i bis zu der größten Stelle j, wo $n(j+1) + e(j+1) = 1$. (Da gab es ja eine Wahlmöglichkeit). Setze $l := j$ und mache mit Schritt 3 weiter.

Da wir wissen, dass es k-deBruijn-Folgen gibt, wird man mit diesem Verfahren mit Sicherheit eine finden.

Hier sind einige Beispiele, bei denen diese Technik angewendet wurde. Das Ergebnis wurde jeweils in Sekundenbruchteilen erzeugt.

Beispiel 1: $k = 4$ mit der Strategie „Immer die 0, falls 0 und 1 möglich“.

Es beginnt mit 0000 und $l = 4$. Nur die 1 als nächstes Element führt zu etwas Neuem: $e(5) = 1, n(5) = 0$. Wir setzen mit 00001 fort und korrigieren zu $e(5) = 0$. (Da wir hier nicht noch einmal mit einer anderen Wahl der Fortsetzung weitermachen können.) Im nächsten Schritt könnten wir uns für 0 und 1 entscheiden, wir wählen die Null. Für mögliche spätere Zwecke notieren wir $e(6) = 1, n(6) = 0$. (Man könnte es noch mit der 1 versuchen.) So geht es weiter, bis wir bei $000010011010111000 \in \{0,1\}^{18}$ angekommen sind. Es ist $e(19) = n(19) = 0$, uns fehlt aber noch ein Element. Deswegen gehen wir zurück zur letzten Stelle, wo wir zwei Optionen hatten, und wir wählen diesmal die andere. Es ist die Folge 000010011010111. Da hatten wir mit 0 fortgesetzt, jetzt wählen wir die 1. Wirklich kommen wir so problemlos zu $0000100110101111000 \in \{0,1\}^{19}$. Da sind alle Elemente aus $\{0,1\}^4$ enthalten, und wenn wir die letzten drei Nullen streichen (die stehen ja schon vorn), haben wir die 4-deBruijn-Folge 0000100110101111 gefunden.

Beispiel 2: $k = 8$ mit der Strategie „Immer die 1, falls 0 und 1 möglich“. Hier mussten wir nicht ein einziges Mal zurückgehen, um eine andere Wahl zu treffen. Das Verfahren liefert die 8-deBruijn-Folge
00000000111111110111111001111101011111100011110110111110100111100101111
000011101110110011101010111010001110011011100100111000101110000011011
0101101100011010100110100101101000011001100101011001000110001001100000
1011000000101010100010100100101000001001000010001.

Beispiel 3: $k = 5$ mit der Strategie „1 oder 0 zufällig, falls beide möglich".

Bis 00000101110010011010000, also $l = 23$, ging alles gut. Das Verfahren sprang zurück zu $l = 22$, wo es zwei Möglichkeiten gegeben hatte. Wir wählen nun die andere. Auch das geht nicht gut, wir müssen noch mehrfach zurück: Von $l = 33$ zu $l = 26$, später zurück zu $l = 20$ und $l = 24$.

Schließlich erhalten wir $000001011100100110101000111110110000 \in \{0,1\}^{36}$, alle $x \in \{0,1\}^5$ sind in dieser Folge zu finden. Wir streichen die letzten Nullen, weil wir ja zyklisch lesen: Unsere de-Bruijn-Folge ist 00000101110010011010100011111011.

DeBruijn-Folgen: Wie viele gibt es?

Offensichtlich ist eine zyklische Translation einer deBruijn-Folge wieder eine, und es wäre sicher nicht sinnvoll, alle der so aus einer einzigen Folge entstehenden 2^k Beispiele gleichberechtigt zu berücksichtigen. Wir vereinbaren deshalb, dass wir nur an der Anzahl derjenigen k-deBruijn-Folgen interessiert sind, die mit einem Block aus k Nullen beginnen. Die Anzahl solcher Folgen soll hier $B(k)$ genannt werden.

Wir haben schon begründet, dass alle $B(k)$ positiv sind. Für nicht zu große k kann man diese Zahlen auch durch systematisches und geduldiges Suchen finden:

$k = 1$: Hier gibt es nur das Beispiel 01, es ist also $B(1) = 1$.

$k = 2$: Außer 0011 gibt es keine Beispiele, die mit 00 anfangen. Es folgt $B(2) = 1$.

$k = 3$: Hier finden wir 00010111 und 00011101, es ist also $B(3) = 2$.

> Man kann sich natürlich fragen, ob die zweite Folge wirklich wesentlich verschieden von der ersten ist. Denn offensichtlich ist eine rückwärts gelesene deBruijn-Folge auch stets wieder eine deBruijn-Folge, und hier entsteht die zweite nach Rückwärtslesen und zyklischer Translation. Wir folgen der allgemein üblichen Konvention und zählen rückwärts gelesene Folgen (falls sie keiner Translation des Originals entsprechen) extra.

$k = 4$: Es ist $B(4) = 16$, einige Beispiele sind 0000110100101111, 0000111100101101, 0000100110101111 und 0000111101100101.

Für $k = 5$ ergibt sich schon $B(5) = 2048$, und das führt einen zur Vermutung, dass alle $B(k)$ Zweierpotenzen sind. Doch welche genau? DeBruijn hat die Anzahl in einer bemerkenswerten Arbeit aus dem Jahr 1946 bestimmen können[5)]:

Satz 14.4: *Für jedes k ist $B(k) = 2^{2^{k-1}-k}$.*

Auf einen Beweis dieser überraschenden Formel müssen wir hier verzichten, er ist recht technisch und umfangreich.

Der Zaubertrick

Wir illustrieren den Trick am Beispiel von 16 und 32 Karten. Zunächst geht es um 16 Karten. Wir wählen irgendeine deBruijn-Folge zu $k = 4$, zum Beispiel

$$0000111100101101.$$

[5)] DeBruijn, Nicolaas Govert: „A combinatorial problem" in: Nederl. Akad. Wetensch. Proc. 49 (1946), S. 758 - 764.

Für unsere Zwecke übersetzen wir sie in eine r-s-Folge:

$$rrrrssssrrsrssrs;$$

es entspricht also r der 0 und s der 1. Dann suchen wir uns 16 Karten – acht rote und acht schwarze – und ordnen sie wie in der vorstehenden Folge. Das Ergebnis könnte etwa so aussehen:

Die Übersetzung der 4-deBruijn-Folge $rrrrssssrrsrssrs$ in Karten.

Das so vorbereitete Spiel hat eine bemerkenswerte Eigenschaft: Wenn man von 4 aufeinander folgenden Karten die Farbreihenfolge kennt, so kann man exakt sagen, welche Karten es waren. Im Fall $rrrs$ zum Beispiel müssen es die Karten ♥A ♥7 ♦B ♣8 gewesen sein, und zu $srsr$ gehören die Karten ♣A ♦A ♣10 ♥9. (Beim zweiten Beispiel muss zyklisch – also vorn – weitergelesen werden.)

Die Karten wurden vor der Vorstellung präpariert. Bei der Aufführung werden sie als Stapel bildunten präsentiert. Der kann von Zuschauern beliebig oft abgehoben werden, fortgeschrittene Zauberer können noch ein scheinbar größeres Durcheinander durch falsches Abheben oder Charliermischen erzeugen, das aber auch nur einem Abheben entspricht[6)].

Nun ziehen vier nebeneinander sitzende Zuschauer von oben je eine Karte, die der Zauberer aber nicht sehen darf. Er muss nun irgendwie herausbekommen, wie die Farben rot und schwarz in diesen vier Karten verteilt sind. Ich empfehle, dazu ein kleines „Interview" mit den vier Zuschauern zu führen. Man zückt ein „Zauberbuch" und notiert geschäftig und vor sich hin grübelnd Antworten auf offensichtlich belanglose Fragen: „Wer von ihnen wohnt in einem Haus mit ungerader Hausnummer", „War war schon einmal in Südafrika", ... In das Buch werden die Antworten notiert, etwa „2" bei der ungeraden Hausnummer und 1 bei den Südafrika-Reisenden. Und irgendwann zwischendurch wird ganz unschuldig gefragt: „Wer von Ihnen hat denn eine rote Karte". Wenn es etwa zwei Zuschauer sind, notiert der Zauberer scheinbar eine 2, unauffällig vermerkt er aber auch, *wo* sich die roten Karten befinden (also etwa $srsr$).

Jetzt weiß er (im Prinzip), wer welche Karte hat, und dieses Wissen kann er publikumswirksam einsetzen. Es gibt aber ein kleines Problem, denn er soll ja ziemlich schnell aus der rot-schwarz-Verteilung auf die Karten schließen. Durch Auswendiglernen wäre das sicher zu bewältigen, doch werden viele den Aufwand scheuen. Deswegen empfehle ich, an einer unauffälligen Stelle im „Zauberbuch" eine Tabelle vorbereitet zu haben, aus der man schnell die notwendige Information ablesen kann. Für das hier diskutierte Beispiel könnte sie wie folgt aussehen (die vierbuchstabigen r-s-Wörter sind dabei so sortiert, wie man sie in einem Lexikon finden würde: von $rrrr$ bis $ssss$):

[6)] Für solche technischen Einzelheiten verweise ich auf mein Buch „Der mathematische Zauberstab".

$rrrr$:	♥9 ♥A ♥7 ♦B	$rrrs$:	♥A ♥7 ♦B ♣8
$rrsr$:	♥8 ♦D ♠8 ♥K	$rrss$:	♥7 ♦B ♣8 ♠A
$rsrr$:	♦A ♣10 ♥9 ♥A	$rsrs$:	♦D ♠8 ♥K ♠K
$rssr$:	♥K ♠K ♣A ♦A	$rsss$:	♦B ♣8 ♠A ♣D
$srrr$:	♣10 ♥9 ♥A ♥7	$srrs$:	♠7 ♥8 ♦D ♠8
$srsr$:	♣A ♦A ♣10 ♥9	$srss$:	♠8 ♥K ♠K ♣A
$ssrr$:	♣D ♠7 ♥8 ♦D	$ssrs$:	♠K ♣A ♦A ♣10
$sssr$:	♠A ♣D ♠7 ♥8	$ssss$:	♣8 ♠A ♣D ♠7

Der Zauberer muss nun nur noch scheinbar angestrengt die Informationen aus dem Interview rechnerisch verarbeiten, dabei auf der Seite neben der Tabelle Zwischenrechnungen durchführen und nebenbei die Tabelle ablesen.

Es sollte klar sein, wie der Trick auf den Fall von 32 Karten (ein vollständiges Skatspiel) übertragen werden kann. Zunächst ist eine 5-deBruijn-Folge zu wählen. Wir entscheiden uns für

$$00000100101100111110001101110101$$

und übersetzen die Folge in eine r-s-Folge:

$$rrrrrsrrsrssrrsssssrrrssrsssrsrs.$$

Die Karten eines Skatspiels werden in dieser Reihenfolge gelegt, etwa so:

Die Übersetzung der 5-deBruijn-Folge in Karten.

Diesmal muss man im Zauberbuch eine doppelt so große Tabelle unterbringen. Für unser Beispiel sähe sie so aus:

$rrrrr$:	♦A ♥D ♥10 ♦8 ♦9	$rrrrs$:	♥D ♥10 ♦8 ♦9 ♠A
$rrrsr$:	♥10 ♦8 ♦9 ♠A ♦10	$rrrss$:	♥A ♥K ♦7 ♠9 ♠8
$rrsrr$:	♥10 ♦8 ♦9 ♠A ♦10	$rrsrs$:	♦10 ♦D ♣8 ♦B ♣B
$rrssr$:	♥K ♦7 ♠9 ♠8 ♦K	$rrsss$:	♥7 ♥B ♣9 ♣K ♣7
$rsrrr$:	♥8 ♠K ♦A ♥D ♥10	$rsrrs$:	♦9 ♠A ♦10 ♦D ♣8
$rsrsr$:	♥9 ♠B ♥8 ♠K ♦A	$rsrss$:	♦D ♣8 ♦B ♣B ♣D
$rssrr$:	♦B ♣B ♣D ♥7 ♥B	$rssrs$:	♦7 ♠9 ♠8 ♦K ♠7
$rsssr$:	♦K ♠7 ♣10 ♠10 ♥9	$rssss$:	♥B ♣9 ♣K ♣7 ♣A

$srrrr$:	♠K ♦A ♥D ♥10 ♦8	$srrrs$:	♠D ♥A ♥K ♦7 ♠9
$srrsr$:	♠A ♦10 ♦D ♣8 ♦B	$srrss$:	♣D ♥7 ♥B ♣9 ♣K
$srsrr$:	♠B ♥8 ♠K ♦A ♥D	$srsrs$:	♠10 ♥9 ♠B ♥8 ♠K
$srssr$:	♣8 ♦B ♣B ♣D ♥7	$srsss$:	♠8 ♦K ♠7 ♣10 ♠10
$ssrrr$:	♣A ♠D ♥A ♥K ♦7	$ssrrs$:	♣B ♣D ♥7 ♥B ♣9
$ssrsr$:	♣10 ♠10 ♥9 ♠B ♥8	$ssrss$:	♠9 ♠8 ♦K ♠7 ♣10
$sssrr$:	♣7 ♣A ♠D ♥A ♥K	$sssrs$:	♠7 ♣10 ♠10 ♥9 ♠B
$ssssr$:	♣K ♣7 ♣A ♠D ♥A	$sssss$:	♣9 ♣K ♣7 ♣A ♠D

Ansonsten ändert sich nichts Wesentliches, es sind allerdings jetzt fünf Zuschauer aktiv beteiligt.

Varianten

Bei den bisher beschriebenen Anwendungen von deBruijn-Folgen für die Zauberei war das für uns wesentliche Kartenmerkmal die Kartenfarbe: rot oder schwarz? Es sind aber auch andere Aspekte möglich: Bildkarte oder Zahlenkarte? Primzahl oder nicht? (Für das zweite Beispiel muss man ein Bridgespiel verwenden, da es bei einem Skatblatt zu wenige Primzahlen gibt.) Dann sind natürlich neue Tabellen zu erstellen.

Quellen

Ich habe den Trick durch das Buch von Diaconis-Graham kennen gelernt. In Kurzfassung ist dort auch der Zusammenhang zur Graphentheorie dargestellt. Als Ergänzung habe ich den Existenzbeweis für k-deBruijn-Folgen und die Konstruktionsverfahren hinzugefügt (die aber auch schon seit langem bekannt sind).

Kapitel 15

Ich gewinne (fast) immer

Manche werden sich wundern, dass Wahrscheinlichkeitsrechnung in diesem Buch vorkommt. Wirklich ist es legitim zu fragen, ob man einen Trick vorführen sollte, der nicht mit absoluter Sicherheit, sondern nur mit (sehr) hoher Wahrscheinlichkeit funktioniert. Die Mathematik im Hintergrund ist aber interessant, und deswegen ist er hier aufgenommen worden.

Der Effekt

Zauberer und Zuschauer spielen gegeneinander. Zuerst wählt der Zuschauer ein „Farbmuster": drei Farben, wobei nur „rot" und „schwarz" zugelassen sind. Er könnte sich zum Beispiel für *rot, rot, schwarz* oder für *schwarz, rot, schwarz* entscheiden. Auch der Zauberer wählt (danach!) ein derartiges Farbmuster, und dann kann das Spiel beginnen.

Ein Helfer deckt Karten eines gut gemischten Kartenspiels auf, und wessen Muster (Zuschauer oder Zauberer) zuerst erscheint, hat gewonnen und bekommt einen Punkt gutgeschrieben. Das wird so lange gemacht, bis einer von beiden fünf Punkte hat und damit das Spiel gewinnt.

Die Überraschung: So gut wie sicher wird der Zauberer der Sieger sein, obwohl alle glauben, dass die Chancen für beide exakt gleich sind.

Hier ein Beispiel: Der Zuschauer hat *rot, schwarz, rot* gewählt, der Zauberer *rot, rot, schwarz*. Nachstehend sieht man zwei Karten Zufallsausgaben: Im ersten Fall bekommt der Zuschauer einen Punkt, im zweiten der Zauberer:

Links bzw. rechts: ein Punkt für den Zuschauer bzw. den Zauberer.

Die Mathematik im Hintergrund

Wir wollen hier zwei Aspekte des Wartens untersuchen:

- Wie lange muss man im Mittel warten, bis ein bestimmtes Muster erscheint?
- Zwei Muster, M_1 und M_2, sind gegeben. Mit welcher Wahrscheinlichkeit erscheint M_1 vor M_2?

Warten auf das erste Erscheinen

Wir kümmern uns zuerst um das erste Erscheinen eines Musters. Für die Modellierung gehen wir von „rot“ und „schwarz“ zu 0 und 1 über. Ein *Muster der Länge* r ist dann einfach ein Element $M = (a_0, \ldots, a_{r-1})$ aus $\{0,1\}^r$. Und dann wird eine Folge von unabhängigen und in $\{0,1\}$ gleichverteilten Zufallszahlen erzeugt: $x_1, x_2, \ldots$. Wir warten auf das kleinste m, bei dem M zum ersten Mal erscheint: Wann gilt erstmals

$$x_{m-r+1} = a_0,\ x_{m-r+2} = a_1,\ \ldots,\ x_m = a_{r-1}\ ?$$

So eine Folge könnte man durch das Werfen einer fairen Münze erzeugen, mit dem Zufallsgenerator eines Computers geht es aber viel schneller. Ganz streng genommen, erfüllt die aus *rot* und *schwarz* gebildete Farbenfolge, die beim Auslegen eines gut gemischten Kartenspiels entsteht, nicht die hier geforderten Bedingungen. Die Ausgaben sind nicht unabhängig: Wenn zum Beispiel die erste ausgelegte Karte *rot* ist, sind bei der nächsten die Chancen für *schwarz* um eine winzige Nuance besser. Der Unterschied ist allerdings vernachlässigbar, so dass wir das Kartenauslegen als gute Näherung an die Unabhängigkeit der rot-schwarz-Ausgaben ansehen werden[1)].

Uns interessiert, wie groß das m im Mittel ist, wie lange man also im Durchschnitt auf das Erscheinen von M warten muss. Die exakte Definition sieht so aus:

Definition 15.1: *Sei $(\Omega, \mathcal{E}, \mathbb{P})$ ein Wahrscheinlichkeitsraum, auf dem eine unabhängige Folge $X_1, X_2, \ldots$ von $\{0,1\}$-wertigen Zufallsvariablen definiert ist, für die die induzierte Verteilung die Gleichverteilung ist. Weiter sei $M = (a_0, \ldots, a_{r-1})$ ein Element in $\{0,1\}^r$.*

Eine Zufallsvariable $X_M : \Omega \to \mathbb{N} \cup \{+\infty\}$ sei wie folgt definiert: Gibt es für die Folge $(X_n(\omega))$ ein m mit $X_{m-r+1}(\omega) = a_0, X_{m-r+2}(\omega) = a_1, \ldots, X_m(\omega) = a_{r-1}$, so sei $X_M(\omega)$ das kleinste derartige m. Andernfalls sei $X_M(\omega) := +\infty$.

Unter $\mathbb{E}^M$ verstehen wir den Wert $\mathbb{E}(X_M)$, den Erwartungswert von X_M.

Lemma 15.2: *X_M ist wirklich eine Zufallsvariable, und $\mathbb{E}^M$ ist endlich.*

Beweis: Die Menge $\{X_M \leq k\}$ kann für jedes k durch endlich viele Bedingungen an die X_n ausgedrückt werden: $X_M(\omega) \leq k$ gilt genau dann, wenn $X_1(\omega) = a_0, \ldots, X_r(\omega) = a_{r-1}$, oder $X_2(\omega) = a_0, \ldots, X_{r+1}(\omega) = a_{r-1}$, oder $\ldots$, oder $X_{k-r+1}(\omega) = a_0, \ldots, X_k(\omega) = a_{r-1}$. Deswegen ist X_M messbar.

Zum Beweis der Endlichkeit des Erwartungswerts schätzen wir X_M nach oben durch eine Zufallsvariable mit endlichem Erwartungswert ab. $Y_M(\omega)$ soll die kleinste

[1)] Wollte man es ganz exakt machen, so müsste man aus einem Spiel, das gleich viele rote und schwarze Karten enthält, immer nur eine Karte ziehen und die vor dem nächsten Zug zurücklegen und erneut mischen.

durch r teilbare Zahl m sein, so dass M als $X_{m-r+1}(\omega), \ldots, X_m(\omega)$ auftritt. Y_M nimmt also nur die Werte $r, 2r, 3r, \ldots$ an. Sicher gilt $X_M \leq Y_M$, und für Y_M kann man den Erwartungswert ausrechnen. Es handelt sich nämlich um das Warten auf den ersten Erfolg bei einem Bernoulliexperiment mit Erfolgswahrscheinlichkeit $p = 1/2^r$, und da sind bekanntlich im Mittel $1/p$ Versuche bis zum ersten Erfolg erforderlich. Jeder Versuch kostet einen Abschnitt der Länge r in der X-Folge, d.h. $\mathbb{E}(Y_M) = r2^r$. (Es wird sich bald zeigen, dass diese Abschätzung viel zu schlecht ist. Wir müssen aber sicherstellen, dass $\mathbb{E}^M$ eine endliche Zahl ist.) □

Doch wie groß ist $\mathbb{E}^M$ für ein konkret vorgelegtes M? Zur Beantwortung dieser Frage werden wir nach und nach immer ausgefeiltere Methoden einsetzen, die alle darauf beruhen, sich auf die Analyse der „richtigen" Hilfsgrößen zu konzentrieren. Ein erster – noch recht uneleganter – Versuch führt auf ein *Gleichungssystem*. Dazu führen wir die folgenden Größen ein: Ist N das aus i Einträgen bestehende Anfangsstück von M, so soll x_i^M der Erwartungswert des ersten Erscheinens von M sein, wenn die Zufallsfolge mit N beginnt.

Wir demonstrieren die Idee für den Fall $M = 101$. Da sind die Zahlen $x_0^M (= \mathbb{E}^M)$, x_1^M, x_2^M zu berücksichtigen. Interessiert sind wir nur an x_0^M, aber diese Zahl können wir noch nicht direkt ausrechnen.

Das gesuchte Gleichungssystem ergibt sich durch eine sorgfältige Analyse. Betrachten wir etwa x_2^M. Die X-Folge fängt also mit 10 an, und wir warten darauf, dass 101 erscheint. Das dritte Element der X-Folge ist mit gleicher Wahrscheinlichkeit 0 oder 1, mit jeweils Wahrscheinlichkeit 0.5 haben wir also die Zufallszahlen 101 oder 100 erhalten. Im ersten Fall ist das Muster erzeugt, d.h. es ist $X_M = 3$, im zweiten waren die ersten drei Zufallszahlen für das Erscheinen von M nicht zu gebrauchen, das Warten beginnt nach 3 Schritten ganz von vorn. Kurz:

$$x_2^{101} = \frac{1}{2}\big(3 + (x_0^{101} + 3)\big).$$

Wie sieht es mit x_1^{101} aus? Wir gehen von $X_1(\omega) = 1$ aus, das erste Element von M ist also schon erzeugt. Nun kommt mit gleicher Wahrscheinlichkeit eine 0 (dann sind wir im Fall x_2^{101}) oder eine 1. Die Zufallsfolge beginnt also mit 11, und nur die letzte 1 kann für unser Muster verwendet werden. Wie lange jetzt zu warten ist, steht in x_1^{101}, allerdings ist ein Schritt schon vertan. Zusammen heißt das:

$$x_1^{101} = \frac{1}{2}\big(x_2^{101} + (x_1^{101} + 1)\big).$$

Es fehlt nur noch eine Gleichung für x_0^{101}. Wir sind ganz am Anfang, die Zufallsfolge kann mit 0 oder 1 losgehen. Im ersten Fall nutzt uns das gar nichts für das Erscheinen von 101, die Situation ist wie am Anfang. Im zweiten Fall ist die zu erwartende Zeit bis zum M-Erscheinen gleich x_1^{101}. Und das heißt

$$x_0^{101} = \frac{1}{2}\big((x_0^{101} + 1) + x_1^{101}\big).$$

Das sind drei lineare Gleichungen für die Zahlen $x_0^{101}, x_1^{101}, x_2^{101}$, die man leicht lösen kann:

$$x_2^{101} = 8,\ x_1^{101} = 9,\ x_0^{101} = 10.$$

Man muss also im Mittel 10 Schritte warten, bis 101 erscheint.

Das ist ein recht mühseliges Verfahren! Man sieht an unserem Beispiel aber schon etwas Wesentliches: Wenn i Zeichen von M schon erzeugt sind und das nächste nicht das $(i+1)$-te Zeichen von M ist, so wäre es gut, wenn man mit dem Warten nicht ganz vorn wieder anfangen müsste.

Wir werden die gesuchten Wartezeiten rekursiv ermitteln, und deswegen wird es aus schreibtechnischen Gründen günstig sein, von nun an ein für allemal eine *unendliche* Folge $a_0, a_1, a_2, \ldots$ in $\{0,1\}$ zu fixieren. Die Muster a_0, a_0a_1, $a_0a_1a_2$, ... sollen dann nach und nach behandelt werden. Mit γ_i werden wir die mittlere Wartezeit für das Erscheinen des aus i Elementen bestehenden Musters $a_0 \cdots a_{i-1}$ bezeichnen. (Dabei definieren wir $\gamma_0 := 0$.) Der Schlüssel zur Analyse ist die folgende Definition, durch die so etwas wie die „Selbstähnlichkeit" der Folge $a_0, a_1, \ldots$ gemessen wird:

Definition 15.3: *(i) Es seien $M = (b_0b_1 \cdots b_{k-1}) \in \{0,1\}^k$ und $N = (c_0c_1 \cdots c_{l-1}) \in \{0,1\}^l$ zwei Muster der Länge k bzw. l. Dann definieren wir $\sigma(M,N) \in \mathbb{N}_0$ als die größte Zahl $r \in \mathbb{N}_0$, für die die letzten r Einträge von M mit den ersten r Einträgen von N übereinstimmen.*

(ii) Die Folge $a_0, a_1, \ldots$ sei wie vorstehend. Wir setzen $\alpha_0 := 0$, und für $i > 0$ sei

$$\alpha_i := \sigma(a_0a_1 \cdots a_{i-1}\overline{a_i}, a_0 \cdots a_i).$$

Dabei ist $\overline{a_i} := 1 - a_i$.

(iii) Setze $\tau_0 := \tau_1 := 0$, und für $i > 1$ sei

$$\tau_i := \sigma(a_1 \cdots a_{i-1}, a_0a_1 \cdots a_i).$$

Zur Illlustration folgen einige *Beispiele:*

1. Die Berechnung von $\sigma(M,N)$ kann man sich so vorstellen: Schiebe N so weit wie möglich nach links, um eine möglichst große Überlappung der Muster zu erzeugen. Dann sollte klar sein: $\sigma(001010, 101000000111) = 4$, und $\sigma(0010, 11100) = 0$.

2. Für die Folge $(a_0 \cdots) := 1010100011 \cdots$ ist

$$\alpha_0, \alpha_1, \ldots = 0,1,0,1,0,1,0,1,5,1,\ldots$$

sowie

$$\tau_1, \tau_2, \ldots = 0,0,1,2,3,4.$$

Mit den α_i können die γ_i leicht rekursiv berechnet werden. (Die τ_i werden erst später für eine genauere Analyse gebraucht.)

Satz 15.4: *(i) Für jedes i ist $\gamma_{i+1} = 2\gamma_i - \gamma_{\alpha_i} + 2$. (Da $\alpha_0 = 0$ gilt und stets $\alpha_i \leq i$ ist, können die γ_i mit dieser Rekursionsformel leicht berechnet werden.)*

(ii) γ_i ist stets eine gerade Zahl, die durch $2^{i+1} - 2$ nach oben beschränkt ist. Die obere Schranke kann angenommen werden, und zwar genau dann, wenn stets $\alpha_i = 0$ gilt. Das tritt genau dann ein, wenn die Folge der a_i nur aus Nullen oder nur aus Einsen besteht.

Beweis: (i) Die behauptete Formel ist gleichwertig zu

$$\gamma_i + 1 = \frac{1}{2}(\gamma_{i+1} + \gamma_{\alpha_i}),$$

und die kann man so einsehen.

γ_i ist doch die mittlere Wartezeit, bis in einer Zufallsfolge $a_0 \cdots a_{i-1}$ erscheint. Angenommen, das ist gerade eingetreten, und wir fragen die Zufallsfolge ein weiteres Mal ab. Mit gleicher Wahrscheinlichkeit erscheint dann a_i oder $\overline{a_i}$, wir haben also das Muster $a_0 \cdots a_i$ oder – nach Definition von α_i – das α_i lange Anfangsstück von $a_0 a_1 \cdots$ erhalten. Und auf diese Muster warten wir, wenn wir γ_{i+1} bzw. γ_{α_i} ermitteln wollen[2)].

(ii) Diese Aussagen folgen sofort durch Induktion aus (i). □

Es empfiehlt sich, eine Tabelle anzulegen. Da werden zunächst die a_i und dann die α_i eingetragen. Die γ_i ergeben sich dann mit Hilfe der Formel aus dem vorstehenden Satz. Hier ein Beispiel zur Illustration (in dem für spätere Zwecke auch schon die ersten τ_i aufgeführt sind):

i	0	1	2	3	4	5	6	7	8	9	
a_i	1	0	1	0	1	0	0	0	1	1	
α_i	0	1	0	1	0	1	5	1	0	2	
τ_i		0	0	1	2	3	4	0	0	1	
γ_i	0	2	4	10	20	42	84	128	256	514	1026

Auf 1010100011 muss man also im Mittel 1026 Schritte warten. (Man kann auch die mittleren Wartezeiten für die Anfangsstücke dieses Musters ablesen. Zum Beispiel ist die mittlere Wartezeit auf 10101 gleich 42.)

Es folgt noch eine systematische Zusammenstellung der mittleren Wartezeiten für Muster der Länge $2, 3$ oder 4. (Es sind nur die aufgeführt, die mit 1 beginnen, denn 0 und 1 spielen symmetrische Rollen. Möchte man etwa die Wartezeit für 0011 wissen, so muss man bei 1100 nachsehen.)

M	10	11
$\mathbb{E}^M$	4	6

M	100	101	110	111
$\mathbb{E}^M$	8	10	8	14

M	1000	1001	1010	1011	1100	1101	1110	1111
$\mathbb{E}^M$	16	18	20	18	16	18	16	30

Die Ergebnisse des vorigen Satzes kann man an diesen Beispielen noch einmal nachprüfen. Es fällt aber noch etwas anderes auf: Die Wartezeit auf ein Muster der

[2)]Das Argument ist, zugegeben, etwas heuristisch. Für eine ganz präzise Begründung müssten noch viele technische Vorbereitungen bereit gestellt werden. Insbesondere müsste man sicherstellen, dass die Zufallsfolge immer „wie von vorne" anfängt, auch wenn man sie nach dem Erscheinen eines Teilmusters beobachtet. Diese Tatsache wird dadurch garantiert, dass die *starke Markoveigenschaft* vorliegt. Das soll hier nicht vertieft werden. (Insbesondere, da diese Bedingung auch von Fachleuten der Wahrscheinlichkeitsrechnung lange übersehen wurde.)

Länge r ist nicht nur nach oben durch $2^{r+1}-2$ beschränkt, sie kann wohl auch nicht „zu klein" sein: bei Mustern der Länge r scheint sie durch 2^r nach unten beschränkt zu sein.

Wir werden gleich beweisen, dass das immer so ist, dass also stets $\gamma_i \geq 2^i$ gilt. Dazu werden wir den Zusammenhang zwischen den α_i und den τ_i genauer untersuchen müssen.

Satz 15.5: *(i)* $\gamma_{\tau_{i+1}} = 2\gamma_{\tau_i} - \gamma_{\alpha_i} + 2$ *(alle i).*
(ii) $\gamma_i = 2^i + \gamma_{\tau_i}$ *(alle $i \geq 1$).*
(iii) $\gamma_i \geq 2^i$ *(alle $i \geq 1$).*

Beweis: (i) Fixiere ein i und betrachte die Zahl $j := \tau_i$. Die letzten j Einträge von $a_1 \cdots a_{i-1}$ stimmen also mit den ersten j Einträgen von $a_0 a_1 \ldots$ überein. Es gibt zwei Möglichkeiten.

Fall 1: $a_j = a_i$. Dann ist $\tau_{i+1} = \tau_i + 1$, denn auch der nächste Eintrag (a_i) stimmt noch mit dem Anfang überein. Und um α_i zu berechnen, kann man sich – statt $a_0 \cdots a_{i-1}\overline{a_i}$ zu betrachten – auf $a_0 \cdots a_{j-1}\overline{a_j}$ konzentrieren, denn da stehen die gleichen Einträge. Anders ausgedrückt: $\alpha_i = \alpha_j$.

Nun wissen wir, dass $\gamma_{j+1} = 2\gamma_j - \gamma_{\alpha_j} + 2$ gilt. Im vorliegenden Fall heißt das

$$\gamma_{\tau_{i+1}} = 2\gamma_{\tau_i} - \gamma_{\alpha_i} + 2$$

wie behauptet.

Fall 2: $a_j = \overline{a_i}$. Dann setzt $\overline{a_i}$ die bei der Berechnung von τ_1 gefundenen richtigen Anfangswerte von $a_0 a_1 \cdots$ fort, es ist also $\alpha_i = \tau_i + 1$. Und $\tau_{i+1} = \alpha_{\tau_i}$, da die gleichen Muster zu vergleichen sind.

$\gamma_{j+1} = 2\gamma_j - \gamma_{\alpha_j} + 2$ übersetzt sich diesmal in

$$\gamma_{\alpha_i} = 2\gamma_{\tau_i} - \gamma_{\tau_{i+1}} + 2,$$

und auch das entspricht der behaupteten Formel.

Da das recht abstrakt war, empfiehlt es sich, sich diese Zusammenhänge am konkreten Beispiel der obigen Tabelle für die Analyse von 1010100011 anzusehen. Nehmen wir etwa $i = 5$. Da ist $j = \tau_5 = \sigma(0101, 10101) = 3$. Es gilt $a_j = a_3 = 0 = a_5 = a_i$, wir sind also in Fall 1. Wirklich ist $\tau_6 = \sigma(01010, 101010) = 4$ und

$$\alpha_5 = \sigma(101011, 101010) = 1 = \sigma(1011, 1010) = \alpha_3.$$

Wie $i = 5$ führen auch $i = 2, 3, 4, 8$ zu Fall 1, die anderen i der Tabelle führen zu Fall 2.

(ii) Wir beweisen durch Induktion. Für $i = 1$ ist $\gamma_1 = 2 = 2^1 + \gamma_0 = 2^1 + \gamma_{\tau_1}$. Dann beachte man, dass

$$\begin{aligned} \gamma_{i+1} &= 2\gamma_i - \gamma_{\alpha_i} + 2 \\ &= 2(2^i + \gamma_{\tau_i}) - \gamma_{\alpha_i} + 2 \\ &= 2^{i+1} + 2\gamma_{\tau_i} - \gamma_{\alpha_i} + 2 \\ &= 2^{i+1} + \gamma_{\tau_{i+1}}. \end{aligned}$$

(iii) Das folgt sofort aus (ii). □

Mit diesem Satz geht die Berechnung der $\mathbb{E}^M$ sehr schnell. Mal angenommen, es ist $M = 1110111110$. Wir sind also an γ_{10} interessiert. Es ist $\gamma_{10} = 2^{10} + \gamma_{\tau_{10}}$, und

$$\tau_{10} = \sigma(110111110, 1110111110) = 4.$$

Es folgt $\gamma_{10} = 2^{10} + \gamma_4$, und da $\gamma_4 = 2^4 + \gamma_{\tau_4}$, ergibt sich wegen $\tau_4 = \sigma(110, 1110) = 0$, dass $\gamma_{10} = 2^{10} + 2^4 = 2040$.

Welches Muster erscheint zuerst?

Wir konzentrieren uns nun auf denjenigen Aspekt des Themas „Warten“, der für den am Anfang des Kapitels vorgestellten Zaubertrick wesentlich ist. Dazu betrachten wir zwei 0-1-Muster M und N. Sie können unterschiedliche Länge haben, sie sollten nur verschieden sein. Wir fragen uns, welches dieser beiden Muster in einer zufälligen 0-1-Folge im Mittel zuerst erscheinen wird. Formal können wir eine „M-gewinnt“-Zufallsvariable so einführen: Wie in Definition 15.1 modellieren wir die zufällige 0-1-Folge durch eine Folge von Zufallsvariablen $X_0, X_1, \ldots$, und eine Zufallsvariable $X_{M,N}$ bekommt die Werte 1 (bzw. 0 bzw. ∞) wenn M vor N (bzw. N vor M bzw. keines der beiden Muster) erscheint.

$X_{M,N}$ ist dann eine Zufallsvariable, die wegen Lemma 15.2 nur auf einer Nullmenge den Wert Unendlich annimmt, also fast sicher durch Eins beschränkt ist. Ihr Erwartungswert soll $G_{M,N}$ heißen: Das ist die Wahrscheinlichkeit, das M gewinnt.

Einige Tatsachen sind dann offensichtlich:

- $G_{M,N} = 1 - G_{N,M}$.
- Ist M ein Anfangsstück von N so ist $G_{M,N} = 1$.
- Im Mittel ist eine Runde nach $\min\{\mathbb{E}^M, \mathbb{E}^N\}$ Schritten entschieden, denn dann ist eines der Muster aufgetreten. (Vgl. Definition 15.1.)
- Da 0 und 1 in den Mustern eine symmetrische Rolle spielen, wird $G_{M,\overline{M}} = 0.5$ und $G_{M,N} = G_{\overline{M},\overline{N}}$ sein; dabei entsteht $\overline{M}$ aus M dadurch, dass man jede 0 durch 1 ersetzt und umgekehrt.

Wir streben hier nicht wie beim Thema „Warten auf ein Muster“ eine vollständige Analyse an, wir werden uns nur um die für den Zaubertrick wesentlichen Aspekte kümmern. Die wichtigste Frage ist natürlich: Wie kann man $G_{M,N}$ ausrechnen? Wieder werden Selbstähnlichkeiten eine Rolle spielen, diesmal sind aber zwei Muster beteiligt.

Um die Idee zu erklären, wollen wir $G_{010,110}$ berechnen: Mit welcher Wahrscheinlichkeit gewinnt 010? Die Chancen sind unterschiedlich, je nachdem, wie die ersten beiden Zufallsausgaben sind: 00, 01, 10 und 11 sind möglich, und alle treten mit gleicher Wahrscheinlichkeit ein. Wenn wir also mit p_{00}, p_{01}, p_{10} und p_{11} die (bedingte) Wahrscheinlichkeit bezeichnen, dass 010 gewinnt, wenn die Zufallsfolge mit 00, 01, 10 bzw. 11 anfängt, so ist

$$G_{010,110} = \frac{1}{4}(p_{00} + p_{01} + p_{10} + p_{11}).$$

Für die p_{00}, p_{01}, p_{10}, p_{11} gilt ein Gleichungssystem. Betrachten wir etwa p_{00}. Mit gleicher Wahrscheinlichkeit wird es mit 000 oder 001 weitergehen. 000 ist für die Gewinnwahrscheinlichkeit gleichwertig zu 00, und 001 kann durch 01 ersetzt werden, da die erste Null für den weiteren Verlauf unerheblich ist. Kurz:

$$p_{00} = \frac{1}{2}(p_{00} + p_{01}).$$

Entsprechend erhält man

$$p_{01} = \frac{1}{2}(1 + p_{11}),\ p_{10} = \frac{1}{2}(p_{01} + p_{11}),\ p_{11} = \frac{1}{2}(p_{11} + 0).$$

(Die „1“ bzw. die „0“ taucht auf, weil das Spiel bei 010 gewonnen bzw. bei 110 verloren ist.) Aus diesen vier Gleichungen folgt

$$p_{11} = 0,\ p_{00} = p_{01} = p_{10} = \frac{1}{2},$$

d.h. $G_{010,110} = 3/8$.

Allgemein kann man bei zwei (verschiedenen) Mustern M, N der Länge k so verfahren:

- Für $0 \leq i, j \leq k-1$ bezeichne γ_{ij} die Wahrscheinlichkeit für einen M-Gewinn, wenn (zu irgendeinem Zeitpunkt) von M schon i und von N schon j richtige Einträge am Ende der Zufallsfolge liegen. Stelle in einer Tabelle fest, wie groß i, j für beliebige Elemente aus $\{0,1\}^{k-1}$ ist. Für $M = 010$ und $N = 110$ sähe die Tabelle so aus:

	010	110
00	1	0
01	2	1
10	1	0
11	0	2

  Folglich muss man sich nur um γ_{10}, γ_{21} und γ_{02} kümmern. Wenn man diese Zahlen bestimmt hat, ist $G_{M,N}$ bekannt. Die ersten $k-1$ Einträge der Zufallsfolge führen zu 2^{k-1} gleichwahrscheinlichen Anfangsmustern, und zu jedem dieser Anfangsmuster gehört ein $\gamma_{i,j}$. Damit ist $G_{M,N}$ = „Summe über die γ_{ij}, malgenommen mit der Anzahl, wie oft i, j in der Tabelle auftritt, das Ganze geteilt durch 2^{k-1}“. In unserem Beispiel etwa wäre

$$G_{M,N} = \frac{1}{4}(2\gamma_{10} + \gamma_{21} + \gamma_{02}).$$

- Stelle ein Gleichungssystem für die γ_{ij} auf. Angenommen, wir sind im Zustand „i Richtige für M, j Richtige für N“. Der nächste Zufallseintrag wird mit gleicher Wahrscheinlichkeit 0 oder 1 sein, und es hängt von der konkreten Struktur von M, N ab, wie viele Einträge von M bzw. N nun richtig sind. Vielleicht hat jetzt auch M (bzw. N) gewonnen, das führt zu einer 1 (bzw. einer 0) in unserem Gleichungssystem. Für unser Beispiel ergeben sich folgende Beziehungen:

$$\gamma_{10} = \frac{1}{2}(\gamma_{10} + \gamma_{21}),\ \gamma_{10} = \frac{1}{2}(1 + \gamma_{02}), \gamma_{02} = \frac{1}{2}(0 + \gamma_{02}).$$

Es folgt

$$\gamma_{02} = 0,\ \gamma_{21} = \gamma_{10} = \frac{1}{2}$$

und daraus (wie schon vorher)

$$G_{010,110} = \frac{1}{4}(2\gamma_{10} + \gamma_{21} + \gamma_{02}) = \frac{1}{4}(2\frac{1}{2} + \frac{1}{2} + 0) = \frac{3}{8}.$$

(Es gibt noch viele weitere Methoden, die $G_{M,N}$ zu berechnen. Die mathematische Begründung ist allerdings wesentlich aufwändiger.)

Nachstehend findet man eine Tabelle, in der alle Muster der Länge 3 berücksichtigt sind. Steht M an der Spitze einer Spalte und N am Beginn einer Zeile, so ist $G_{M,N}$ unter M und rechts neben N aufgeführt. (Zum Beispiel gewinnt 100 gegen 000 mit Wahrscheinlichkeit 7/8.)

	000	001	010	011	100	101	110	111
000	xxxx	1/2	3/5	3/5	7/8	7/12	7/10	1/2
001	1/2	xxxx	1/3	1/3	3/4	3/ 8	1/2	3/10
010	2/5	2/3	xxxx	1/2	1/2	1/2	5/8	5/12
011	2/5	2/3	1/2	xxxx	1/2	1/2	1/4	1/8
100	1/8	1/4	1/2	1/2	xxxx	1/2	2/3	2/5
101	5/12	5/8	1/2	1/2	1/2	xxxx	2/3	2/5
110	3/10	1/2	3/8	3/4	1/3	1/3	xxxx	1/2
111	1/2	7/10	7/12	7/8	3/5	3/5	1/2	xxxx

Im Zusammenhang mit den $G_{M,N}$ gibt es gleich *zwei Paradoxien*[3]. Als *erste Paradoxie* ist darauf hinzuweisen, dass man zu jedem Muster N ein Muster M mit $G_{M,N} > 0.5$ finden kann. (Da es in jeder Zeile einen Eintrag gibt, der größer als $1/2$ ist.) Würde man also definieren, dass „M ist besser als N" bedeuten soll, dass $G_{M,N} > 0.5$ gilt, so gibt es kein „bestes" Muster. Das ist ungewöhnlich, denn wenn man in anderen Zusammenhängen von „besser" spricht, so ist das transitiv[4]. In einer endlichen Menge muss es dann Elemente geben, zu denen man kein besseres finden kann.

[3]Eine mathematische Tatsache wird *paradox* genannt, wenn sie dem widerspricht, was man eigentlich erwartet hätte. In der Wahrscheinlichkeitstheorie sind besonders viele Paradoxien zu finden: Geburtstagsparadoxon, Übereinstimmungsparadoxon usw.)

[4]D.h.: Aus „A besser B" und „B besser C" folgt stets „A besser C".

Ein bemerkenswertes Beispiel einer nicht transitiven Ordnung aus dem „täglichen Leben" ist übrigens das Kinder-Entscheidungsspiel „Schere-Stein-Papier": Schere ist besser als Papier, Papier ist besser als Stein, Stein ist besser als Schere.

Auch bei Wahlen (Abgeordnete, Präsidenten, ...) besteht die Hauptschwierigkeit beim Auffinden eines gerechten Verfahrens darin, dass intransitive Ordnungen auftreten können.

Die *zweite Paradoxie* kann erst bei Mustern gefunden werden, die mindestens die Länge vier haben. Man sollte doch meinen, dass $G_{M,N} > 0.5$ gilt, wenn M im Mittel schneller erscheint als N. Doch das ist überraschenderweise manchmal nicht der Fall: 0110 gewinnt gegen 1100 mit Wahrscheinlichkeit 7/12, obwohl $\mathbb{E}^{0110} = 18$ und $\mathbb{E}^{1100} = 16$.

Für unseren Zaubertrick wollen wir das Nichttransitivitätsphänomen ausnutzen: Zu jeder Zuschauerwahl $N \in \{0,1\}^3$ gibt es ein besseres $M \in \{0,1\}^3$. In der folgenden Tabelle sind die Zuschauerwahl, darunter die empfehlenswerte Zaubererwahl und ganz unten die Gewinnwahrscheinlichkeit für den Zauberer zu finden.

000	001	010	011	100	101	110	111
100	100	001	001	110	110	011	011
7/8	3/4	2/3	2/3	2/3	2/3	3/4	7/8

Keine Sorge: Das muss man für die Zaubervorführung nicht auswendig lernen! Die Regel ist ganz einfach: Auf die Zuschauerwahl abc antwortet der Zauberer mit $\overline{b}ab$, wobei $\overline{b} = 1 - b$ ist.

Warum ist es plausibel, dass der Zauberer mit dieser Strategie gewinnen wird? Am Überzeugendsten kann man sich das am Fall der Zuschauerwahl 000 klar machen, die der Zauberer mit 100 beantwortet. Der Zuschauer kann natürlich gewinnen, wenn nämlich am Anfang der Zufallsfolge gleich 000 erscheint. Das wird mit Wahrscheinlichkeit $1/8$ passieren. Dann aber nicht mehr! Ist unter den ersten drei Zufallszahlen eine 1, wird nämlich vor dem Erscheinen von 000 garantiert 100 aufgetreten sein, der Zauberer gewinnt also mit Wahrscheinlichkeit $7/8$.

Das etwas vereinfachte Argument für den beliebigen Fall sieht so aus. Man schaue sich die Stelle an, bei der in der Zufallsfolge zum ersten Mal die ersten beiden Einträge des Zuschauermusters abc auftauchen, also ab. Direkt davor steht ein Eintrag, der mit gleicher Wahrscheinlichkeit[5)] b oder $\overline{b}$ ist. Handelt es sich um $\overline{b}$, hat der Zauberer gewonnen. Im anderen Fall hat der Zuschauer noch lange nicht gewonnen, denn nach ab muss ja c kommen. So hat der Zauberer mit 50 Prozent Wahrscheinlichkeit eine zweite Chance, und deswegen ist seine Gewinnwahrscheinlichkeit größer als 0.5.

Ganz allgemein kann man bei Mustern $a_0a_1\cdots a_{k-1}$ der Länge k zeigen, dass das Muster $\overline{a_1}a_0a_1\cdots a_{k-2}$ die besseren Gewinnchancen hat. Es könnte aber sein, dass

5) Hier ist das Argument etwas ungenau: Die Wahrscheinlichkeiten können leicht unterschiedlich sein.

$a_1 a_0 a_1 \cdots a_{k-2}$ sogar mit noch höherer Wahrscheinlichkeit gegen $a_0 a_1 \cdots a_{k-1}$ gewinnt. (Betrachte etwa im Fall $k = 4$ das Muster 0010. Wählt man die $\overline{a_1} a_0 a_1 \cdots a_{k-2}$-Antwort, also 1001, so ist die Gewinnwahrscheinlichkeit $7/12 = 0.583$. Dagegen hätte 0001, die $a_1 a_0 a_1 \cdots a_{k-2}$-Antwort, sogar zu $2/3 = 0.667$ geführt.)

Zum Abschluss des mathematischen Teils wollen wir überlegen, was passiert, wenn Zuschauer und Zauberer mehrere Runden mit den gleichen Mustern spielen. Die von uns ermittelten Gewinn-Wahrscheinlichkeiten für den Zauberer sind ja nicht alle besonders hoch: $7/8, 3/4$ und $2/3$. Es werden aber mehrere Runden gespielt, und dann sieht es schon viel günstiger aus. Ganz allgemein geht es um folgendes Problem:

> Spieler A und B spielen ein Spiel, bei dem die Gewinnwahrscheinlichkeit für Spieler A gleich $p \in \,]0,1[\,$ ist. Sie vereinbaren, dass derjenige gewinnt, der zuerst k Spiele für sich entschieden hat. Mit welcher Wahrscheinlichkeit gewinnt A?

Um diese Wahrscheinlichkeit zu berechnen, definieren wir $p_{i,j}$ als die Wahrscheinlichkeit, dass A gewinnt, falls man weiß, dass A schon i und B schon j Punkte hat. Wir machen das für $0 \le i, j < k$, und zusätzlich setzen wir $p_{i,k} = 0$ und $p_{k,j} = 1$ für $0 \le i, j < k$. (Im Fall $p_{i,k}$ bzw. $p_{k,j}$ hat A nämlich gewonnen bzw. verloren.)

Eigentlich sind wir nur an $p_{0,0}$ interessiert, doch müssen wir dazu auch die anderen $p_{i,j}$ ermitteln. Das geht durch „Rückwärtsanalyse“ wie folgt.

Angenommen, A hat i und B hat j Punkte. Mit Wahrscheinlichkeit p bzw. $1-p$ gewinnt bzw. verliert A das nächste Spiel, d.h. mit Wahrscheinlichkeit p steht es nach der nächsten Runde $(i+1):j$ und mit Wahrscheinlichkeit $1-p$ steht es $i:(j+1)$. Das liefert die Rekursionsgleichung

$$p_{i,j} = p\, p_{i+1,j} + (1-p)\, p_{i,j+1}.$$

Damit kann man aus den schon bekannten $p_{i,k} = 0$ und $p_{k,j} = 1$ rückwärts die anderen $p_{i,j}$ ermitteln: erst die $p_{k-1,k-1}, p_{k-1,k-2}, \ldots$ und die $p_{k-2,k-1}, p_{k-3,k-1}, \ldots$, dann $p_{k-2,k-2}$ usw.
Auf diese Weise ist schließlich $p_{0,0}$ identifiziert.

In unserem Fall treten nur die Wahrscheinlichkeiten $2/3$, $3/4$ und $7/8$ auf. In der nachstehenden Tabelle sind die Siegwahrscheinlichkeiten für A (den Zauberer) unter Voraussetzung dieser p aufgeführt, falls der Gewinn von $5, 6, 7, 8, 9$ oder 10 Runden vereinbart war:

p	5	6	7	8	9	10 Runden
2/3	0.855	0.878	0.896	0.912	0.925	0.935
3/4	0.951	0.966	0.967	0.983	0.988	0.991
7/8	0.998	0.999	1	1	1	1

Der Zaubertrick

Der Zauberer bittet zwei Helfer auf die Bühne. Einer spielt gegen ihn und einer ist der „Assistent“, der die zufällige rot-schwarz-Folge mit Hilfe eines gut gemischten Kartenspiels erzeugt.

Dann werden die Spielregeln erklärt: Der Zuschauer wählt sein aus drei Karten bestehendes rot-schwarz-Muster, der Zauberer wählt seins. Wie im mathematischen Teil erklärt, sollte der Zauberer $\overline{B}AB$ wählen, wenn sich der Zuschauer für ABC entschieden hat. (Hier stehen A bzw. B für „rot" und „schwarz", und $\overline{B}$ ist das „Gegenteil" von B, also „rot", falls B schwarz ist und umgekehrt.)

Nun werden nach und nach Karten eines gut gemischten Spiels vom „Assistenten" leicht aufgefächert aufgedeckt, und die Runde geht an denjenigen, dessen Muster zuerst erscheint. Das Spiel ist für denjenigen gewonnen, der zuerst 5 Runden für sich entschieden hat. Der Zauberer hat beste Chancen – im schlechtesten Fall über 85 Prozent –, dieses Spiel zu gewinnen.

Varianten

Man kann noch versuchen, die Wahl des Zuschauers ein bisschen zu beeinflussen. Von den 8 möglichen Wahlen sind nämlich 4 für den Zauberer besonders günstig, weil seine Gewinnwahrscheinlichkeit dann in jeder Runde mindestens 0.75 ist, was zu einer Siegwahrscheinlichkeit von über 95 Prozent führt, wenn 5 Runden vereinbart sind.

Wenn der Zuschauer „ungünstig" gewählt haben sollte (eine Farbe, gefolgt von zwei Karten der anderen Farbe; oder: eine Farbe in der Mitte, die von der anderen Farbe eingerahmt ist), kann man ihn einladen, seine Karten noch einmal zu mischen oder ganz neu zu wählen. Mit etwas Glück steigen dadurch die Einzelrunden-Wahrscheinlichkeiten von $2/3$ auf $3/4$. Falls es immer noch nicht optimal ist, kann man ja sagen, dass für einen Sieg mehr als 5 Runden gewonnen sein müssen. (Die Anzahl der Runden muss man ja nicht vorher verraten.) Bei 7 Runden ist man dann im Fall $p = 2/3$ auch schon bei fast 90 Prozent angekommen.

Quellen

Die Frage, welches von zwei Mustern zuerst erscheint, wurde durch einen Beitrag von Martin Gardner in seiner Kolumne im Scientific American einer größeren mathematischen Öffentlichkeit bekannt. ("On paradoxical situations that arise from nontransitive relations". Scientific American, October 1974, 120 –125). Als Vorläufer ist eine Arbeit von W. Penney zu nennen. ("Problem: penney-ante". J. Recreational Mathematics 2, 1969, 241.)

Später wurde das Problem ausführlich unter Verwendung teilweise sehr anspruchsvoller Techniken von Wahrscheinlichkeitstheoretikern untersucht. Für einen guten Überblick empfiehlt sich die Arbeit "String Overlaps, Pattern Matching, and Nontransitive Games" von L.J. Guibas und A.M. Adlyzko (Journal of Combinatorial Theory, Series A, 30, 1981, 183 – 208).

Ich habe es 2012 von meinem Kollegen Steve Humble bei einer Zaubervorführung in Spanien kennen gelernt. Die elementaren Techniken zur Beantwortung der Frage, wie lange man auf ein spezielles Muster warten muss, habe ich mangels einer mir bekannten Alternative selbst entwickelt (bisher unveröffentlicht).

Ergänzende Literatur

Es gibt eine unüberschaubare Fülle von Büchern und Artikeln über die Zauberei, und hin und wieder wird auch der Aspekt „Mathematik und Zaubern" behandelt. Nachstehend findet man eine Zusammenstellung der Quellen, die bei der Vorbereitung des vorliegenden Buches eine wichtige Rolle gespielt haben.

A. Bücher zu „Mathematik und Zaubern"

Alegria, Pedro: „Magia por Principios". Selbstverlag, 2008.
Das Buch, das sich nur mit Zaubertricks mit mathematischem Hintergrund beschäftigt, ist leider nur auf Spanisch verfügbar. Es kann beim Autor bestellt werden. Die Internetseite findet man über Google durch die Schlüsselworte „Pedro Alegria Magia". Die mathematischen Erklärungen sind recht knapp.

Behrends, Ehrhard: „Der mathematische Zauberstab". Rowohlt, 2015.
Den „Zauberstab" habe ich für mathematische Laien geschrieben. Er ist in gewisser Weise der Vorläufer des vorliegenden Buches, denn beim Schreiben zeigte sich mehr und mehr, dass viele Einzelheiten der behandelten Themen für Leser mit einer mathematischen Vorbildung interessant sein könnten.

Diaconis, Persi und Graham, Ron: „Magical Mathematics". Princeton University Press, 2012.
Auch dieses Buch ist dem Verhältnis Zauberei/Mathematik gewidmet. Die Erklärungen sind teilweise sehr ausführlich, die Autoren haben eine besondere Vorliebe für Themen aus dem Bereich diskrete Mathematik/Kombinatorik. Man findet interessante Varianten zu den Tricks, die in den Kapitel 1 und 14 beschrieben wurden.

Gardner, Martin: „Mathematische Zaubereien". Dumont, 2004.
Dieses Buch ist ein Klassiker, die Originalausgabe erschien schon 1956. Es hat mein Interesse für die Zauberei geweckt. Die meisten der im vorliegenden Buch beschriebenen Tricks wurden allerdings erst nach seinem Erscheinen entwickelt.

Mulcahy, Colm: „Mathematical Card Magic".
Der Autor ist ein kreativer Entwickler von vielen neuen Zaubertricks, er hat eine regelmäßige Kolumne im Internet. Für die Tricks in Kapitel 1 und 10 habe ich von diesem Buch profitiert.

B. Eine allgemeine Einführung in das Thema „Zaubern"

Zmeck, Jochen: „Handbuch der Magie".

Das ist in Deutschland der „Klassiker" unter den Büchern, die allgemein in die Zauberei einführen. Wer in irgendeinem Ortsverein die Aufnahmeprüfung erfolgreich absolvieren möchte, kommt an diesem Buch nicht vorbei. Tricks mit mathematischem Hintergrund kommen auch vor, die zugrunde liegende Theorie wird allerdings nicht erklärt. Dieses Buch ist empfehlenswert für alle, die ihr Programm mit Münztricks, Seiltricks usw. abrunden wollen oder ihre Kenntnisse um einige grundlegende Techniken der Zauberei ergänzen möchten (Palmieren von Karten oder Münzen, falsche Übergabe usw.)

C. Ergänzende Bemerkungen zur Literatur

Kapitel 1: Invarianten ... wie ein Fels in der Brandung

Die Hummer-Zaubertricks werden auch ausführlich in den Büchern in der vorstehenden Abteilung „A" beschrieben. Die Literatur zur allgemeinen Invariantentheorie ist sehr reichhaltig. Es folgen zwei Beispiele:

„Vorlesungen über Invariantentheorie" von Issai Schur und Helmut Grunsky (Springer, 1968).

„Classical invariant theory" von Peter J. Olver (Cambridge Univ. Press, 2003).

Kapitel 2: Magische Quadrate und magische Würfel

Die in diesem Kapitel verwendete Mathematik ist elementar: Man muss nur Kommutativität und Assoziativität einer inneren Komposition ausnutzen.

Kapitel 3: Magische Quadrate mit vorgegebener erster Zeile

Für das Verständnis dieses Kapitels sollte man sichere Kenntnisse über die Lösungstheorie linearer Gleichungssysteme haben. Alles Erforderliche findet man zum Beispiel in

„Lineare Algebra" von Gerd Fischer (Springer Spektrum, 2013).

Kapitel 4: Zauberhafte Normalteiler

Das Kapitel ist eine ausführlichere Darstellung meiner Arbeit „Zauberhafte Normalteiler", die in der Dezemberausgabe 2015 der „Mitteilungen der Deutschen Mathematikervereinigung" publiziert wurde. Es werden hier nur elementare Ergebnisse aus der Gruppentheorie benötigt.

Kapitel 5, 6, 7: Magische Dreiecke, magische Pyramiden, Hyperpyramiden

Die in diesen drei Kapitel beschriebenen Zaubertricks beruhen alle auf Teilbarkeitseigenschaften von Binomialkoeffizienten, dabei spielt ein klassischer Satz von Balak Ram eine wichtige Rolle. Wer sich näher über diesen Fragenkreis informieren möchte, findet viele interessante Ergebnisse in der Arbeit

„The greatest common divisor of certain sets of binomial coefficients" von H. Joris, C. Oestreicher und J. Steinig (J. Number Theory, 21, 1985, 101 – 119).

Kapitel 8: Vom Melkmischen zur Zahlentheorie

Die Sätze dieses Kapitels sind schon in meiner Arbeit

„Vom Kartenmischen zur Artinvermutung", Mathematische Semesterberichte 62 (2015)

zu finden. Viele Ergebnisse rund um den Fragenkreis der Artinvermutung stehen in

„On Artin's conjecture" von Christopher Hooley (J. Reine Angew. Math. 225, 209 – 220, 1967).

Kapitel 9: Fibonacci zaubert mit quadratischen Resten

Das Kapitel enthält Teile meiner Arbeit „Fibonacci goes Magic", die in der Zeitschrift „Elemente der Mathematik" (Heft 68, 2013) erschienen ist. Der Spezialfall $p = 7$ wird auch in dem Buch von Diaconis und Graham (s.o.) erwähnt.

Fibonaccifolgen sind übrigens ein Spezialfall von *Lucasfolgen*. Dieser allgemeinere Zugang ist gut im Buch

„Die Welt der Primzahlen" von P. Ribenboim (Springer, 2011)

dargestellt.

Kapitel 10: Australisches Ausgeben

Diese Art des Ausgebens habe ich durch das Buch von Pedro Alegría kennen gelernt. Es gibt dort eine Reihe von Anwendungen, die Mathematik im Hintergrund wird allerdings nicht erklärt. Dass der unter Zauberern sehr beliebte Wegwerftrick von Woody Aragon etwas mit dem australischen Ausgeben zu tun hat, scheint hier zum ersten Mal veröffentlicht zu werden. (Ich habe allerdings schon in einem Beitrag für die „Magie", der Verbandszeitschrift der deutschen Zauberer, darauf hingewiesen.) Es wurde bereits im Text erwähnt, dass die „Fortgeschrittenenvariante" unter dem Titel „The Advanced Australian Shuffle" 2016 in den Mathematischen Semesterberichten 63 veröffentlicht wurde.

Kapitel 11: Ein Esel lese nie: Palindrome

Kartentricks mit Palindromen werden – ohne Erläuterung des mathematischen Hintergrunds – im Buch von Alegría beschrieben. Die Anfänge der zugehörigen Theorie sind in meinem Buch „Der mathematische Zauberstab" veröffentlicht. Sie ist hier wesentlich ausgebaut worden. Ein Mathematikbuch, in dem man die vorliegenden Ergebnisse vertiefen könnte, ist mir nicht bekannt.

Kapitel 12: Die mysteriöse Zahl 1089 *und die Fibonaccizahlen*

Ich schätze dieses Kapitel als vergleichsweise schwierig ein. Literatur zur Unterstützung oder Vertiefung bietet sich aber auch nicht an, denn es wird wirklich nicht mehr verwendet als die Definition der Fibonaccizahlen und die Rechenregeln zu Addition und Subtraktion, die man schon in der Grundschulzeit gelernt hat.

Kapitel 13: Unmöglich!

Das Kapitel beruht auf einer Arbeit von Michael Kleber („The best Card Trick", erschienen im *Mathematical Intelligencer 24*, 2002). Allen, die sich etwas systematischer über Codierungstheorie informieren möchten, können die Bücher

„Codierungstheorie, eine Einführung" von Ralph-Hardo Schulz (Vieweg, 2003) und

„Codierungstheorie und Kryptographie" von Wolfgang Willems (Mathematik kompakt, 2007)

empfohlen werden.

Kapitel 14: Codierung mit deBruijn-Folgen

Wie schon in Kapitel 14 erwähnt, geht der zauberhafte Anteil des Kapitels auf die Darstellung im Buch von Diaconis-Graham zurück (s.o.). Dort findet man auch interessante Informationen darüber, wie sich deBruijn-Folgen in Biologie und Informatik verwenden lassen. Wer den graphentheoretischen Hintergrund genauer kennen lernen möchte, sei auf die folgenden Bücher verwiesen:

„Graphentheorie" von Reinhard Diestel (Springer, 2010).

„Graphentheoretische Konzepte" von Sven Oliver Krumke und Hartmut Noltemeier (Vieweg+Teubner Verlag, 2012).

Kapitel 15: Ich gewinne (fast) immer

Dieses Kapitel setzt Kenntnisse in elementarer Stochastik voraus. Die kann man sich aus vielen Büchern aneigenen, zum Beispiel aus meinem Buch „Elementare Stochastik". (Springer Spektrum, 2012).

Die Präzisierung von Definition und Ergebnissen zu der im Text erwähnten starken Markoveigenschaft ist aufwändiger. Ich empfehle dazu das Buch

„Wahrscheinlichkeitstheorie" von Achim Klenke (Springer, 2006).

D. Arbeiten des Autors zu „Mathematik und Zaubern"

„Fibonacci goes magic", Elemente der Mathematik 68, 2013, 1 - 9.

(mit St. Humble) „Triangle Mysteries", The Mathematical Intelligencer 35 (2), 2013, 10-15.

„Pyramid Mysteries", The Mathematical Intelligencer 36 (3), 2014, 14 - 19.

„Magic in Hyperspace" (unveröffentlichtes Manuskript).

„Vom Kartenmischen zur Artinvermutung", Math. Semesterberichte 62, 2015, 7 - 15.

„The Mystery of the Number 1089 - how Fibonacci Numbers Come into Play", Elemente der Mathematik 70, 2015, 1 - 9.

„The Advanced Australian Shuffle", Math. Semesterberichte 63, 2016, 201 - 211.

E. „Mathematik und Zaubern" im Internet

Es ist nicht wirklich überraschend, dass es zum Thema dieses Buches auch eine unüberschaubare Fülle von Material im Internet gibt:

- Die Schlüsselworte „Mathematik Zaubern" ergeben 380.000 Treffer.
- Bei „mathematical magic" sind es schon über 1.2 Millionen Links.
- Und knapp 3 Millionen Mal wird man bei „mathematical magic youtube" fündig: Da werden die Tricks gleich vorgeführt.

Register